爱上电子技术

周步祥　杨安勇　杨　硕　编著

机 械 工 业 出 版 社

本书用直接、明了、简单的方式，把作者多年来在实践中总结出的经验呈现给读者，力求让读者获得最直接的现场体验，尽快成为“熟手”。本书共9章，包括电子技术“八卦”、元器件及其使用技巧、硬功夫、软实力、五花八门的通信、电路设计、失败案例及应对措施、实用荟萃、动手制作实现蜕变。

本书最大的特点是，从实践角度挖掘、阐述了电子技术的内容和知识点。它好比是一道容易“消化”的电子技术“农家菜”，是一本集趣味性、实用性、通俗性、碎片化于一体的电子技术图书。

本书特别适合有一定电子技术基础知识而经验不足的读者，也可作为高等院校相关专业师生的参考用书。

图书在版编目（CIP）数据

爱上电子技术 / 周步祥，杨安勇，杨硕编著 . —北京：机械工业出版社，2020.1

ISBN 978-7-111-64569-6

Ⅰ . ①爱…　Ⅱ . ①周…②杨…③杨…　Ⅲ . ①电子技术 – 普及读物
Ⅳ . ① TN-49

中国版本图书馆 CIP 数据核字（2020）第 013045 号

机械工业出版社（北京市百万庄大街 22 号　邮政编码 100037）
策划编辑：任　鑫　责任编辑：任　鑫
责任校对：张　力　封面设计：马精明
责任印制：张　博
三河市国英印务有限公司印刷
2020 年 3 月第 1 版第 1 次印刷
169mm×239mm · 16.5 印张 · 315 千字
0 001—3 000 册
标准书号：ISBN 978-7-111-64569-6
定价：55.00 元

电话服务　　　　　　　　网络服务
客服电话：010-88361066　机　工　官　网：www.cmpbook.com
　　　　　010-88379833　机　工　官　博：weibo.com/cmp1952
　　　　　010-68326294　金　　书　　网：www.golden-book.com
封底无防伪标均为盗版　机工教育服务网：www.cmpedu.com

前　言

电子技术需要终身学习，不然就会跟不上时代。学校里的学习是打基础，由于时间和条件的限制，主要是以理论为主，实践有限。

人的精力和时间有限，要学到方方面面的知识绝非易事，特别是一些必须通过实践才能掌握的知识，其获取和学习就更加困难了。如果有一些现成的实验结果和经验之谈，那就会少走弯路，节省更多的时间。千万不要有“造飞机从炼铁开始”的想法，虽然你很自信，也没人否定你的能力，但时间不会等你！

笔者希望将自己走过的路、取得的成功和犯过的错展示给大家，希望大家能从其中吸取教训、掌握经验、少走弯路。

本书中的内容都是笔者亲身历过的，有成功经验，也有失败的案例，笔者希望将非常真实的东西呈现给大家，将本书打造成一本实用、朴实、简单、易懂的书籍，使它读起来就像是一本休闲的读物，一道原汁原味的“农家菜”。

本书中所选内容，主要是一些必须掌握的知识，以及其他同类书上少有的内容。书中还包括一些笔者设计的电路，如“具有隔离功能的低成本高可靠性通信电路”，也包括了一些设计思路，如“一个有趣的实验”，如果能通过这些给大家一些启示，那就是笔者想要的结果。

本书中的内容、观点与方法，与其他书籍有所区别，不是网上随便就能搜得到的。本书像讲故事一样讲技术，既像笔记，又像教案，既有系统性，又有不常见的电子技术知识，可以说是一本“另类”的电子技术书籍。

在本书编写过程中得到了吴达川、木棉古丽的大力支持，在此致谢。

由于水平有限，而且很多都是实践中“折腾”出来的经验，错误难免，望广大读者批评指正。

笔　者

2019 年 11 月于成都

目　录

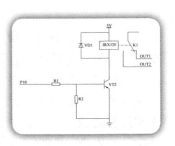

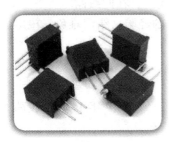

第 3 章 硬功夫

第 4 章 软实力

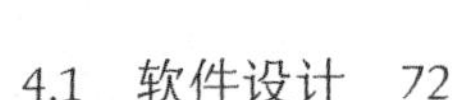

第 5 章 五花八门的通信

第6章 电路设计

第 7 章 失败案例及应对措施

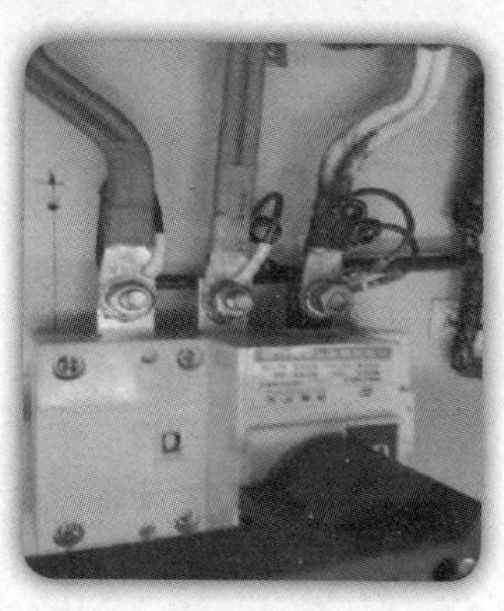

第 8 章 实用荟萃

第9章 动手制作实现蜕变

第 1 章

电子技术“八卦”

本章的内容都是笔者的一些经历，一些个人的观点。既然叫“八卦”，那就不可当真，权当茶余饭后或朋友聚会增加一些调侃的话题，如果对其内容和观点“不敢苟同”，那就请大家“一笑而过”。

1.1 我与电子技术

1.1.1 电子产品的“奴隶”

在我的记忆里，从玩手电筒到今天的手机，每一个时期都与电子产品如影随形。无法想象，如果离开电子产品是一个怎样的情景。

还是从手电筒说起。在使用煤油灯的20世纪60年代，能有个手电筒，那也算是一件不得了的家用电器了。第一次看到手电筒很兴奋，为了玩手电筒故意把东西忘在野外，晚上拿上手电筒去找，半夜在被窝里都要按几下，感受科技的魅力。此外，还经常把手电筒拿到学校去，为了炫耀，故意玩到天黑才回家也有之。为了弄明白手电筒的奥妙，把好端端的手电筒给“肢解”了，这事弄得全村的人都知道，还落得一个“败家子”的“美名”，好在有爷爷这位“保护伞”，才使我免遭皮肉之苦。在今天看来，手电筒根本不值一提，但感觉在那个年代，比今天买辆汽车都难。

还记得在1979年，为了说服父亲买一个收音机，承诺要好好读书。后来收音机买了，可学习更加不好了。每天都要听很久的收音机，听《神秘岛》，听《牧羊曲》，听《人生》，乐此不疲，有时晚上听到睡着。耽误了学习是事实，落下个说得到做不到的话柄也不假。但对一个连县城都没去过的年轻人，了解了外面的世界，其实也是一种教育，只不过不是书本上的加减乘除、排列组合而已。但是，学习成绩没搞上去，挨骂没有幸免。

小时候喜欢看电影，可是要看一场电影那和等过年才能吃到一顿肉一样困难。要是有电影的话，每个村会放一场。为了看《少林寺》，连续跑了好多个村，反复看了不下十次。看电影经常带着弟弟妹妹一早到了，从安装银幕到放映，生怕耽误了任何一个细节，还帮放映员干一些安装机器、搬凳子之类的体力活。早期看电影其实都没看懂，心也没在电影上，差不多都是看稀奇，看那一束神奇的光线和“哒哒哒”旋转的胶片是怎样变出图像和声音的，百思不得其解。

再后来，普通家庭还买不起电视机时，偏远的乡小学买回了一台黑白电视机。为了看《霍元甲》，和校长举着十多米的天线杆子，东转西转，寻找最佳位置和方向，但屏幕上基本是雪花点，只有隐隐约约的图像，都是以听声音为主。调整好后吸引了周围不少村民，黑压压的有上百人，个个都像着了魔似的。我跟校长基本都没怎么看，大多是在弄天线，效果不好的话，观众就要求我们去转天线，因为只有我们“懂”。当然我们也是乐此不疲。虽然没有完整地看过几集电视剧，但也有“先效果之忧而忧，后看节目之乐而乐”的自豪感。

随着电视机的普及，自己反而看得更少了。总是想自己组装一台电视机，可没有资料，没有钱，但那股激情又特别的高。为了得到一本电视机电路的图集，在新华书店居然动了偷书的念头。真的没有办法控制住自己，闻到书上油墨的味道，心就加速地跳个不停，也没有时间去想偷书的后果，也不知道用“读书人窃书不算偷”的“高谈阔论”来安慰自己。虽然忘我，最后还是失手了：因为是夏天，穿的衣服又少，没有遮掩，没敢下手。经过几番周折，在家人的支持与鼓励下，电视机后来真的还是装成了。

随着录像机的出现，开始折腾音响，玩卡拉OK，买各种材料制作电子管功放，制作音箱，石头的、木头的、钢板的都做过。别人在忘情地“歌唱”，而自己在忘情地为歌唱者“保驾护航”，同样是乐在其中，很有成就感。

1.1.2 电子技术的“苦”与“乐”

没法想象没有电子技术的世界将会是个什么样子，各个领域都有电子技术的身影，每个人都跟电子技术“息息相关”。

对从事电子技术的人来说，却有不一样的体会。在20多年电子技术经历中，用“喜忧参半”来描述再合适不过了，与失败特别“有缘”，经常是新做的电路板报废，白花花的银子被浪费掉，为一个解决不了的问题夜不能寐、辗转反侧，多次给客户产品演示的时候都“卡壳”，开发出的产品卖不出去，安装到现场的产品叫撤回去“丢人现眼”的尴尬也发生过，被一些客户故意“刁难”的时候也有，想放弃的念头也不是一次两次。说实话，电子技术太复杂，特别是要做好电磁兼容非常困难，即便是通过了各种国家标准的检验，但现场的表现那也未必通得过。

从事电子技术虽“苦”，需要坚持，没有哪样事情好做，只要你想挑战自我，就别言“容易”。

要做好电子产品虽然困难重重，但也乐在其中，每当一个问题解决了，一个产品研发成功，产品得到用户的肯定，那也是感到无比满足。

1.2 电子技术之我见

1.2.1 从嵌入式定义看硬件的地位

早先，嵌入式系统这个概念模糊了好长一段时间，都是处于“只可意会，不能言传”的状态，后来才在一些资料上明确了下来。

嵌入式系统比较公认的定义是：以应用为中心、以计算机技术为基础，软、硬件可裁剪，适应于应用系统对功能、可靠性、成本、体积、功耗等方面有特殊要求的专用计算机系统。

与通用计算机比较，其最大特点是软、硬件可以裁剪，不像通用计算机有固定的显卡、声卡、主板等。工程师也喜欢把能跑程序的设备冠以“智能”二字，以此满足普通人的好奇心，而对于工程师来说，每个设备都“笨得要死”。

但是，现在的嵌入式基本上和 Linux 画上了等号。一些培训机构，也是准备一些开发板，让学员在开发板上跑 Linux。而对一些非常基本的硬件电路糊里糊涂的大有人在，他们都忘记了嵌入式系统是软、硬件可裁剪，除了“软”，还有个“硬”字。实际情况是在嵌入式系统中，软件与硬件有强烈的依赖性，比如驱动继电器，往往是指令执行了还要延时等待，按键要消抖，干扰会使程序跑飞（失控）等。所以每一个做嵌入式系统的人都要了解硬件，“懂”硬件的特性，这样才有利于研发和生产。所以，嵌入式系统工程师还得吃点硬件“补药”，免得遇到手摸一下设备就失控之类的情况时，还不知道为什么。

1.2.2 不难回答的面试题却难倒不少人

按照图 1.1 所示电路，出了一道如何才能正常驱动继电器的面试题，能准确回答者寥寥无几。特在这里拿出来让大家看看。

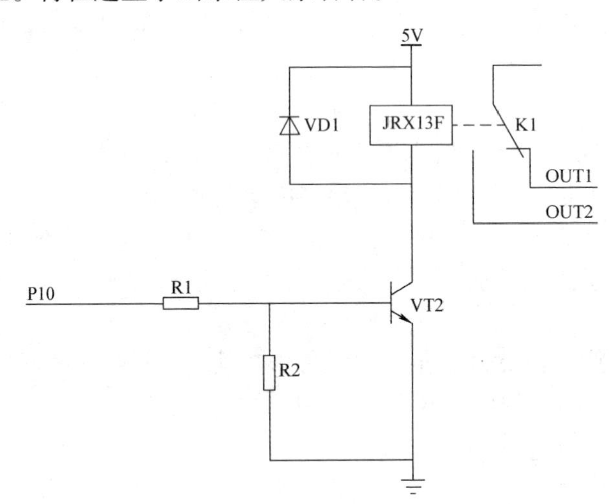

图 1.1　继电器驱动电路

1）电阻 R1、R2 的值如何确定？如果 P10 与单片机连接，高电平时可通过最大 5mA，低电平时可通过最大 20mA, 选取驱动晶体管 VT2 需要注意些什么？

2）VD1 的作用是什么？

3）VT2 用 S8050 能正常工作时，若改用 MJE13005，电路是否一定会正常？

图 1.1 所示的驱动电路很常用，差不多玩过单片机的都接触过，但很少有人对其细节有过研究，都是拿来主义，再就是剪刀加糨糊，按现在的话说就是复制与粘贴，知其然不知其所以然。

在这个继电器驱动电路里，流过继电器 JRX13F 的电流可以算出来，流过 R1 的电流乘以 VT2 的放大倍数，只要远大于 JRX13F 的电流值就可以了。R2 的取值一般都较大，只要在 P10 为高电平时在 R2 上的分压远大于晶体管 VT2 的开启电压即可。VD1 的作用是保护晶体管 VT2 的，继电器 JRX13F 在释放时产生的电压在 VD1 中消耗，就不会对 VT2 带来损坏。如果 VT2 采用 S8050 这一类小功率晶体管，小功率晶体管放大倍数比较高，取 100 是没有问题的，但像 MJE13005 这样的大功率晶体管，放大倍数一般都很小，只有几十倍，一般都取 20~30 较好。当用大功率晶体管代替小功率晶体管时，因为大功率晶体管放大倍数比较低，可能导致电路不能正常工作。比如这里的电路，用 MJE13005 可能没法使晶体管处于饱和状态而失控。

1.2.3 模拟电路与数字电路

随着计算机技术的发展，世界迈向了数字化时代。在数字化突飞猛进的进程中，我们看到模拟的方式正在被取代，比如胶木唱片、磁带录音机、磁带录像机已消失在人们的视野。即便如此，我们还是能看到模拟电路的存在，比如电子管功放机、无线发射等，由此也就有了模拟电路与数字电路之争。

数字电路一方的观点是：模拟电路、射频电路部分应该受到限制，因为它们难做、昂贵、高风险、不易获利，并且可以用 DSP 完成。数字电路能提供有效的存储和便利且强大的计算能力。实践也证明模拟电路在消亡，MP3 就是数字技术代替模拟磁带的例证，这样的例子数不胜数。

模拟电路一方认为：越来越多的模拟功能将以数字化方式完成，以提供高性能、低功耗、低成本。模拟化的东西类似于自然界中的连续物理现象，怎样能使模拟电路消亡呢？是自然界消亡吗？是生命消亡吗？在电路需要更多地与现实环境互动时，怎么可能是纯粹的数字？模拟电路的减少不能等同于消亡。

客观地说，模拟电路确实受到了很大的挑战。但既然有争论，那就说明任何一方都不能完全说服对方，也就是都有一些道理。我们还是以中庸之道来缓和争议吧。模拟电路在减少，但并未消失，它依然存在，未来也不见得就会消失，需接受时间的检验。未来我们无法预言，就像数万年前的人们无法预料哪些物种会灭绝一样。数字电路得到迅猛发展有目共睹，早期的数字电路也有好多都消失了，这也是客观存在的事实。实用的技术都会更新换代，该消失就让它消失，没必要太过担忧。不易消失的是基础理论，基础理论不会过时，四则运算、微积分恐怕永远也不会消失。过时与不过时不是问题的关键，只要有好的东西出现，就接受它，并参与进去，不要排斥，更不能墨守成规。

客观地说，模拟电路确实困难，年轻人都不喜欢学习，都喜欢短、平、快的东西，这也是不愿做实事、急功近利的体现。

但也要提醒大家，我们不想做，但有人在做，还用大力气在做，等到有一天，核心技术掌握在别人手中的时候，恐怕哭都来不及。

第 2 章

元器件及其使用技巧

本章不是以介绍元器件的特性为主，元器件的辨识、特性等内容在其他一些讲元器件的书籍里有详尽的描述，这里主要是想把一些在实际使用中遇到的问题展现出来，是想让大家“坐享其成”，所以元器件也只罗列了一小部分，并没有“包罗万象”。

2.1 阻容元件

2.1.1 阻容元件的特性

1. 电阻

电阻在电路中用“R”加数字表示，如R4表示编号为4的电阻，也有为了划分电路不同部分进行标识的方法，如RT5表示温度部分编号为5的电阻。电阻在电路中的主要作用为分流、限流、分压、偏置等。

电阻的单位为欧姆（Ω），千欧（kΩ），兆欧（MΩ）等。具体换算为1MΩ=1000kΩ，1kΩ=1000Ω。

电阻的参数标注方法有3种，即直标法、色标法（常用于直插式电阻，也称色环电阻）和数标（如贴片电阻）法。数标法主要用于贴片等小体积的电阻，如472表示47×100Ω（即4.7kΩ）；104则表示100kΩ，实际上末尾的数字为“0”的个数，千万不要当成实际值，比如472不要当成472Ω，而是4700Ω。

色环电阻通常有四环电阻　五环电阻（精密电阻）。它们用颜色来表示对应的数字，要快速记住色谱，可以熟记以下三句话：棕红橙黄绿、蓝紫灰白黑、金银（误差5%，10%）。需要时就知道它对应的数是1、2、3、4、5，6、7、8、9、0，5、10了，反应不过来的时候，可以再掰掰手指头就明白了，而且看上去还挺“萌”。电阻色谱见表2.1。

表2.1　电阻颜色对照表

棕	红	橙	黄	绿	蓝	紫	灰	白	黑	金	银
1	2	3	4	5	6	7	8	9	0	5	10

为了省事，也可以在手机上下载一个电路计算软件，除了计算电阻外还可以计算运算放大器增益等多种用途，如图2.1所示。

电阻在选用时需要注意功率，不要选的比实际功率小。电阻值非常小的电阻，可以用康铜丝代替。

2. 电容

电容在电路中一般用“C”加数字表示（如C3表示编号为3的电容）。电容的作用主要是储能、隔直流、通交流。

电容是储能元件，容量的大小就是表示储能的多少，电容对交流信号的阻碍作用称为容抗，它与交流信号的频率和电容量有关，即X_C=1/2πfC（f表示交流信号的频率，C表示电容容量）。电容的种类有电解电容、瓷片电容、贴片电容、独石电容、钽电容和涤纶电容等，它们各有特点，在使用时应根据需要选用。

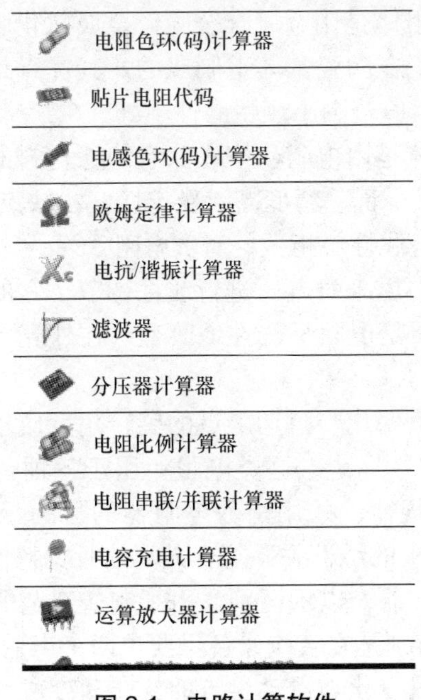

图 2.1　电路计算软件

电容的识别方法与电阻的识别方法基本相同，分直标法、色标法和数标法 3 种。电容的基本单位有法拉（F）、微法（μF）、纳法（nF）、皮法（pF）。$1F=10^6\mu F=10^9nF=10^{12}pF$。容量大的电容其容量值在电容上直接标明，如 1000μF/25V 等。数字标法如 474 表示 $47\times10000=0.47\mu F$。

需要特别说明的是，电容两端的电压不能突变，在电路里需要引起重视，比如单片机复位电路就利用了这个特点，电路上电瞬间电流会较大，会对电路产生冲击，容量越大，冲击电流越大。

电容在使用时，不能超过标称的耐压值，有极性电容不能接反，否则会导致损坏甚至爆炸。当然，如果为了可靠性以及使用寿命，可以“大材小用”，即降额使用。

2.1.2　电阻世界的那些事儿

1. 电阻的分类

（1）从材料分：有碳膜、金属膜、绕线电阻

碳膜电阻：合成碳膜电阻是目前使用最多的一种电阻。其电阻体是用炭黑、石墨、石英粉、有机黏合剂等配制的混合物，涂在胶木板或玻璃纤维板上制成的。其优点是分辨率高、阻值范围宽；缺点是噪声大、耐热和耐湿性不好，容易造成接触不良等。

金属膜电阻：其电阻体是用金属合金膜、金属氧化膜、金属复合膜、氧化钽膜材料通过真空技术沉积在陶瓷基体上制成的。其优点是分辨率高、噪声较合成碳膜电位器小；缺点是阻值范围小、耐磨性不好。

绕线电阻：其电阻体是由电阻丝绕在涂有绝缘材料的金属或非金属板上制成的。其优点是功率大、噪声低、精度高、稳定性好；缺点是高频特性较差。

（2）从特性来分：有线性、指数、对数电阻

线性电阻：在电路中用来对电压进行线性调节，它的输出电压与电位器的旋转角度呈线性关系，实质是电阻呈线性地改变。在外壳上用有汉语拼音的第一个字母“X”标记。

指数电阻：它的阻值变化与滑动触点的旋转角度成指数关系，在外壳上用汉语拼音的第一个字母“Z”标记。这类电阻专用于各种音响电路的音量调节。由于人耳的听觉符合指数规律，采用指数电阻器的目的是使音量变化与电阻转动（或直滑）角度（或位移）的线性关系符合人耳的听觉特性。用于音响的指数电阻器一般直接称为音量电位器，以示区别。由于制造工艺的原因，要有非常好的指数特性是比较困难的，特别是在音响设备里要求两个声道非常一致更不容易。

对数电阻：它的阻值变化与滑动触点的旋转角度成对数关系，在外壳上以汉语拼音字母“D”作为标记。这种电阻用于音响电路中的音调控制电路。电阻器的标称阻值范围及规格系列完全和电阻系列相同。同样，由于制造工艺的原因，要有非常好的对数特性也是比较困难的。

（3）从结构分：有直滑、旋转（单圈、多圈）、实心、单联、双联、步进、带开关、数字电位器等

为了方便起见，我们把可变电阻器都称电位器，当然这也是通常的叫法。

直滑电位器：其电阻体为长方条形，它是通过与滑座相连的滑柄做直线运动来改变电阻值，如调音台均衡控制大多采用直滑式电位器。直滑电位器如图 2.2 所示。

图 2.2　直滑电位器

旋转电位器：分为单圈（见图 2.3）与多圈（见图2.4）旋转电位器。单圈旋转电位器的滑动臂只能在360°以内的范围内旋转，比如音量、音调等控制。而多圈旋转电位器要旋转很多圈才能从最小调整到最大，转动一圈滑动臂触点在电阻体上移动一段较短的距离，它适合用于精密调节的电路。

实心电位器：其通常由电阻体与转动或滑动系统组成，即靠一个动触点在电阻体上移动，获得电阻值的变化。

图 2.3　双联单圈旋转可调电位器

图 2.4　多圈可调电位器

单联与双联电位器：单联电位器是由一个独立的转轴控制一组电阻；双联电位器通常是将两个特性相同的电阻装在同一转轴上，调节转轴时，两个电阻的滑动触点同步转动。它可以用于双声道立体声放大电路的音量调节。

步进电位器：步进电位器是由多个电阻串联而成，其原理如图 2.5 所示，实物如图 2.6 所示。通过触点分别连接不同的电阻，得到不同的电阻值，它的好处是各档位的阻值精确度较高，特别是像音量电位器的两组的平衡，必须要两边相等，才能确保声像定位的一致性。步进电位器多用于音频功率放大器中作为音量控制，阻值按照对数变化的方法排列，就可满足要求。除了用直插电阻作为步进电位器外，也有用贴片电阻来制作步进电位器的。

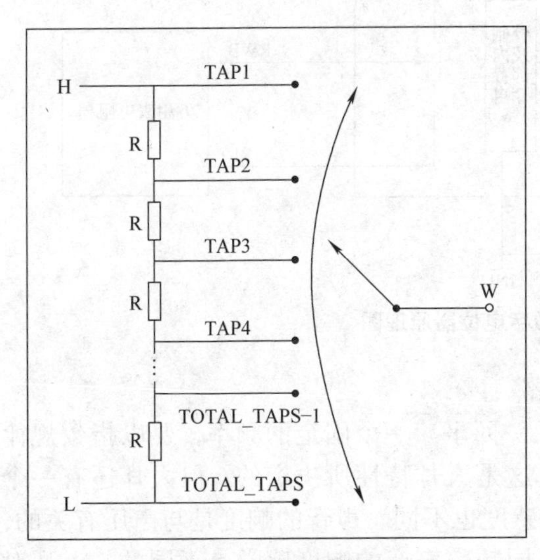

图 2.5　步进电阻

图 2.6　步进电位器

带开关电位器：在电位器上附加有开关装置。开关与电位器同轴，开关的运动与控制方式分为旋转式和推拉式两种。比如老式收音机中的音量控制器，就是兼作电源开关的电位器。

数字电位器：机械式电位器的易磨损、接触不良等缺点不言而喻。数字电位器的诞生那就是必然的了。数字电位器（Digital Potentiometer）亦称数控可编程电阻器，是一种代替传统机械电位器（模拟电位器）的新型 CMOS 数字、模拟混合信号处理的集成电路。数字电位器由数字输入控制，产生一个模拟量的输出。数字电位器是采用数控方式调节电阻值的，具有使用灵活、调节精度高、无触点、低噪声、不易污损、抗振动、抗干扰、体积小、寿命长、易于与单片机连接等优点，在自动控制等领域得到了广泛的应用。图 2.7 是一个数字音量电位器的电路板图。图 2.8 是数字电位器的原理图。数字音量、音调电位器要实现指数或对数控制，只要在控制程序里做好运算，按照指数或对数输出就可以了。

图 2.7　数字电位器电路板

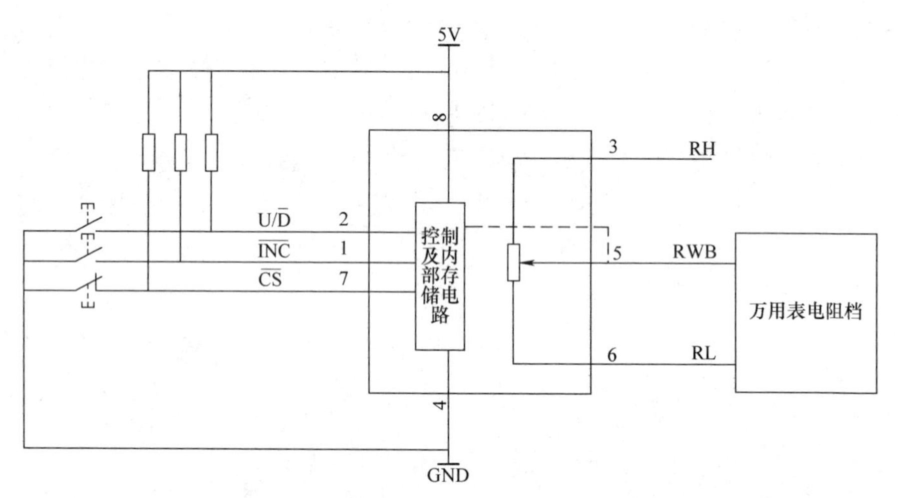

图 2.8　数字电位器原理图

2. 带等响度补偿控制的音量电位器

我们先来看看等响度到底是怎么一回事。一个固定的频率，要以指数规律变化，人耳才能感受到线性的变化，这是人耳特性所决定的。但人耳还有一个特性，那就是对不同的频率的响度敏感度也不同。声音的响度是与声压有关的，声压越大，响度也越大。但人耳对不同频率声音的响度感觉是不同的。人耳对

3000~4000Hz 的声音最灵敏，对其他频率的声音就迟钝些，频率越低或越高越迟钝，这在低声音压级时更加明显。但在高声压级 80dB 以上时，人耳在音频内对各频率的灵敏度又大体一致。为了弥补人耳的“先天性不足”，就需要做响度补偿。

为了使音响设备在音量关小后，仍能接近实际的音色，通过对频率的响度加以补偿，补偿较高和较低频率的响度，使得听上去有符合人耳特性的响度，而且音量越小补偿越多。我们就是利用音量电位器在调节音量的同时进行相应的补偿。在音量较小时能对信号的高、低音加以补偿，使人听起来虽然响度小了，但声音里各频率信号的响度比例仍旧不变。

可以使用带响度补偿的音量电位器来实现响度补偿。带补偿的音量电位器是带抽头的电位器，如图 2.9 所示。在输入端及地之间接入 RC 网络，便可实现不同音量时的响度补偿，C1、C2、R1 组成补偿网络。图中，音量控制电位器 RP，抽头与地之间接入了 R1、C2 低音提升网络，C1 与输入端构成高音提升网络。当 RP 的动触点位于抽头位置时，对输出信号中的高、低音提升最大，故此时的电路结构通常被称为高、低音提升电路。这种补偿响度后得到的曲线如图 2.10 所示。

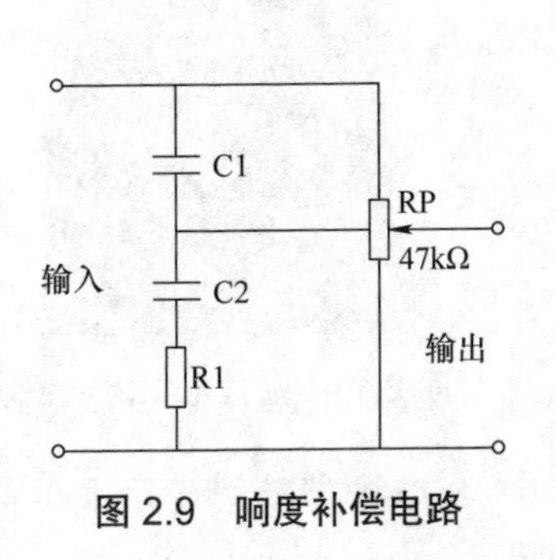

图 2.9　响度补偿电路

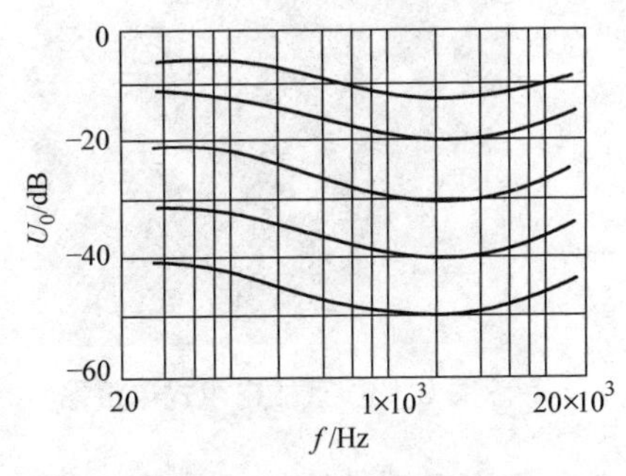

图 2.10　响度补偿曲线

带补偿的音量电位器也叫 8 脚电位器。有双排直插和单排直插的形式，但是不要以为有 8 个引脚的都是带补偿的音量电位器，也有不带补偿但做成了 8 引脚的，只是有空脚而已。拿 8 个引脚的电位器就当带补偿的电位器这个经验主义的错误我是犯过的。带补偿的音量电位器如图 2.11 和图 2.12 所示。图 2.12 所示电位器既可手动控制，还可以由后面的一体的电动机控制，由电动机控制其转动，只要施加不同方向的电流，就可以改变转动的方向，有电动机还可以实现遥控功能。也许有人会说电子音量控制不是很好吗？还要需要机械式的控制吗？但是，音响发烧友绝对不想用电子式的音量电位器，他们认为会影响音质，所以在一些高档的音响设备中都有机械式的音量电位器的影子。

图 2.11　带补偿的音量电位器

图 2.12　带补偿的音量电位器

图 2.13 是直插电阻式电位器，图 2.14 是贴片电阻式电位器。它们都是由若干电阻按照指数规律增长的电阻构成，不同的档位接通不同的电阻，以此使电阻发生变化。由于它们使用了成对的电阻作为两个声道的音量控制，而两边电阻的精度远远超过了滑动方式的精度，从而使得两个声道的平衡变得更加精准。

图 2.13　直插电阻式电位器

图 2.14　贴片电阻式电位器

我们来看看带补偿的音量电位器的接法。一个双排带补偿音量电位器实物如图 2.15 所示。它的带补偿电路连接如图 2.16 所示，由于两个声道一模一样，所以这里只画出一个通道。

图 2.15　带补偿的音量电位器

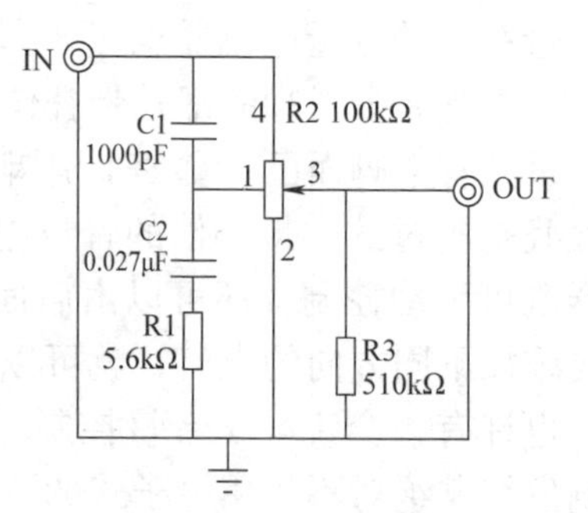

图 2.16　带补偿的音量控制电路

前面说过，8 引脚的音量电位器不都是带补偿的，而且各种品牌各种型号电位器引脚排列也未必一样，在使用前一定要确认好，不要被空脚"骗了"。图 2.17 是 ALPS 56KBX2 带电动机但不带补偿的音量电位器，图 2.18 从左到右我们定义为 1~8 脚，其内部电路如图 2.19 所示。

如果没有带响度补偿的音量电位器，要做成带补偿的可以吗？可以！采用图 2.20 电路，可以用普通的音量电位器实现等响度补偿的功能。

图 2.17　ALPS 音量电位器

图 2.18　ALPS 音量电位器

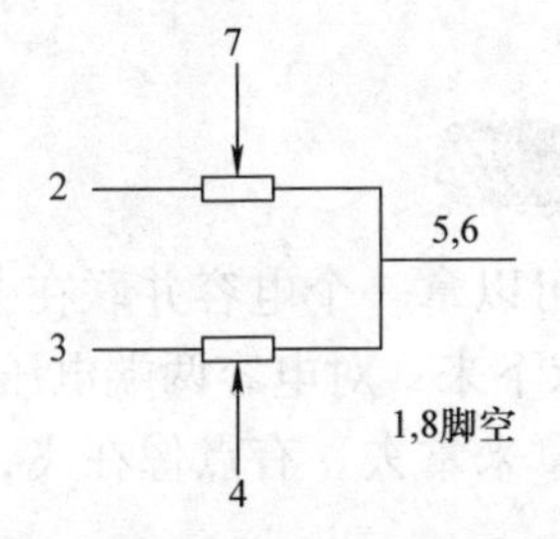

图 2.19　ALPS 音量电位器内部电路

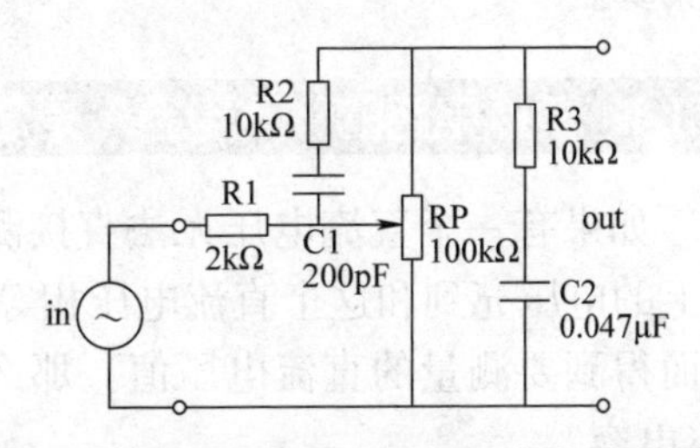

图 2.20　普通音量电位器实现带补偿音量控制电路

除了前面所说的以外，还有带响度补偿的集成电路，如 LM4610，它除了有等响度功能，还有音量、平衡、高低音调节等功能。

2.1.3 "反射阻抗"说的是啥

变压器反射阻抗的概念在资料中出现得不多。所谓变压器的反射阻抗，就是变压器的二次负载阻抗会影响到一次的阻抗。变压器的一、二次阻抗之比等于一、二次线圈匝数比的二次方，即 $Z_1/Z_2=(N_1/N_2)^2$，则一次阻抗 $Z_1=Z_2\times(N_1/N_2)^2$。通俗的说，就是理想变压器反射阻抗是负载电阻折合到一次线圈两端的等效阻抗，直接跨接于一次线圈两端，与一次回路并联，且反射阻抗的性质与负载阻抗的性质相同。

例如，理想变压器的一次线圈匝数 Z_1 为 1500，二次线圈匝数 Z_2 为 300，一次电压为 U_1，二次电压为 U_2，当在其二次侧接入 200Ω 的纯电阻作为负载时，反射到一次侧的阻抗的计算如下：

$$
\begin{aligned}
\text{反射到一次侧的阻抗} &= U_1/I_1 \\
&= (U_2 \times Z_1/Z_2) / (I_2 \times Z_2/Z_1) \\
&= (Z_1/Z_2)^2 \times (U_2/I_2) \\
&= (1500/300)^2 \times 200 \\
&= 5^2 \times 200 \\
&= 5000\Omega
\end{aligned}
$$

上面算出的 5000Ω，就是变压器把负载电阻换算到一次侧的阻抗。从图 2.21 可以看出，当调节电阻 RW 时，一次侧的电流 I 就会改变，也就是说，一次侧的阻抗发生了变化。

反射阻抗在电子管输出变压器的阻抗匹配中非常重要。如果输出端所接扬声器与输出规定阻抗不匹配，那么由于反射阻抗的存在，将会影响到输入端的阻抗，导致电子管工作状态改变，产生失真。

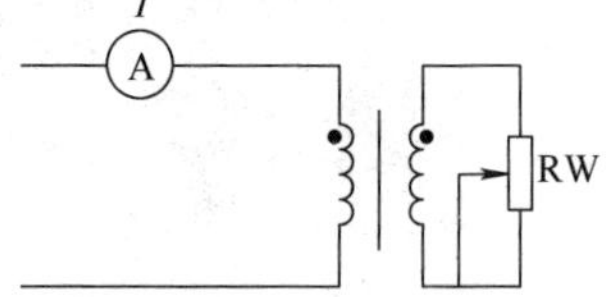

图 2.21　变压器电路图

2.1.4　模拟电路的“飞电容”是怎么个“飞”法

如果有一个直流电压无法直接测量，我们可以拿一个电容并联在上面，等电容上的电压充到和这个直流电压相等后把电容取下来，对电容两端电压进行测量，从而得到要测量的直流电压值。那么这个电容拿来拿去，有点像在飞，从而得名“飞电容”。

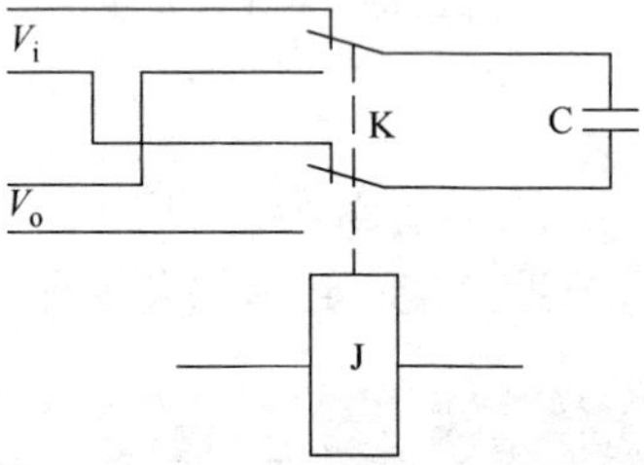

图 2.22 是一个飞电容的示意图。K 是一个双刀双掷继电器。当切换到 V_i 侧时，V_i 给电容 C 充电，充电结束后，电容两端的电压等于 V_i。当切换到 V_o 一边时，由于电容 C 的储能特性，V_o 应该与切换前的 V_i 相等，从而完成了 V_i 的隔离转换功能。

图 2.22　“飞电容”切换电路

飞电容具有隔离作用，适合变化缓慢的直流信号的隔离。如果有多路需要采集的信号，但 A-D 转换通道又少的情况，使用这种方法既可以解决共地问题，又可以解决干扰的问题，电路也好理解。

但我们也看到，用继电器来切换，除了有噪声外，速度较慢。这也就限制了它的应用范围。

为了消除噪声，提高响应速度，可以采用光耦继电器来进行切换，如

AQW214（见图 2.23）等，它的切换方式和图 2.22 的继电器切换类似，用 V_{in} 切换光耦继电器的通断就可以达到相同的目的，"殊途同归"这个成语用在这里不会有异议。

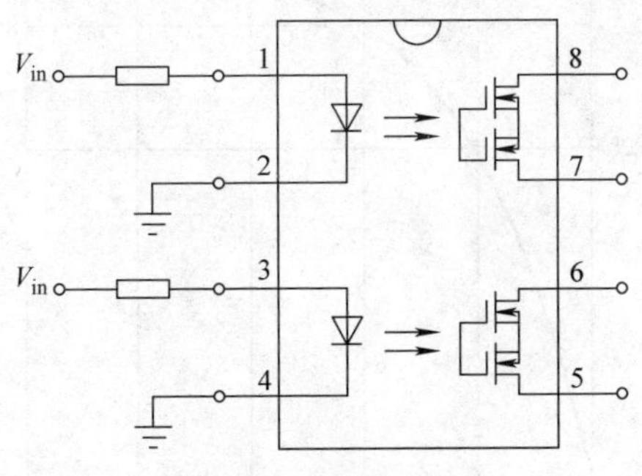

图 2.23　光耦继电器

2.1.5　RC 电路时间常数剖析

RC 的时间常数即表示过渡反应的时间过程常数。在电阻、电容的电路（见图 2.24）中，时间常数是电阻和电容的乘积 $t=RC$。若 C 的单位是 μF（微法），R 的单位是 MΩ（兆欧），时间常数 t 的单位就是 s。在这样的电路中，当接通电路后，有电流 I 流过时，电容的端电压达到最大值的 $1-\frac{1}{e}$ 时，约 0.63 倍所需要的时间即是时间常数，也就是说 RC 并不是电容充满的时间，只是 0.63 倍的时间，充满的时候已是 5RC 了，其充电曲线如图 2.25 所示，其放电曲线如图 2.26 所示。RC 时间常数可以用现成的专用计算软件计算（见图 2.27），而在电路断开时，时间常数是电容的端电压达到最大值的 1/e，即约 0.37 倍时所需要的时间。

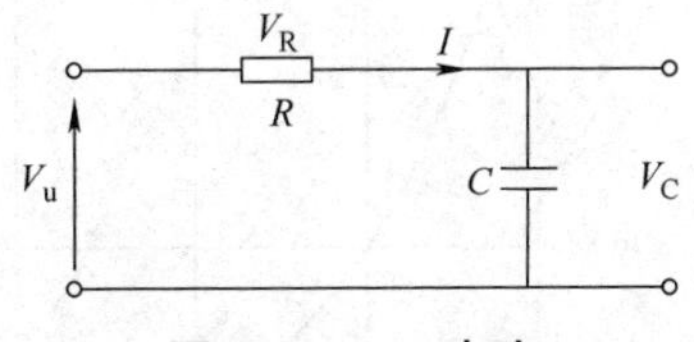

图 2.24　RC 电路

电容 C 两端的电压计算：在图 2.24 中，假设有电源 V_u 通过电阻 R 给电容 C 充电，V_0 为电容上的初始电压值，V_u 为电容充满电后的电压值，V_t 为任意时刻 t 时电容上的电压值，那么便可以得到如下的计算公式：

$$V_t=V_0+(V_u-V_0)\times[1-\exp(-t/RC)]$$

如果电容上的初始电压为 0，则公式可以简化为

$$V_t=V_u\times[1-\exp(-t/RC)]$$

由此可得出下面一些值：

当 $t=RC$ 时，$V_t=0.63V_u$；

当 $t=2RC$ 时，$V_t=0.86V_u$；

当 $t=3RC$ 时，$V_t=0.95V_u$；

当 t=4RC 时，V_t=0.98V_u；

当 t=5RC 时，V_t=0.99V_u。

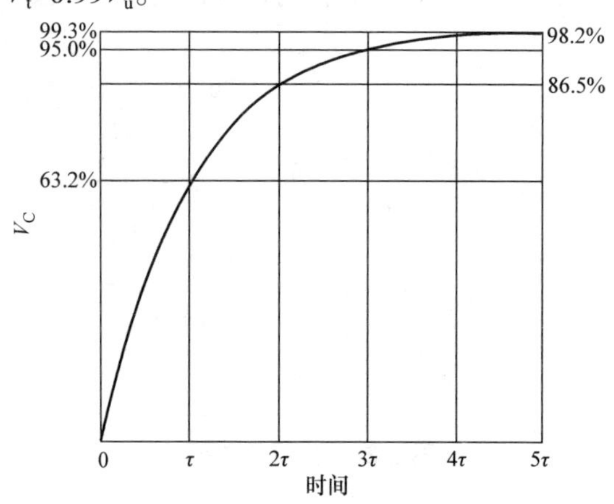

图 2.25　*RC* 充电曲线

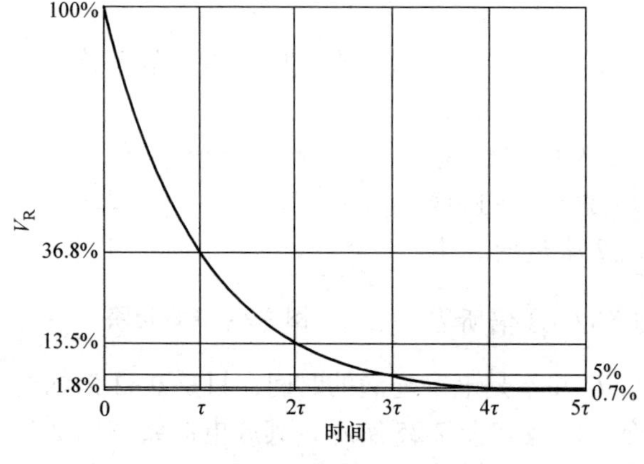

图 2.26　*RC* 放电曲线

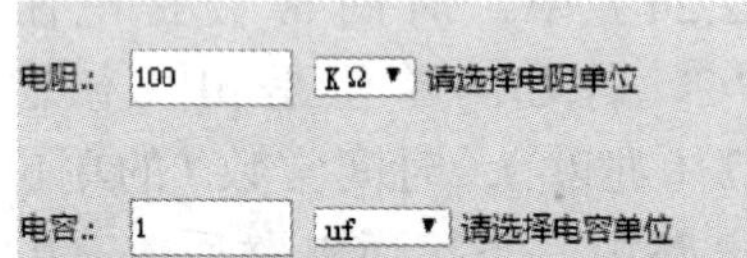

图 2.27　*RC* 时间常数计算器

我们可以看到，RC 时间常数与具体使用电压值没有直接联系，只是充电到相对于使用电压的某个值而已，万不要认为时间常数 t 是电容充到电源电压的时间，只有在经过 3~5 个 RC 后，充电到接近使用电压充电就算基本结束。

当电容充满电后，将电源 V_u 短路，电容 C 会通过 R 放电，则任意时刻 t，电容上的电压为

$$V_t=V_u\exp(-t/RC)$$

需要注意的是，在一个具体的电路里，不要误以为 t=RC 就是你想要的时间了，要看电路需要的电压，如 NE555 定时电路，其翻转电压为 2/3V_{CC} 时，还要看电压对应的时间常数，如 1.1RC，刚好是 2/3V_{CC} 等；在实际使用中，定时时间不会那么准，都是因为电阻、电容的误差，以及相关电路的影响，这其中电容引起的误差最为明显。所以，这类电路一般用在定时不需要特别精确的地方，如过道

灯开关灯等。

2.2 二极管

2.2.1　二极管的特性

二极管在电路中常用“VD”加数字表示，二极管具有单向导电性，教科书里都会有详细的讲解，在这里只是简单回顾一下。

二极管常用于整流、隔离、稳压、保护等电路中。我们经常看到的二极管有 1N4007、1N4148、1N5819 等。

二极管分为普通二极管、肖特基二极管、稳压二极管、快恢复二极管、发光二极管等。它们有各自的优缺点。比如普通二极管耐压高，电流大，但管压降大。肖特基二极管管压降小，但耐压又不高等，在电路设计或维修时这些需要注意。

需要特别说明的是，稳压二极管一般只能作为基准等使用，不能当稳压集成电路来用，使用时一定要限流，将功率限制在规定值内。

2.2.2　二极管的妙用

1. 用于保护

我们先来看看图 2.28，按键 SB1 前面是 24V 电压，而后面的电路电压是 5V，从电路上看如果没有二极管 VD1 的话，电路也是可以工作的，但为何还要使用呢？如果没有这个二极管 VD1，晶体管 VT1 损坏后可能会出现 B-C 极间短路，那么 24V 电压就会通过 R3、R1 与 5V 相连。如果 5V 所连接的电路里有电压敏感的元件，那么就可能造成损坏。增加了 VD1 后，24V 的电压就没有流入 5V 的电源的可能，起到保护作用。

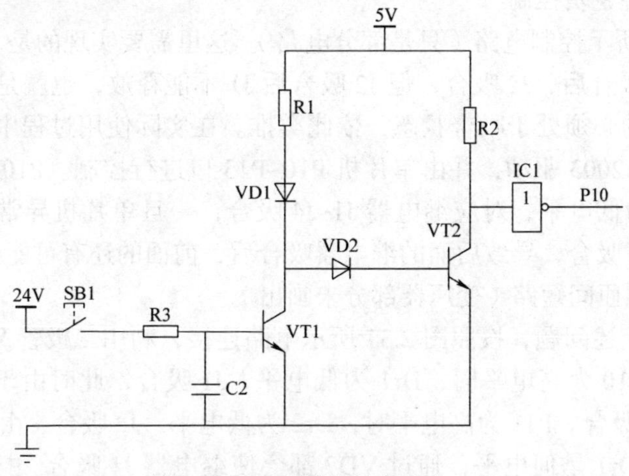

图 2.28　二极管保护电路（一）

再来看图 2.29，二极管 VD1 的左边是单片机控制电压，电压范围是 0~5V，如果 MOS 管 VT1 损坏，在没有 VD1 的情况下，24V 电压就有可能通过 VT2、R1 进入单片机，有损坏单片机的可能，加了隔离二极管 VD1，就可以避免这种情况的发生。除此之外，它还可以隔离后面电路对前面电路的干扰，有一举两得的功效。这里的隔离二极管可以用管压降较小的肖特基二极管，如 1N5819 等。

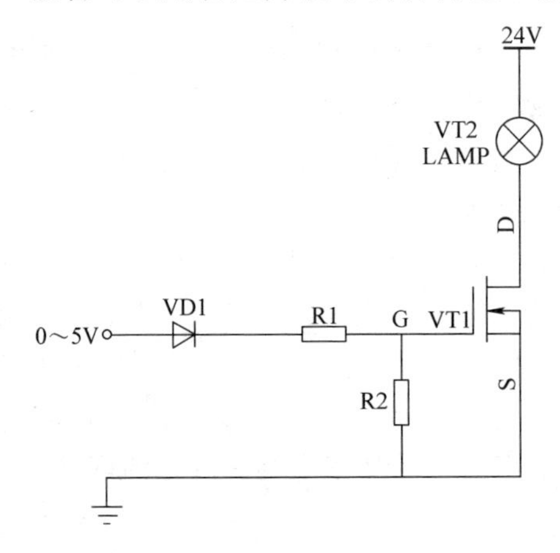

图 2.29　二极管保护电路（二）

2. 用于降压

因为二极管在导通后，有一定的管压降，可以利用这个特性来降压。比如，手机锂电池一般在充满的时候可达 4.2V，如果用来为 3.6V 设备供电就会有问题，但采用降压电路会比较麻烦。在电流不大、要求不太严格的情况下，在电路上串联一只管压降为 0.7V 左右的二极管（如 1N4007，不要用 1N5819 一类管压降小的肖特基二极管），即可使其电压符合要求。

3. 用于实现逻辑控制

如图 2.30 所示控制电路（只是部分电路）。这里需要实现的是，继电器 J1~J4 依次吸合，J1 吸合后，J2 吸合，但 J2 吸合后 J1 不能释放，也就是后面的继电器吸合后，前面的必须处于吸合状态，依此类推。在实际使用过程中发现，继电器 J1~J4 是由 ULN2003 驱动，并由单片机 P10~P13 口进行控制。P10~P13 为高电平时，Dr1~Dr4 为低电平，对应继电器 J1~J4 吸合，一旦单片机异常，就有可能不按上面所述顺序吸合，导致后面的继电器吸合后，前面的还有可能处于释放状态，从而造成变压器匝间短路（变压器部分未画出）。

为了解决上述问题，按照图 2.31 所示电路连接，利用二极管 VD1~VD7 解决了这个问题。P10 为高电平时，Dr1 为低电平，J1 吸合，此时由于 VD7 的存在，不会导致 J2 的吸合。P11 为高电平时，Dr2 为低电平，J2 吸合，由于二极管 VD7 的存在，无论 Dr1 是何电平，通过 VD7 都会使继电器 J1 吸合。接下来就是 P12

为高电平，Dr3 为低电平，J3 吸合，由 VD6、VD7 将 J1、J2 强制在低电平而导通。依此类推，只要后面的继电器吸合，前面的都会吸合。

由于单片机在复杂的电磁环境更容易受到干扰，单片机与这里的二极管逻辑控制比较起来，二极管组成的电路可靠得多。这个电路实际使用时效果很好。

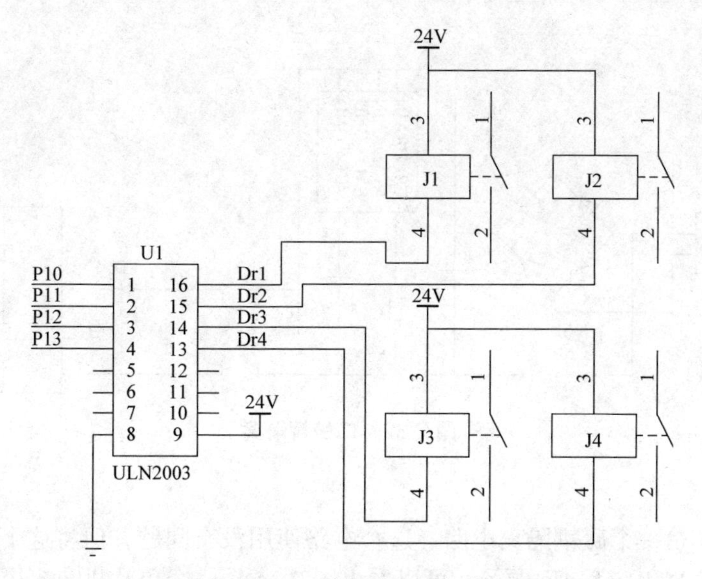

图 2.30　继电器控制电路

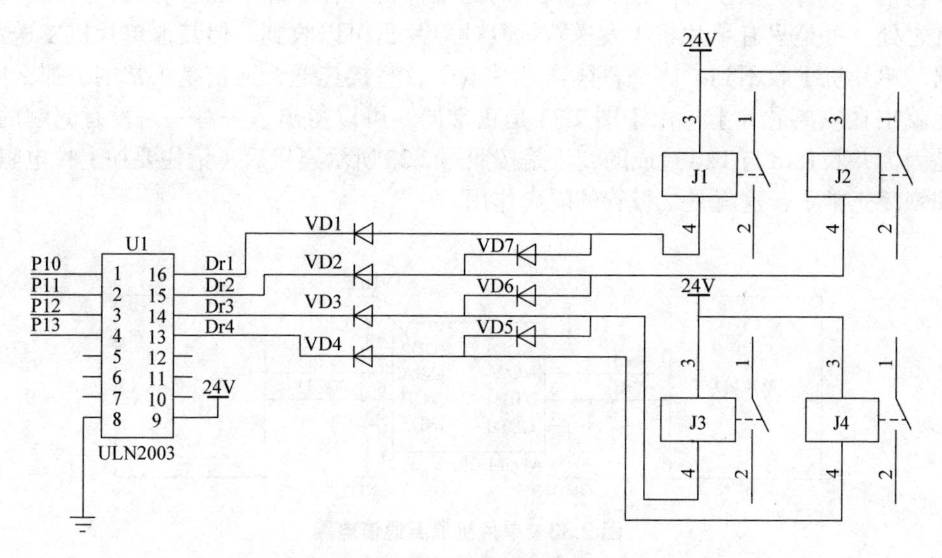

图 2.31　改进继电器控制电路

4. 用于隔离

在图 2.32 所示电路中，二极管 VD 起整流的作用，同时也起隔离作用的，如果没有二极管 VD，那么在停电后，电容 C（大容量的法拉电容）上充的电将会通过变压器的二次侧放掉，而不能将 C 上储存的电能供发光二极管发光用，二极管 VD 在这里也起到了隔离的作用。

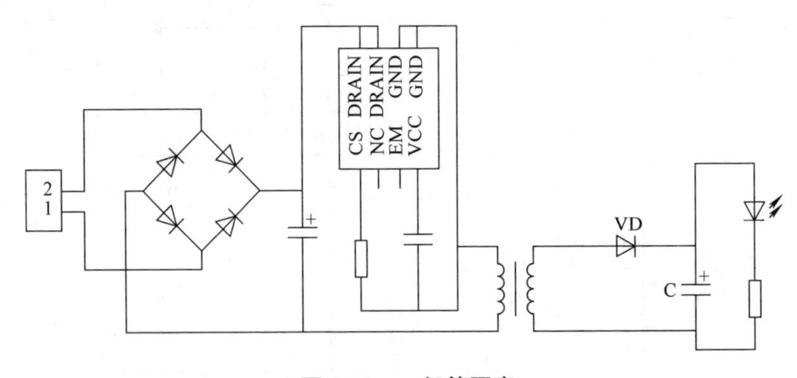

图 2.32　二极管隔离

图 2.33 是一个磁耦隔离电路。这个电路使用没有问题，但将这个电路扩充使用后（见图 2.34）就出问题了。可以看出图 2.34 是一个单片机与多个单片机的隔离通信。初看应该没有问题，它和平时的单片机一样，除了加了隔离，并没有稀奇之处。可是只有单片机 1 发送数据其他单片机可以收到，但其他单片机发送数据，单片机 1 收不到。将磁耦隔离芯片取下，直接连通，通信是正常的，那么问题就出在隔离芯片上。由于图 2.33 是正常的，可以得出，一对一是没有问题的，是因为并联 Rxd 与 Txd 造成的，于是按照图 2.35 所示连接后（记住要加上拉电阻）即恢复正常了，这就是二极管的隔离作用。

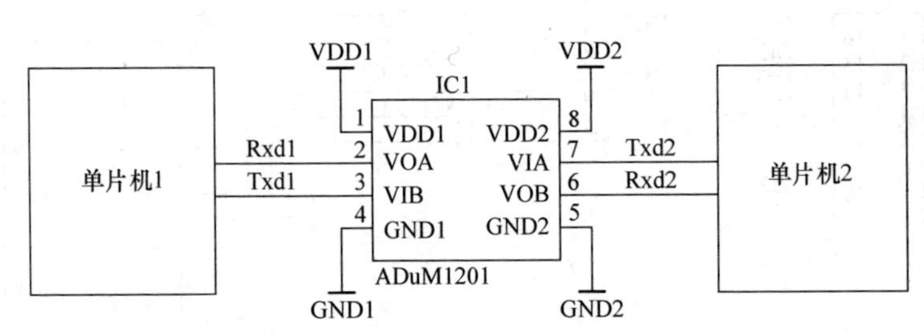

图 2.33　单片机隔离通信电路

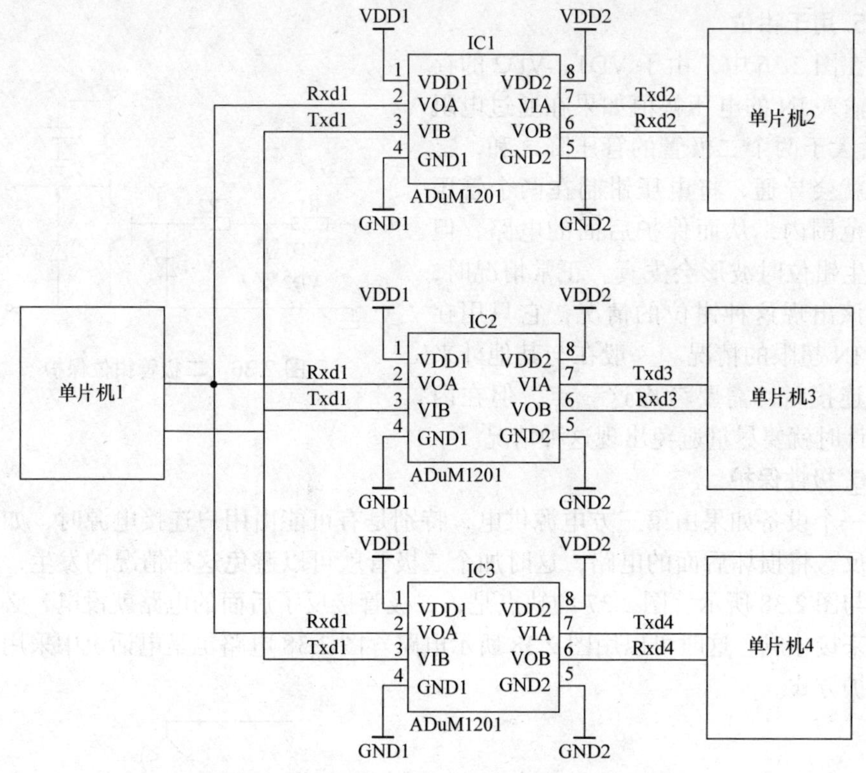

图 2.34　不正常的单片机一对多隔离通信电路

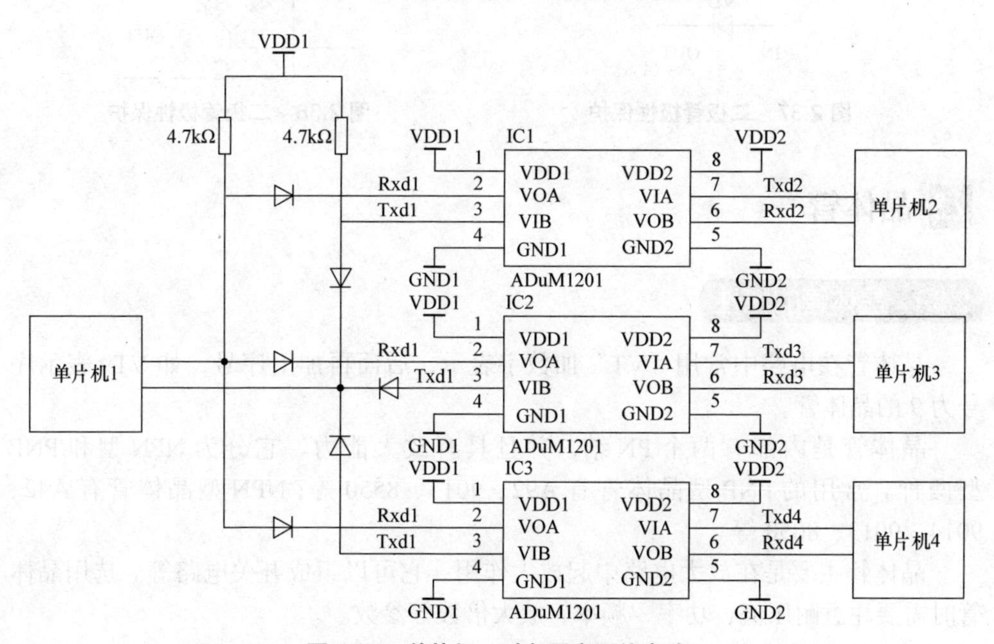

图 2.35　单片机一对多隔离通信电路

5. 用于钳位

在图 2.36 中，由于 VD1、VD2 的存在，输入 IN 的电压幅值如果在通过电阻 R1 后大于两个二极管的管压降之和，二极管就会导通，将电压钳制在两个管压降的范围内，从而保护后面的电路，但在发生钳位时波形会失真。正常情况时，不应该出现这种钳位的情况，它只用在输入 IN 超限的情况。一般在与其他外来设备连接时，需要考虑这一点，但在内部设计时就要尽量避免出现这种情况。

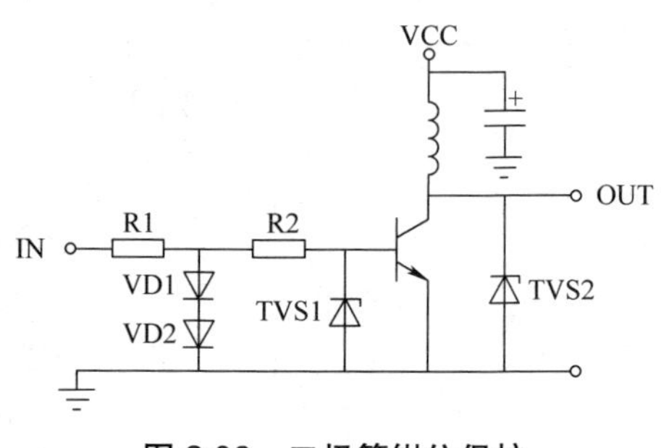

图 2.36　二极管钳位保护

6. 极性保护

一个设备如果由第三方电源供电，特别是有可能由用户连接电源时，如果极性接反，将损坏后面的电路，这时加个二极管就可以避免这种情况的发生，如图 2.37 与图 2.38 所示。图 2.37 的缺点是，二极管接反了后面的电路就没电，必须得反过来接才成，这时可以用图 2.38 所示电路。图 2.38 电路也是电话机中采用的极性保护方式。

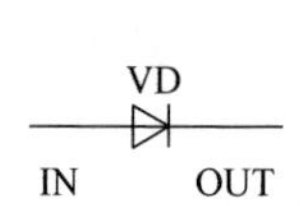

图 2.37　二极管极性保护

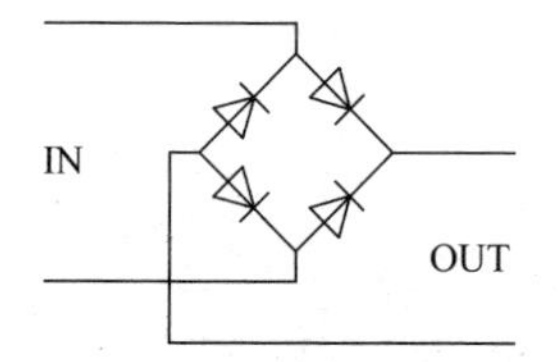

图 2.38　二极管极性保护

2.3 晶体管

2.3.1 晶体管的特性

晶体管在电路中常用“VT”加数字表示，后面再加上序号，如 VT9 表示序号为 9 的晶体管。

晶体管是内部有两个 PN 结，并且具有放大能力。它分为 NPN 型和 PNP 型两种。常用的 PNP 型晶体管有 A92、9015、8550 等；NPN 型晶体管有 A42、9014、9013、8050 等。

晶体管主要是在放大电路中起放大作用，它可以组成开关电路等。选用晶体管时需要注意耐压值、功率、频率、放大倍数等参数。

2.3.2　学会晶体管的开关应用听我一句话

晶体管作开关使用时，判断其通断时记住一句话就可以了，即 NPN 型晶体管 B 极电压大于 E 极电压 0.6V 导通（$V_B-V_E>0.6V$），PNP 型晶体管 E 极电压大于 B 极电压 0.6V 导通（$V_E-V_B>0.6V$）。就这一句就可以把晶体管的开关用途弄得清清楚楚，明明白白。

上面的话适合记忆，但我们还是应知其然，也要知其所以然。参见图 2.39，如果 IN 是单片机输出的 0V 或 5V，当 IN=0V 时，VT1 的 B 极电压不会大于 E 极电压，VT1 关闭，继电器 J1 不会吸合。当 IN=5V 时，B 极有大于 E 极电压 0.6V（0.6~0.7V）的电压，VT1 导通，J1 吸合（当然，此时 B 极电流乘以放大倍数必须满足 J1 吸合所需要的电流，也就是深度饱和是必需的，R1 取值需要考究）。

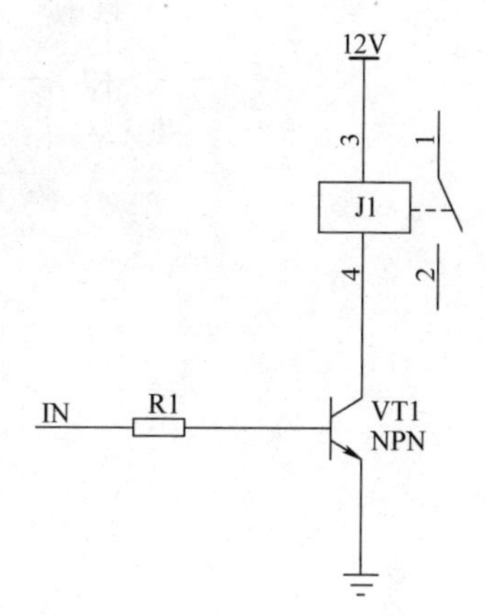

图 2.39　驱动电路

如图 2.40 所示，IN2 也是单片机输出的 0V 或 5V，看能不能使 VT2 导通。IN2=0V 时，VT2 的 E 极电压大于 B 极电压 0.6V，VT2 导通（当然也需要深度饱和才行），继电器能够吸合，当 IN2=5V 时，VT2 的 E 极电压为 12V，B 极电压为 5V，E、B 极间电压为 V_E-V_B=12V−5V=6V，这时 E 极电压还是有高于 B 极电压 0.6V 的电压，VT2 还是会导通，不能实现关闭！所以，如果这里想用单片机控制 J2 的动作是有问题的。有人会说，那我们以后就用图 2.39 就是了。一般说来是这样，但是我们知道单片机在上电瞬间引脚会出现一个高电平，这时继电器 J1 可能会吸合一下，但实际使用中是不允许在通电瞬间吸合的情况时，这时还得用图 2.40 的改进型电路，如图 2.41 所示。在图 2.41 中，加入了 IC1，用前面说的方法判断，在光电耦合器导通后，VT3 的 B 极电压已是 12V 了，VT3 不会导通，光电耦合器关闭后，R5 使 VT3 的 B 极为 0V，VT3 导通，这样就可使用 0V、5V 来控制继电器 J3 了，而且上电瞬间也不会因为单片机 I/O 接口出现高电平使继电器瞬间吸合了，同时还能实现隔离，避免继电器的动作干扰单片机，这种方法在很多场合用到。

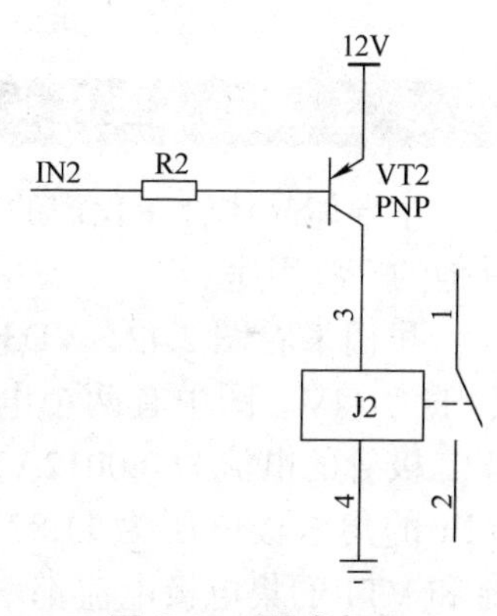

图 2.40　驱动电路

上面所述要使晶体管工作在开关状态，除了满足上面所说的条件外，必须满足深度饱和条件。也就是说，基极电流乘以放大倍数要远大于负载电流，小功率晶体管放大倍数可按100计算，大功率晶体管只能在30以内，如果放大倍数不够，可以使用复合管。

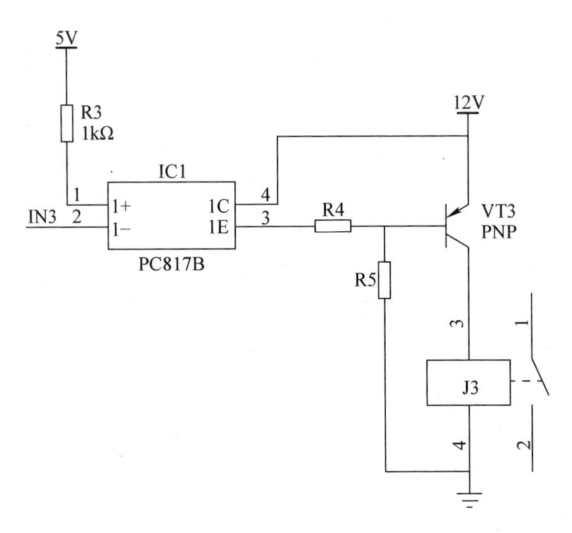

图 2.41　驱动电路

2.3.3　晶体管的另类用法

半导体晶体管在我们的印象中主要是用作放大与开关。除此之外晶体管还有其他的一些用途。

我们来看图 2.42，VD3 是 24V 的稳压二极管，R4 是限流电阻，电源 BAT2 电压为 24V。图中有两个电流和两个电压探针，可以看到它们的数值。流过稳压二极管的电流为 0.0012A，流过晶体管 VT1 集电极的电流为 0.12A，且晶体管 VT1 的集电极电压为 11.8279V。当把电源电压提高到 48V 时，流过 VD3 的电流和 VT1 的集电极电流都增加了，但 VT1 的集电极电压为 11.83V，与电源电压 24V 时的基本一样，如图 2.43 所示。也就是它具有有稳压的效果，其意义在于扩流，如果稳压二极管能承受的电流太小，就可以采用这个办法来扩流，从电路仿真看到，VD3 上电流比 VT 集电极电流小很多。这样，就可以用电流较小的稳压二极管，通过扩流得到较大的电流。实际使用时，将 VD3、VT1 合并作为稳压二极管用，根据所用晶体管的放大倍数计算扩流的大小，与晶体管放大计算方法一致。

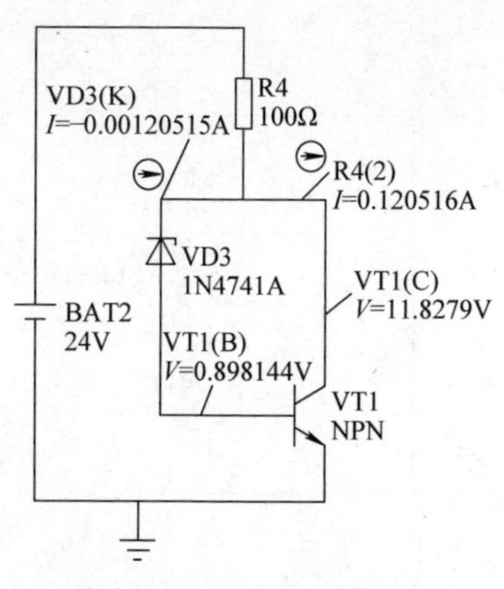

图 2.42　稳压二极管扩流

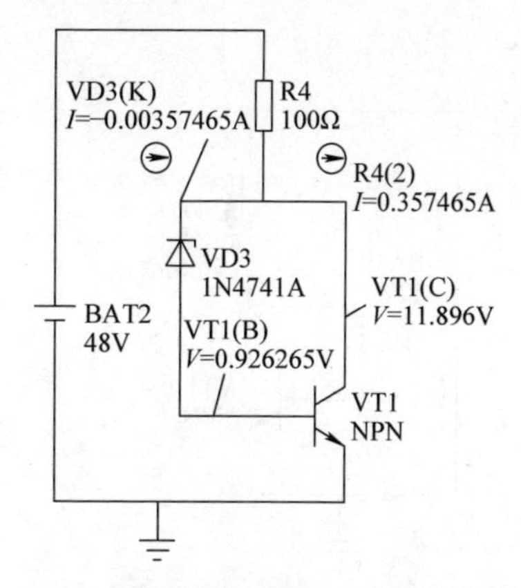

图 2.43　稳压二极管扩流

图 2.44 和图 2.45 是用晶体管作为稳压二极管用。图 2.44 在 Proteus 里是无法仿真得到想要的结果的，我们直接按图 2.44 所示电路用实物来做实验，可以得到 BAT2 的电压在一定范围变化时，VT1 的集电极电压维持在 6.8V，也就是具有稳压的效果，这个电压应根据所使用的具体晶体管型号实测而定，不一定都是 6.8V。图 2.45 和图 2.44 的不同之处在于稳压值高一些，可达 30V。在实际使用中要明白，这种方法的稳压值不一定是你想要的，它一般用在要求不严格的场合，或为了做实验，一时又买不到稳压二极管时还是个救急的好办法。需要注意的是，使用时最好将晶体管没有用到的 B 极齐根剪掉，以免 B 极感应到电压或触碰到哪里而出现异常。由图 2.44 和图 2.45 可以组合成双向二极管，作为触发二极管使用。

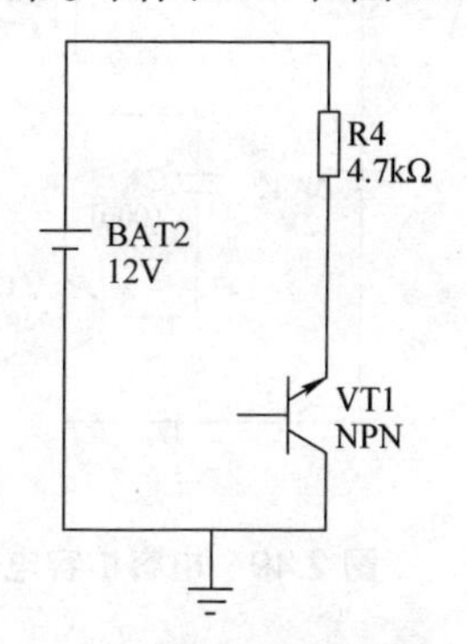

图 2.44　晶体管稳压电路

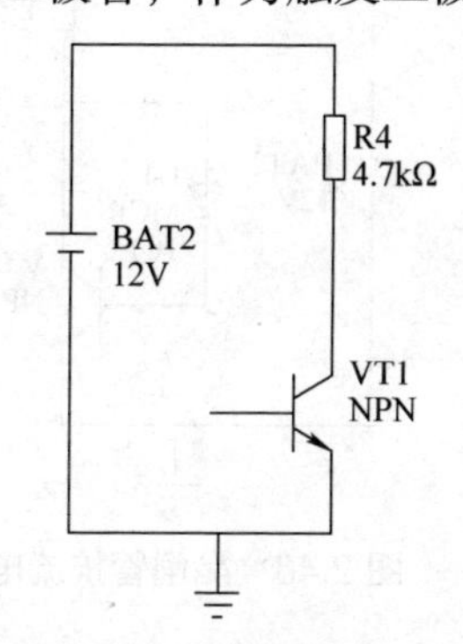

图 2.45　晶体管稳压电路

图 2.46 是晶体管的二极管用法。将晶体管的 B、C 极短路，与直接用 B、E 极作二极管用相比，可以通过比较大的电流。图 2.46 与图 2.47 的比较，前者的电压降要小些，折转电压更陡。图 2.46 组成的二极管有较好的特性，常用在音响电路中。

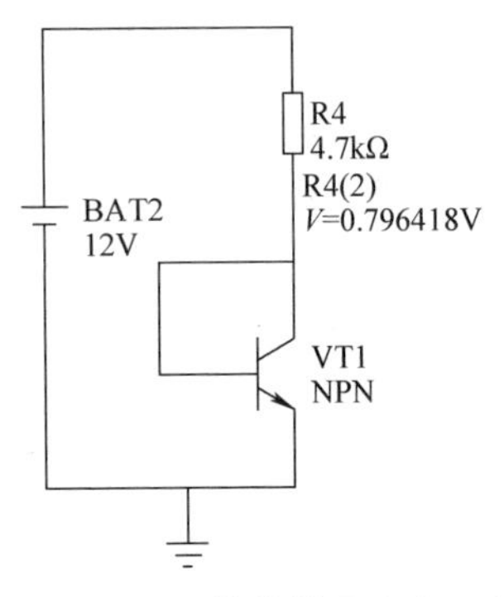

图 2.46　晶体管的用法（一）

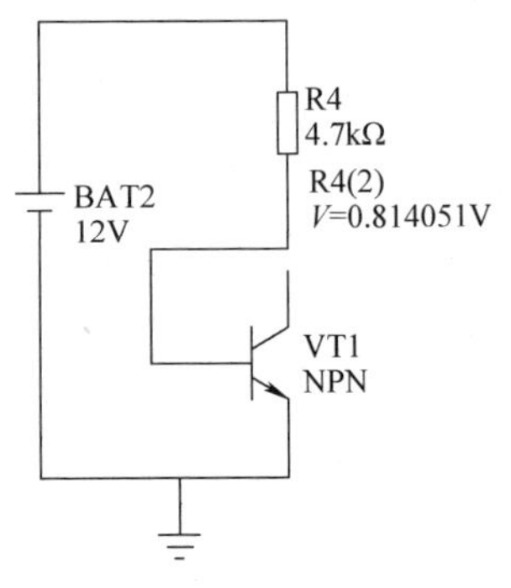

图 2.47　晶体管的用法（二）

图 2.48 是晶闸管扩流电路。单相晶闸管 MCR100-6 电流只有 1A，如果需要更大电流，可以采用图 2.48 所示的方法进行扩流，其电流主要依靠 VT1 的 C、E 极，这里的 B 极电流最大就是 MCR100-6 的 1A 了，扩流后的电流取决于 VT1 的 C、E 极电流。

图 2.49 为电容扩容电路。利用晶体管的电流放大作用，将电容容量扩大若干倍。它适用于在长延时电路中作定时电容，以及用在电流不大的电路里，但一般不用在电源滤波电路里。

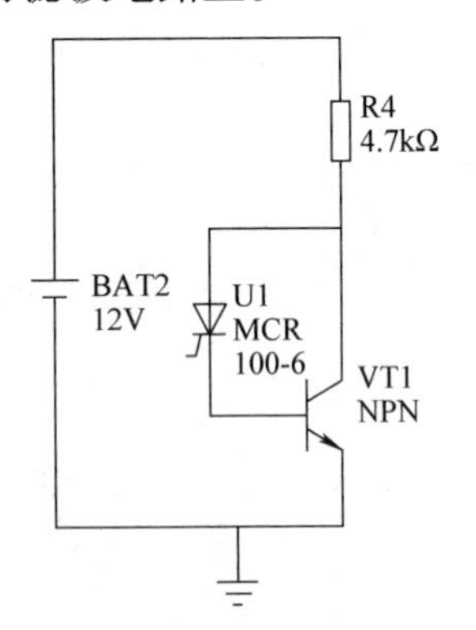

图 2.48　晶闸管扩流电路

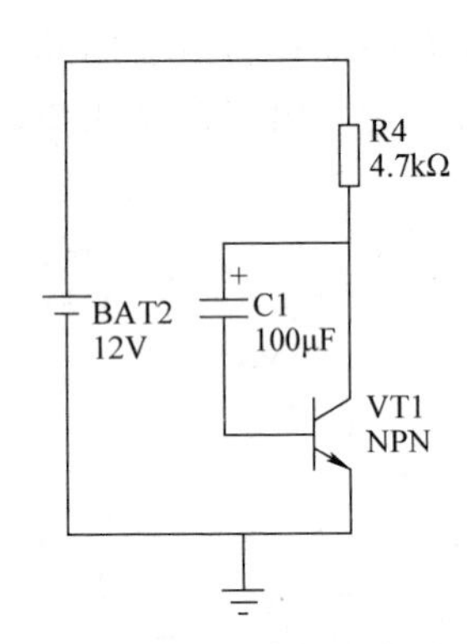

图 2.49　电容扩容电路

晶体管可以很容易组成恒流源电路，如图 2.50 所示。由 VT1，VT2，R1，R2 组成恒流电路，在电阻 R4 上的电流为 $I=V/R$，V 为晶体管的管压降，一般取 0.6~0.8V。晶体管的管压降，根据不同的管子可能会不一样。由 $I=V/R$ 可以看到，R1 上的电流仅与电阻值有关，R1 确定后电流就确定了，与电源电压无关。这个电路在很宽的电压范围都能实现恒流，简单又可靠。

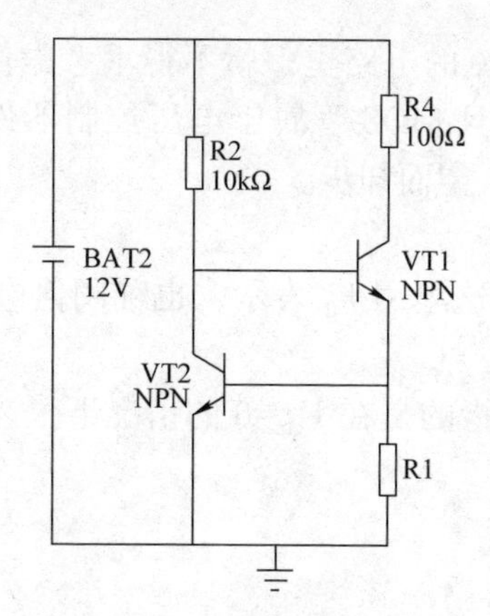

图 2.50　晶体管恒流电路

2.4 MOS 管

2.4.1 MOS 管的特性

MOS 管也叫金属氧化物半导体场效应晶体管，它是电压控制器件，其驱动非常容易，性能也很优越，它和电子管有异曲同工之妙。但由于 MOS 管的相关电路较少，加之容易受静电损坏，所以并未“海阔天空”，即便如此，在一些场合下还是非它莫属。

MOS 管具有较高输入阻抗和低噪声等优点，因而也被广泛应用于各种电子设备中。尤其用 MOS 管作为整个电子设备的输入级，可以获得一般晶体管很难达到的性能。

MOS 管是电压控制器件，而晶体管是电流控制器件。在只允许从信号源取较少电流的情况下，应选用 MOS 管；在信号电压较低，又允许从信号源取较多电流的条件下，可选用晶体管。

需要注意的是，MOS 管容易损坏，所以在保存、使用时要防静电，焊接是要带上静电手环等措施，来满足它“娇气”的个性。

2.4.2 MOS 管做开关使用的简单方法

MOS 管的原理，在教科书和一些专著上，已经讲得很清楚了，这里只想讲 MOS 的具体应用，从复杂的原理中将关键点抽取出来，不再让大家到大海里去捞针了，拿来即用。

晶体管可以用作开关，但导通后的管压降（也叫饱和电压降）在大电流时就不得不引起高度重视。晶体管用于发光二极管、继电器一类的开关控制很实用，也很便宜。但在安培级电流的电路里，就不得不考虑使用MOS管了，它的导通电阻可以低至几毫欧！而且MOS管属于电压控制器件，控制电路也比较简单，但它易被静电损坏，又让人望而却步。

1.MOS 管的重要参数

1）开启电压 $V_{GS(th)}$，这里用 V_{th} 表示，也称阈值电压，是栅、源之间所加的电压。

2）饱和漏电流 I_{DSS}，指的是在 V_{GS}=0 的情况下，当 $V_{DS}>|V_{th}|$ 时的漏极电流称为饱和漏电流 I_{DSS}。

3）最大漏源电压 V_{DS}。

4）最大栅源电压 V_{GS}。

5）直流输入电阻 R_{GS}。

MOS管又分为PMOS管和NMOS管，要记住是N沟道还是P沟道的符号，把它与晶体管对照着来记，看箭头方向就可以了。与晶体管相反，晶体管箭头朝外是NPN，而P沟道MOS管的箭头是朝外的，晶体管箭头朝里的是PNP，而N沟道MOS管的箭头是朝里，如图2.51所示。

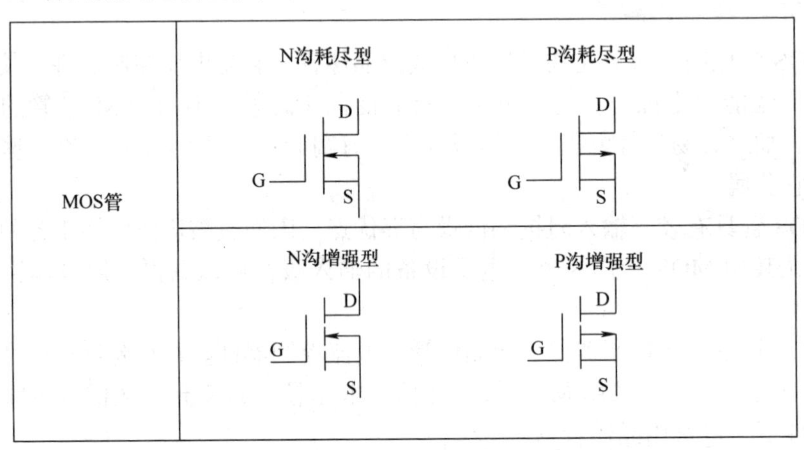

图 2.51　MOS 管符号

2. N 沟道 MOS 管开关电路

根据N沟道MOS管的特性，V_{GS} 大于一定的值就会导通，适合用于源极S接地时的情况（图2.52），常称低端驱动（或称下驱），只要栅极G的电压大于选用MOS管给定的开启 V_{GS} 就可以了，此时MOS管处于电源负端。需要注意的是，V_{GS} 指的是栅极G与源极S的电压差，所以当NMOS管作为高端驱动（上驱）时（见图2.53）问题就来了，当漏极D与源极S导通时，漏极D与源极S电压相等，都是VCC，那么栅极G必须高于源极S与漏极D的电压，也就是要高于VCC一个开启电压，漏极D与源极S才能继续导通。我们都知道在一个电路里弄多个电压是很麻烦的事情，要高于VCC的电压实在是不便，而且如果用单片机控制那麻烦就更大了。如果我们将一个用作开关的简单电路设计成图2.53所示的电路，无疑将把简单问题复杂化，要使MOS管导通还得弄个比VCC高4V或10V的电压，那就还要另外一个电源。但是，由于NMOS管的导通电阻小、容易制造，可选型号多，在一些电路里，仍然用NMOS管作为高端驱动，比如逆变器等，它有专门的电荷泵电路（IR2110S）产生高于电源电压的驱动电压，这时就不需要有高于VCC的电压了。要注意开启电压V_{th}这个参数，如果要在3.3V电路里用MOS管作开关用，选用了$V_{GS(th)}$为4V的MOS管，那就别想正常工作了。当$0 < V_{GS} < V_{GS(th)}$时，不足以开通MOS管，没有开通的可能了，$V_{GS}>V_{GS(th)}$只是开启条件，是饱和的必要条件，而不是饱和的充分条件，是不是饱和还与电源电压VCC、负载、转移特性有关。当$V_{GS}<V_{GS(th)}$时，处在截止区域；当$V_{GS}>V_{GS(th)}$，且$V_{DS}<V_{GS}-V_{GS(th)}$时，处在变阻区域；当$V_{GS}>V_{GS(th)}$，且$V_{DS}>V_{GS}-V_{GS(th)}$时，处在饱和区域，NMOS和PMOS条件相同，极性有区别。

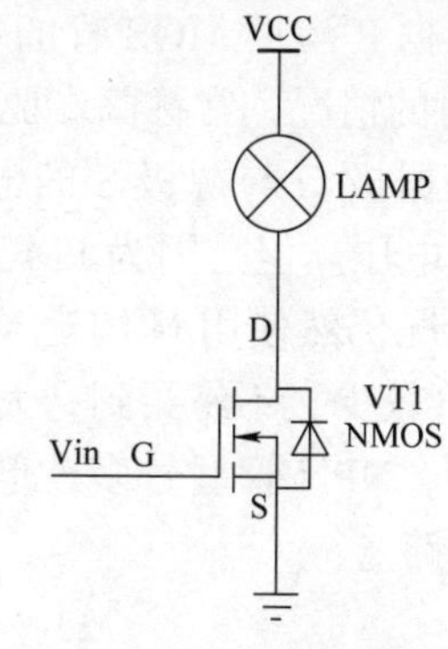

图2.52　MOS管驱动电路（一）

既然N沟道MOS管用作上驱（高端驱动）这样复杂，但有些场合又需要做到高电平控制“关”、低电平控制“开”的效果应该怎么办？我们相信办法总比问题多，那么可以直接用开关电路，如图2.54所示。Vin为高电平，晶体管VT1导通，VT2的G极为低电平，MOS管截止；Vin为低电平时，VT1关闭，VT2的G极电压为VCC，这个足以使MOS管VT2饱和导通。

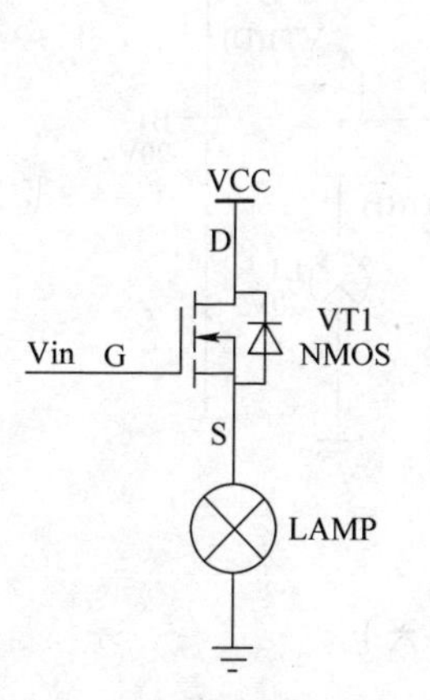

图2.53　MOS管驱动电路（二）

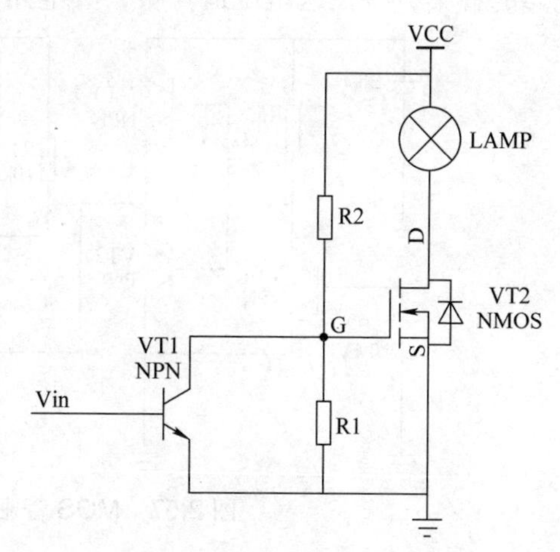

图2.54　MOS管驱动电路（三）

3. P 沟道 MOS 管开关电路

根据 P 沟道 MOS 管的特性，V_{GS} 小于一定的值就会导通，适合用于源极接 VCC 时的情况，常称高端驱动（或称上驱），如图 2.55 所示。需要注意的是，V_{GS} 指的是栅极 G 与源极 S 的电压，即栅极低于电源电压一定值就导通，而非相对于地的电压。但是因为 PMOS 导通内阻比较大，所以只适用低功率的情况，大功率的情况仍然使用 N 沟道 MOS 管。由于 PMOS 制造工艺的问题，P 沟道大功率 MOS 管较少，不易买到，大多数情况下都是采用 NMOS，大功率晶体管也有这样的问题，NPN 管型号多，但 PNP 管型号就少得多。图 2.56 是一个实用的 PMOS 驱动电路。

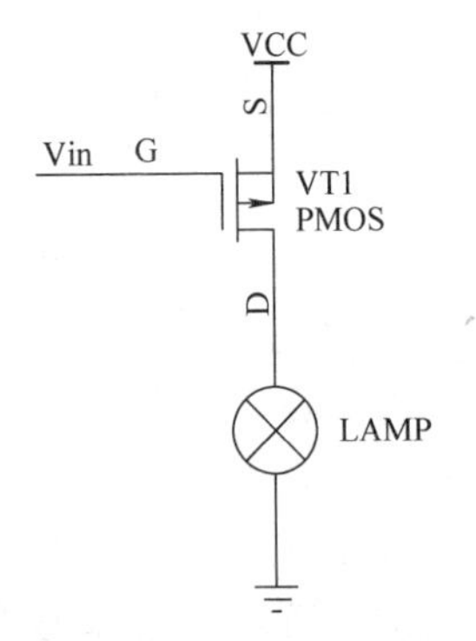

图 2.55　MOS 管驱动电路（四）

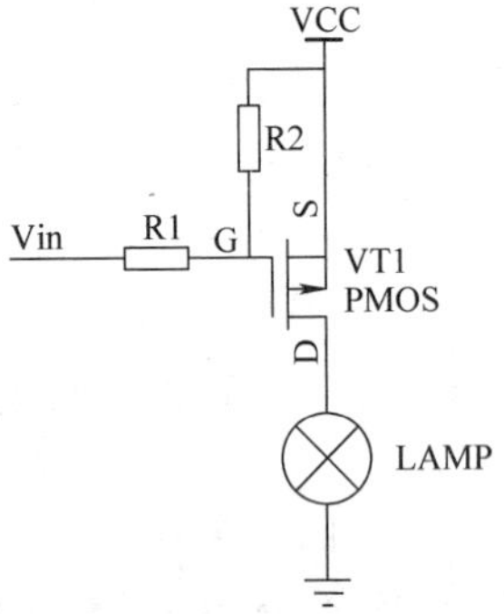

图 2.56　MOS 管驱动电路（五）

4. MOS 管应用讨论

在网上看到一个关于 MOS 管驱动的问题，讨论得很热烈，最终也没有人给出完美的答案，特在这里说道一番，其电路如图 2.57 所示。问题如下：

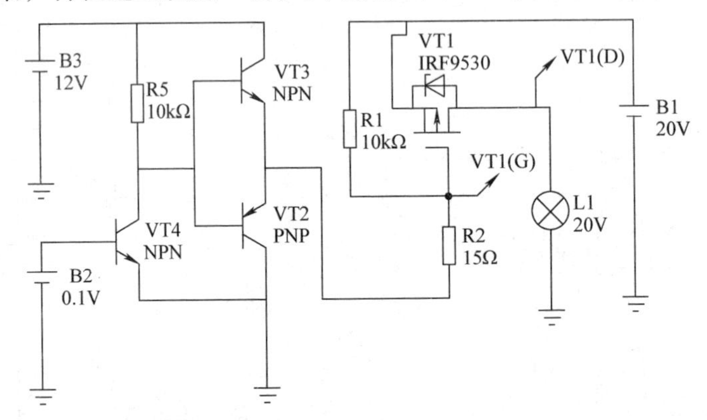

图 2.57　MOS 管驱动电路（六）

如果 B1 为 20V 和 B3 也为 20V，电路能正常工作，可以通过 VT4 的开关控制 VT1 的开关。但是当电源 B3 为 12V，B1 为 20V 时，就不能正常工作，开关管一直输出 20V，无法关断，把电源 B3 提高到 17V 以上，又能正常工作了。

不知道这是为什么。目的就是想用一个低电压控制一个高电压开关。

依你看，问题在哪里?

我们先不忙研究图 2.57 为何不行，先用 Proteus 仿真一下图 2.58 所示电路。调节电阻 RV1，使得 VT1 的 G 极电压为 16.56V，这时灯泡 L1 不亮。我们看表 2.2，MOS 管 IRF9530 其中有一项阈值电压 $V_{GS(th)}$ 为 2~4V，而 VT1 的 V_{GS}=20V−16.56V=3.44V，并未使 VT1 导通，属正常情况。当继续调节 RV1，使 VT1 的 G 极电压上升，发现 G 极电压为 16.57V 时灯泡点亮，见图 2.59，此时，V_{GS}=20V−16.57V=3.43V，也就是说在 V_{GS} 为 2~4V 之间是有可能导通的，到底在哪个电压导通，视具体 MOS 管有所不同，这里实验的 MOS 管开启电压在 3.43V 附近。但是 V_{GS} 大于 4V 是一定会导通的（小于 2V 时一定关闭），也就是 $V_{GS}>V_{GS(th)}$，在设计开关状态时，使 V_{GS} 远大于 $V_{GS(th)}$ 是明智的选择。

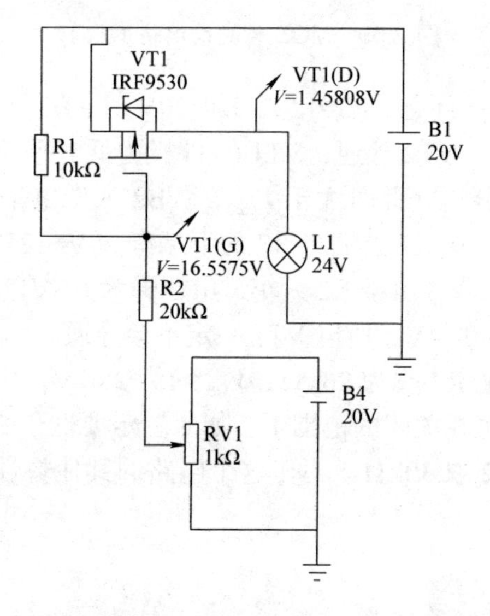

图 2.58　MOS 管驱动电路（七）

表 2.2　MOS 管参数

$V_{GS(th)}$	阈值电压	2.0	—	4.0	V	V_{DS}=V_{GS}，I_D=−250μA
I_{GSS}	栅 - 源泄漏电流	—	—	100	nA	V_{GS}=−20V
I_{GSS}	栅 - 源反向泄漏电流	—	—	−100	nA	V_{GS}=20V
I_{DSS}	零栅电压泄漏电流	—	—	250	μA	V_{DS}=Max，V_{GS}=0V
		—	—	1000	μA	V_{DS}=Max，Rating×0.8，V_{GS}=0V，T_C=125℃

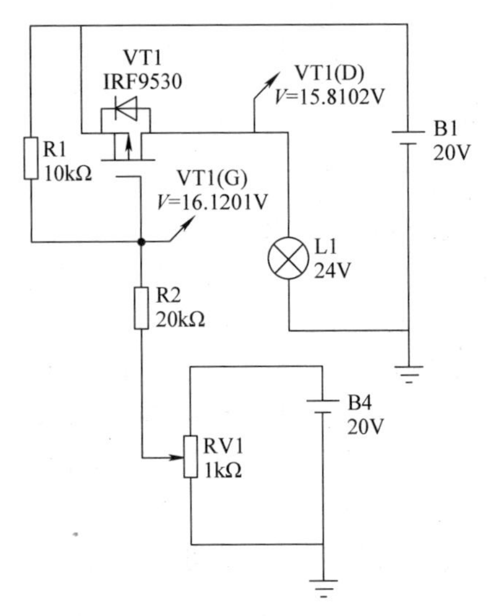

图 2.59 MOS 管驱动电路（八）

现在我们回到开始的问题，B3=12V，B1=20V 时，B2（用电源代替高低电平）为高电平时，VT4 导通，VT2 导通，VT1 的 G 极为低电平而导通，V_{GS} 接近 20V，即 24V 在 R1 与 R2 的分压，此时大于 $V_{GS(th)}$。B2 为低电平时，VT4 截止，由于 R5 的存在，VT3 导通，在 R1 上端与 R2 的下端有 20V−12V=8V 的电压，VT1 的 V_{GS} 就是在 R2 上的电压降，由于 R2 太小，电压降为 0.8V，R1 两端电压即 V_{GS} 高达 7.2V，远大于 $V_{GS(th)}$ 的 4V，所以 VT1 一定不会导通。

解决办法：我们把 R2 改为 20kΩ，V_{GS} 约为 2.41V，电路可以正常工作了，虽然没有低过 2V，但也在关闭的范围了，如果一定要低于 2V，R2 改用 30kΩ 就行，为了可靠工作，R2 取 30kΩ。对于这个电路的其他特性，以及实用性，不在此讨论。

2.4.3 MOS 管电平转换

先看标准的 TTL 与 CMOS 电平。

TTL 电平：

输出 L：U_{ol}<0.4V，典型值为 0.2V；H：U_{oh}>2.4V，典型值为 3.4V。

输入 L：U_{il}<0.8V；H：U_{ih}>2.0V

CMOS 电平：

输出 L：U_{ol}<0.1*V_{CC}，接近 0V；H：U_{oh}>0.9V_{CC}，接近 V_{CC}。

输入 L：U_{il}<0.3*V_{CC}；H：U_{ih}>0.7V_{CC}。

TTL 器件输出低电平小于 0.8V，高电平大于 2.4V。输入到 TTL 器件的电平低于 0.8V 才会认为是“0”，高于 2.0V 才会认为是“1”，这点要注意。相应的，CMOS 电平也要注意对应电平的电压值。

对于 5V 和 3.3V 的单片机，各 I/O 接口的电平与 TTL 电平完全兼容，也可以说都是 TTL 电平。但 3.3V 的单片机与 5V 器件的 TTL 芯片相连，需要进行电平转换，转换电路如图 2.60 所示，它可以实现双向电平转换。如果只作为输入或输出电平转换就比较简单，用电阻分压就可以实现。单片机的 I/O 接口作输入时，一定要满足 TTL 的电平的条件，否则单片机的电平识别会不正确。

有必要说明一下图 2.60 的电平转换电路的原理。如图 2.60 所示，先看左边 I/O 接口电平的变化。左边 I/O 接口为高电平时，VT1 的 G、S 都是 3.3V，VT1 关闭，右边 I/O 接口由 R3 提供电压为高电平。左边 I/O 接口为低电平时，V_{GS}=3.3V（MOS 管要选对，才能保证 $V_{GS}>V_{GS(th)}$，VT1 导通，右边 I/O 接口为低电平。再看右边电平的变化。右边 I/O 接口为高电平时，左边电平还是高电平（R2 上拉），右边为低电平时，由于 MOS 管内有寄生二极管（见图 2.61），通过寄生二极管，左边 I/O 接口电平也被拉低，变为低电平（有寄生二极管的管压降存在）。如果忽略寄生二极管的存在，可能会出现问题。图 2.62 为更简单的双向 I/O 接口电平转换电路，其与图 2.60 原理类似，读者可以自行分析。

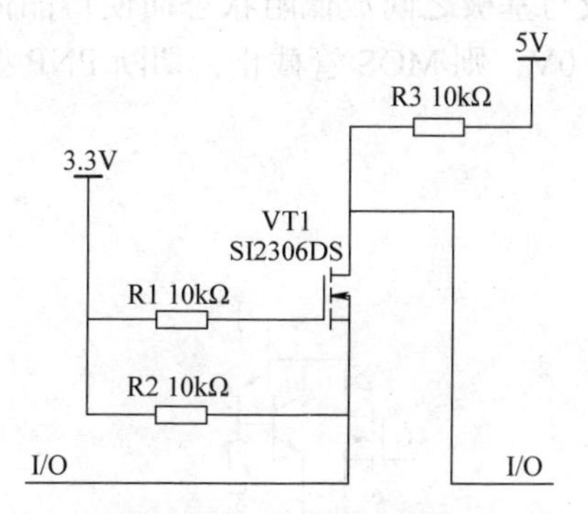

图 2.60　电平转换电路

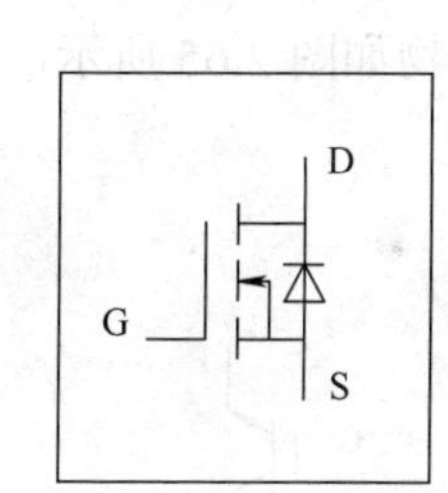

图 2.61　N 沟道 MOS 管（SI2302）符号

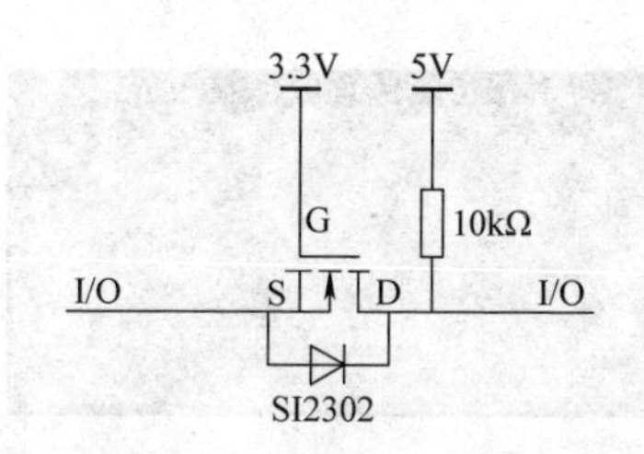

图 2.62　双向 I/O 接口电平转换电路

2.5 IGBT

2.5.1 IGBT 的特性

IGBT（Insulated Gate Bipolar Transistor）即绝缘栅双极型晶体管，是由 BJT（双极型晶体管）和 MOS（绝缘栅型场效应晶体管）组成的复合全控型电压驱动式功率半导体器件，兼有 MOS 管的高输入阻抗和 GTR 的低导通电压降两方面的优点。

GTR 饱和电压降低，载流密度大，但驱动电流较大；MOS 管驱动功率很小，开关速度快，但导通电压降大，载流密度小。IGBT 综合了以上两种器件的优点，驱动功率小而饱和电压降低。非常适合应用于直流电压为 600V 及以上的变流系统如交流电动机、变频器、开关电源、照明电路、牵引传动等领域。

IGBT 由栅极（G）、发射极（E）和集电极（C）三个极控制。如图 2.63 所示，IGBT 的开关作用是通过加正向栅极电压形成沟道，给 PNP 型晶体管提供基极电流，使 IGBT 导通。反之，加反向门极电压消除沟道，切断基极电流，使 IGBT 关断。由图 2.64 可知，若在 IGBT 的栅极和发射极之间加上驱动正电压，则 MOS 管导通，这样 PNP 型晶体管的集电极与基极之间成低阻状态而使得晶体管导通；若 IGBT 的栅极和发射极之间电压为 0V，则 MOS 管截止，切断 PNP 型晶体管基极电流的供给，使晶体管截止。

IGBT 实物如图 2.65 所示。

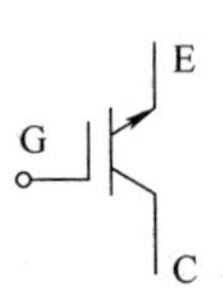

图 2.63　IGBT 电气符号

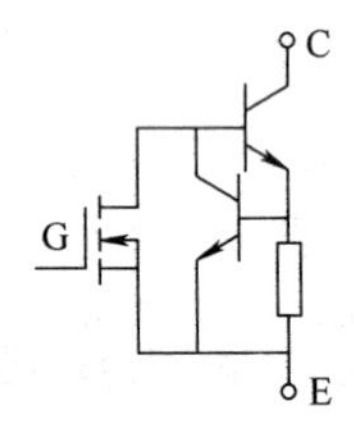

图 2.64　等效的电路图

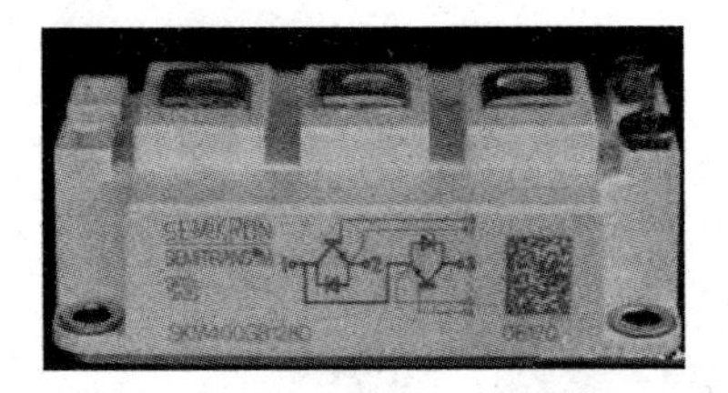

图 2.65　IGBT 实物图

2.5.2　IGBT 的使用

由于 IGBT 模块为 MOSFET 结构，IGBT 的栅极通过一层氧化膜与发射极实现电隔离。由于此氧化膜很薄，其击穿电压一般为 20 ~ 30V。因此因静电而导致栅极击穿是 IGBT 失效的常见原因之一。因此使用中要注意以下几点：

在使用模块时，尽量不要用手触摸驱动端子部分，当必须要触摸模块端子时，要先将人体或衣服上的静电用大电阻接地进行放电后，再触摸；在用导电材料连接模块驱动端子时，在配线未接好之前不要接上模块；尽量在底板良好接地的情况下操作。在应用中有时虽然保证了栅极驱动电压没有超过栅极最大额定电压，但栅极连线的寄生电感和栅极与集电极间的电容耦合，也会产生使氧化层损坏的振荡电压。为此，通常采用双绞线来传送驱动信号，以减少寄生电感。在栅极连线中串联小电阻也可以抑制振荡电压。

在使用 IGBT 的场合，当栅极回路不正常或栅极回路损坏时（栅极处于开路状态），若在主回路上加上电压，则 IGBT 就会损坏。为防止此类故障，应在栅极与发射极之间串接一只 10kΩ 左右的电阻。

在安装或更换 IGBT 模块时，应十分重视 IGBT 模块与模块片的接触面状态和拧紧程度。为了减少接触热阻，最好在模块器与 IGBT 模块间涂抹导热硅脂。一般模块片底部安装有模块风扇，当模块风扇损坏中模块片不良时将导致 IGBT 模块发热，而发生故障。因此对模块风扇应采用专门的电路进行检查，一般在模块片上靠近 IGBT 模块的地方安装有温度感应器，当温度过高时将报警或使 IGBT 模块停止工作。

IGBT 极性判断：对 IGBT 进行检测时，应选用指针式万用表。首先将万用表拨到 R×1kΩ 档，用万用表测量各极之间的阻值，若某一极与其他两极阻值为无穷大，调换表笔后该极与其他两极的阻值仍为无穷大，则此极为栅极（G）。再用万用表测量其余两极之间的阻值，若测得阻值为无穷大，调换表笔后阻值较小，当测量阻值较小时，红表笔接触的为集电极（C），黑表笔接触的为发射极（E）。

IGBT 好坏的判断：判断 IGBT 好坏时必须选用指针式万用表。首先将万用表拨到 R×10kΩ 档，黑表笔接 IGBT 的集电极（C），红表笔接 IGBT 的发射极（E），此时万用表的指针在零位。用手指同时触及一下栅极（G）和集电极（C），这时 IGBT 被触发导通，万用表的指针明显摆动并指向阻值较小的方向并能维持在某一位置。然后再用手指同时触碰一下栅极（G）和发射极（E），这时 IGBT 被阻断，万用表的指针回零。在检测中以上现象均符合，可以判定 IGBT 是好的，否则该 IGBT 存在问题。

2.6 晶闸管

2.6.1 晶闸管的特性

晶闸管（Thyristor）是晶体闸流管的简称，以前称为可控硅。图 2.66 是单向晶闸管的原理与内部原理图。

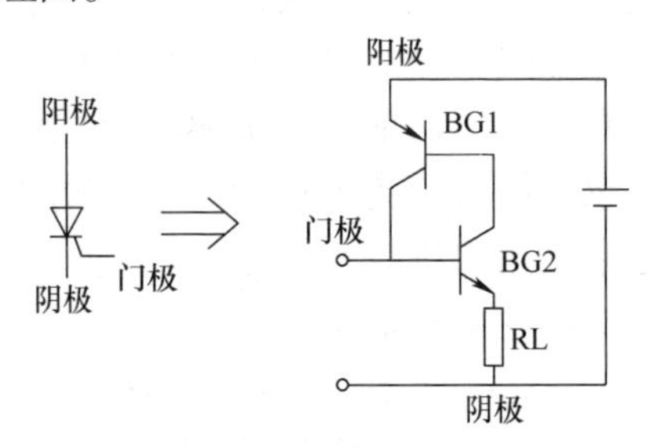

图 2.66　晶闸管符号与原理图

2.6.2 晶闸管的好坏区别在哪里

性能的差别：将指针式万用表旋钮拨至 R×1Ω 档，对于 1~6A 单向晶闸管，红表笔接 K 极，黑表笔同时接通 G、A 极，在保持黑表笔不脱离 A 极状态下断开 G 极，指针应指示几十欧至 100Ω，此时晶闸管已被触发，且触发电压低（或触发电流小）。然后瞬时断开 A 极再接通，指针应退回∞位置，则表明晶闸管良好。

对于 1~6A 的双向晶闸管，红表笔接 T1 极，黑表笔同时接 G、T2 极，在保证黑表笔不脱离 T2 极的前提下断开 G 极，指针应指示为几十至一百多欧（不同型号和厂家可能不一样）。然后将两笔对调，重复上述步骤再测一次，指针指示还要比上一次稍大十几至几十欧，则表明晶闸管良好，且触发电压（或电流）小。

2.6.3 晶闸管保护电路

晶闸管的门极与阴极加正向电压就会“一触即发”，在直流的情况下就会一发不可收拾（不会关断）。但是，如果阳极或门极外加的是反向电压，晶闸管就不能导通。门极的作用是通过外加正向触发脉冲使晶闸管导通，却不能使它关断。那么，用什么方法才能使导通的晶闸管关断呢？使导通的晶闸管关断，可以断开阳极电源或使阳极电流小于维持导通的最小值（称为维持电流）。如果晶闸管阳极和阴极之间外加的是交流电压或脉动直流电压，那么在电压过零时，晶闸管会自行关断。

过电压保护电路如图 2.67 所示。在 220V 市电情况下正常工作时，通过零序电流互感器 T 一次绕组 L1、L2 的电流大小相等、方向相反，这两个电流的向量和为零，互感器 T 二次绕组 L3 中无电流流过，双向晶闸管 VS 得不到触发信号而处于截止状态。当电源电压过高时，压敏电阻器 RV 击穿放电，破坏了原电路的平衡状态，L3 中有感应电压输出，由电位器 RP1 检出的信号便会触发双向晶闸管饱和导通，致使流过熔断器 FU 的电流剧增而使其很快熔断，从而达到过电压保护的目的。

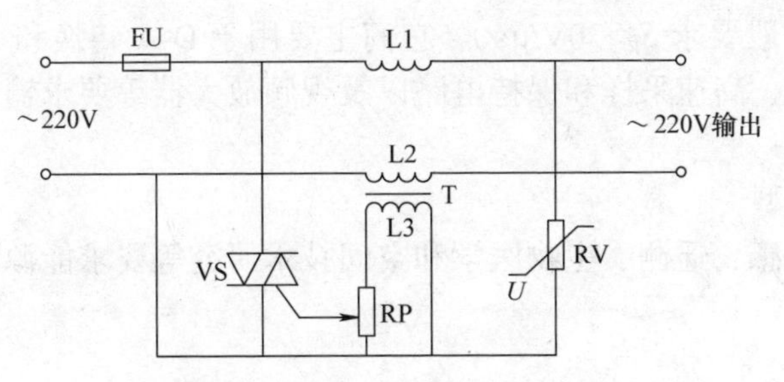

图 2.67　晶闸管过电压保护电路

单向晶闸管的保护电路如图 2.68 所示，当有过电压时，过电压检查电路控制晶闸管导通，使熔断器 FU 熔断，起到保护作用。

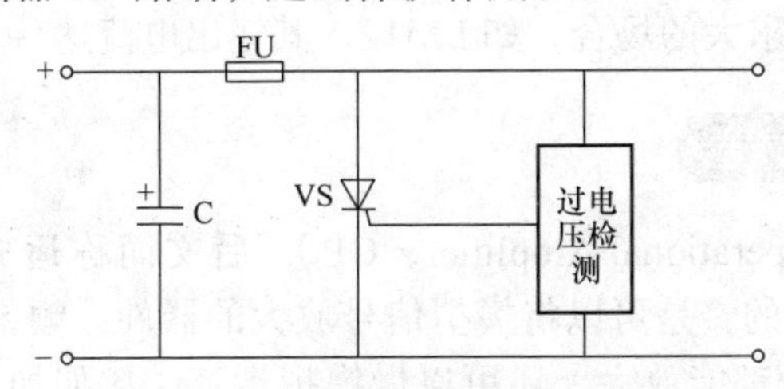

图 2.68　单向晶闸管过电压保护电路

2.7 运算放大器

2.7.1　运算放大器的选用

1. 运算放大器选用原则

一般来说，专用型集成运算放大器性能较好，但价格较高。在工程实践中不能一味地追求高性能，而且专用集成运算放大器仅在某一方面有优异性能，而其他性能参数不高，所以在使用时，应根据电路的要求，查找集成运算放大器手册中的有关参数，合理选用。

2. 特殊运算放大器

（1）高输入阻抗型

主要用于测量放大器、模拟调节器、有源滤波器及采样保持电路等。

（2）低漂移型

主要用于精密测量、精密模拟计算、自控仪表、人体信息检测等方面。它们的失调电压温度漂移一般为0.2~0.6μV/℃。

（3）高速型

该类集成运算放大器具有高的单位增益带宽（一般要求f_T>10MHz）和较高的转换速率（一般要求S_R>30V/μs）。它们主要用于D-A转换和A-D转换、有源滤波器、锁相环、高速采样和保持电路以及视频放大器等要求输出对输入响应迅速的地方。

（4）低功耗型

一般用于遥感、遥测、生物医学和空间技术研究等要求能源消耗有限制的场合。

（5）高压型

一般用于获取较高的输出电压的场合，如典型的3583型，其电源电压高达±150V，U_{Omax}=±140V。

（6）大功率型

用于输出功率要求大的场合，如LM12，其输出电流达 ±10A。

2.7.2 浅说运算放大器

运算放大器（Operational Amplifier，OP），后文简称运放。既然叫放大器，主要是用来放大信号的，是可以将模拟信号放大的器件，频率低到直流，高到数kHz、数MHz的信号都能放大，还可以做模拟运算，比如加、减，微、积分等。它还可以用来进行信号的变换。由于晶体管的电路复杂，设计也困难，运放的好处就越加明显。所以，必需要对运放有所了解。

运放有单电源和双电源之分，但我们总是希望用单电源，这样电源部分就很简单，双电源相对就麻烦得多，但在一些场合，却非得要双电源不可，为此多采用DC/DC将单电源变换成双电源等方法来实现。

运放也分普通运放和轨到轨（rail to rail）运放，如LMV358就是轨到轨运放。下面简单说一下它们的不同。如果运放的电源电压为VCC，那么对普通运放而言，无论输入是多少，输出永远达不到VCC，总会低于VCC，就像吃了“回扣”一样；而轨到轨运放就不会吃“回扣”，输出可以达到满幅的VCC。对于双电源供电的运放，其输出可在零电压两侧变化，在差动输入电压为零时输出也可置零。采用单电源供电的运放，输出在电源与地之间的某一范围变化。运放的输入电位通常要求高于负电源某一数值，而低于正电源某一数值。经过特殊设计的运放可以允许输入电位从负电源到正电源的整个区间变化，甚至稍微高于正电源或稍微低于负电源也被允许。这种运放就是轨到轨运放。

运放有单运放、双运放、多运放等，实际上就是一个芯片里封装了多少个运放。在选用时，可根据具体要求的电源电压、转换速率、温度特性、驱动容性负责的能力等进行确定。

运放的输入输出保护电路，当输入有可能超过设计幅值时，需要进行输入保护，比如用电阻和钳位二极管等。图 2.69 就是输入保护电路，当 R1=100kΩ，输入 100V 时，电流限制在 1mA，当输入电压超过 $V+$，低于 $V-$ 时，二极管导通，使输入钳位在 $V+$ 和 $V-$ 之间，起到保护作用。图 2.70 是恒流二极管保护电路，它限制输入电流在某个值。输出保护电路如图 2.71 和图 2.72 所示。图中电阻实现过载保护，二极管实现过电压保护。图 2.71 是同相输入时的输出保护电路，图 2.72 是反相输入时的输出保护电路。一个完善的电路一定会重视保护电路的设计。

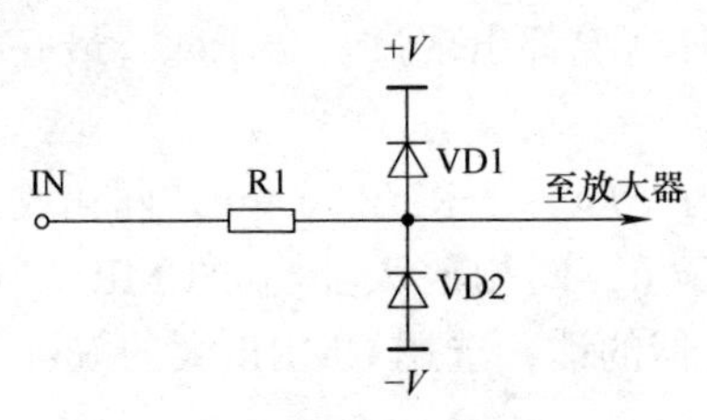

图 2.69　运放输入保护电路

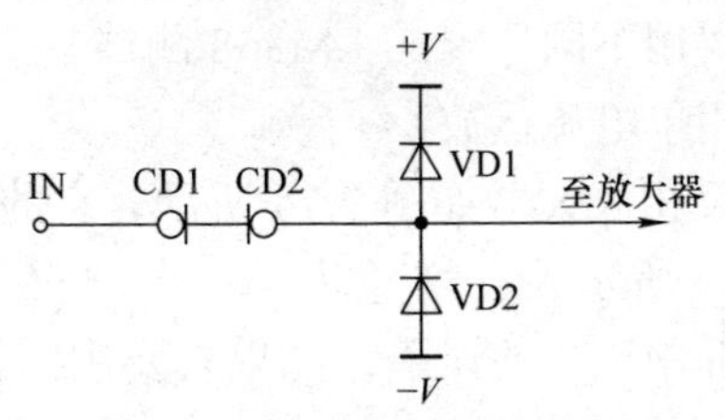

图 2.70　运放输入保护电路

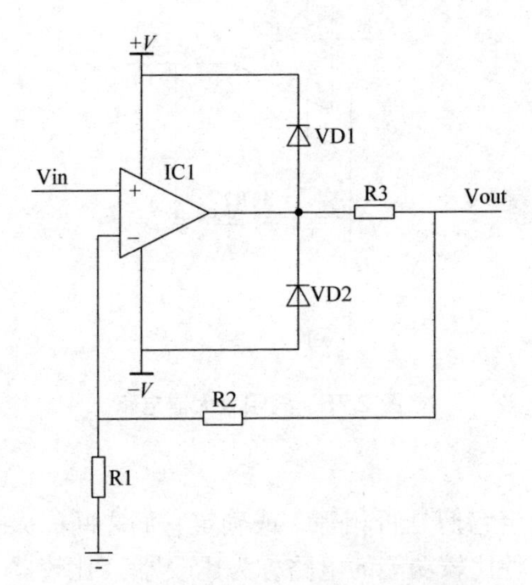

图 2.71　同相输入运放输出保护电路

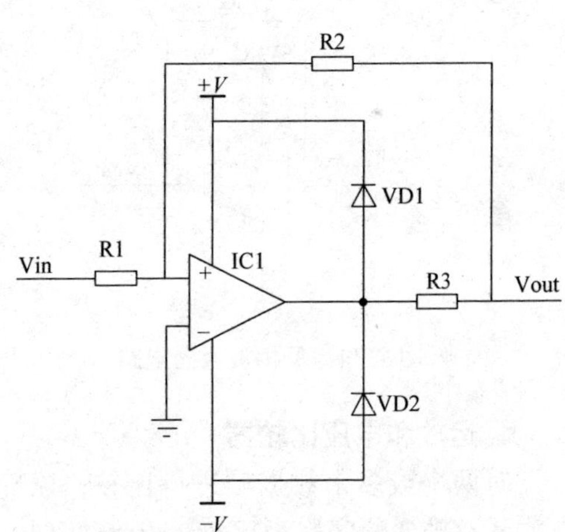

图 2.72　反相输入运放输出保护电路

单电源运放：我们总不希望使用复杂的正负电源，特别是电池供电的场合，常用的单电源运放有 LM358、CA3160、OPA2237 等。一定得注意，如果把双电源的运放作为单电源使用，可能会有意想不到的后果，会让你失望。比如一个跟随器电路，如图 2.73 所示。所谓跟随，即输入和输出为相同的电压，电压跟随器的输入阻抗很大，输出阻抗很小，可以看成是一个阻抗转换的电路，其作用是增加驱动能力。我们需要输入为 0~5V，那么输出也是 0~5V，如果用单电源轨到轨运放实现是没有问题的，但如果我们用双电源的运放作单电源使用，即使是使用轨到轨运放，其后果就是输入和输出不尽相同，比如输入为 0V 时，输出可能是 5V，输入为 5V 时，输出为 4.2V，但在 1.5~4.2V 之间输入和输出又是相同的。如果你认为双电源运放用在单电源上都是这样，那就又犯了经验主义的错误，偏偏就有一些双电源运放作为单电源使用没有这个问题。我用不同厂家的 LM358 测试，上述两种情况都出现过。介于此，最好的方法是使用单电源运放。

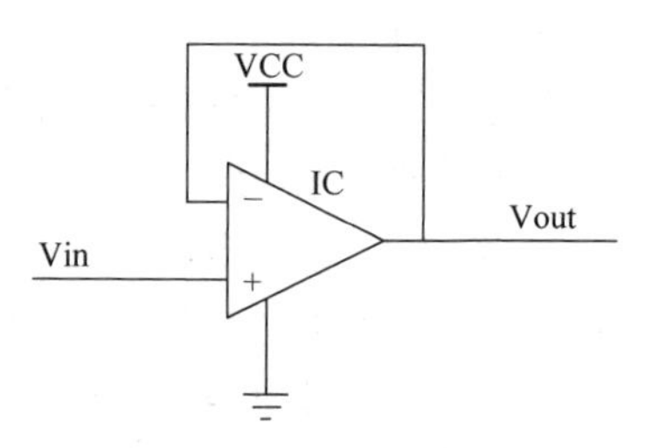

图 2.73　运放跟随器电路

反相放大器如图 2.74 所示，它的增益为 Vout=（−R2/R1）Vin，同相放大器如图 2.75 所示，它增益为 Vout=（1+R2/R1）Vin，同相放大器有 1/CMRR（CMRR 共模抑制比）的误差，如果真要用同相放大器的话，选用 CMRR 大的就可以。

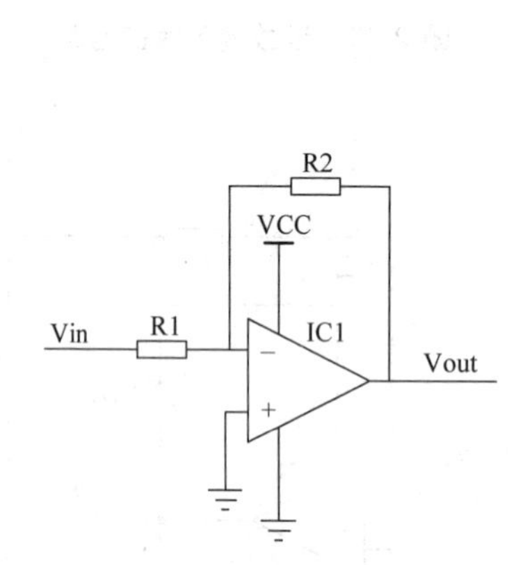

图 2.74　反相放大器电路

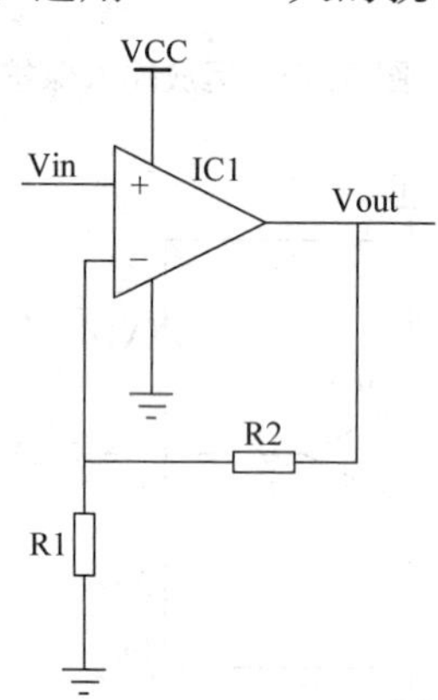

图 2.75　同相放大器电路

1. 运放和电压比较器

对两个或多个数据项进行比较，以确定它们是否相等，或确定它们之间的大小关系及排列顺序称为比较。 能够实现这种比较功能的电路称为比较器。 比较器是将一个模拟电压信号与一个基准电压进行比较的电路。比较器的两路输入为模拟信号，输出则为二进制信号 0 或 1，如图 2.76 所示。Vref 为比较的基准，Vi 为比较输入端，基准可以接在同相端，也可以接在反相端。

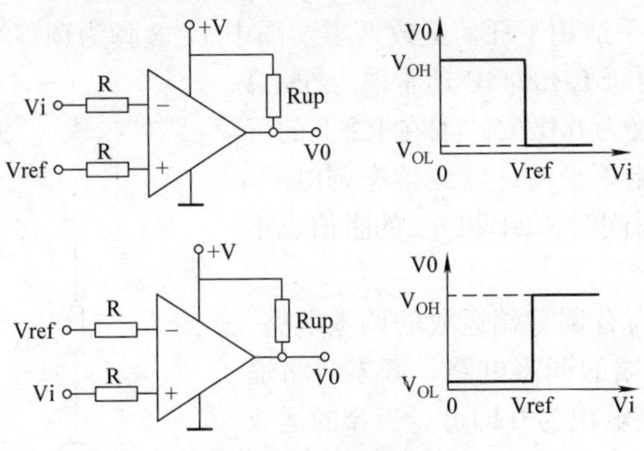

图 2.76　比较器电路

比较器和运放虽然在电路图上符号相似，但这两种器件有非常大的区别，一般不可以互换，区别如下：

1）比较器的翻转速度快，大约在纳秒数量级，而运放翻转速度一般为微秒数量级（特殊的高速运放除外）。

2）运放可以接入负反馈电路，而比较器则不能使用负反馈，虽然比较器也有同相和反相两个输入端，但因为其内部没有相位补偿电路，所以如果接入负反馈，电路不能稳定工作。内部无相位补偿电路，这也是比较器比运放速度快很多的主要原因。

3）运放输出级一般采用推挽电路，双极性输出。而多数比较器输出级为集电极开路结构，所以需要上拉电阻，单极性输出，容易和数字电路连接。

4）比较器（如 LM339 和 LM393）输出是集电极开路（OC）结构，需要上拉电阻才能有对外有输出电流的能力，而运放输出级是推挽的结构，有对称的拉电流和灌电流能力。另外，比较器为了加快响应速度，中间级很少，也没有内部的频率补偿。运放则针对线性区工作的需要加入了补偿电路。

2. 运放的调零问题

一些精度不高的运放都有专门的调零引脚，加上一定的偏置电压就会使零位（失调电压）发生变化，但是实际效果很有限，据作者实际使用的经验，这类精度不高的运放，其失调电压的漂移较大，即使把零位调好了，过一段时间漂移往往又会偏移，或受温度的影响，或受干扰，就是要偏过来，偏过去，跟“墙头草”一样，风吹两边倒。运放调零是因为其输入失调电压和输入偏置电流引起的，在输入端没有电压输入时，输出端有个比较小的电压输出，这个电压就称为输出失调电压。为了减低输出失调电压，特别是运放用于直流放大时的影响，所以才需要调零。如图 2.77 所示为简单通用的调零电路。其集成芯片可选为 OPA37、LH0044B 等。由于调整网络（R1、R2 和电位器 R3 构成）使用了正负电源

（±15V），所以几乎适用于任何运放调零。图中 1、8 脚为调零端，电阻 R1 和 R2 为大阻值电阻，对于 LH0044B 通常取为 5MΩ 左右，其上电流仅为几微安，加在 R2 上的可调电压使两路电流不平衡，以调整失调电压。当集成运放型号不同时，R1 和 R2 的阻值也不同。

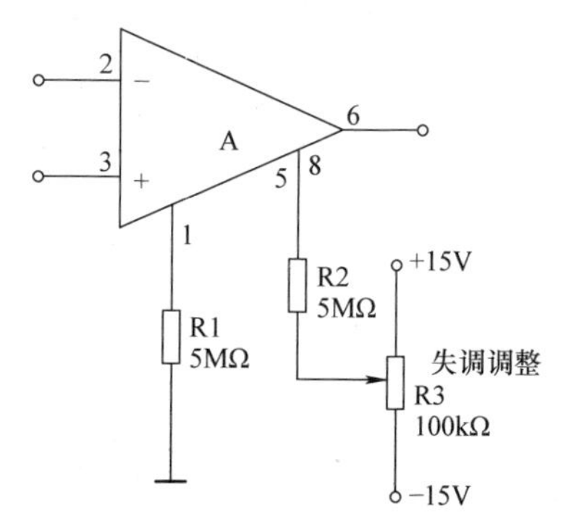

图 2.77 调零电路

图 2.78a、b 为有调零端运放的调零电路，图 c、d 为无调零端的调零电路。调零时将输入端对地短路，使输出为 0 即可。当今的运放对称性好，失调小，已没有专门的调零端了，可以引入深度负反馈来抑制零点漂移。在要求不高的情况下，不另加调零也是可以的。采用自稳调零运放就更加简单了，如 AD8539 低功耗、精密、自稳零型运算放大器，又如 ICL7650，ICL7650B 斩波自稳零型运算放大器。高精度的运放通常都没有调零引脚，因为不需要外加调零。

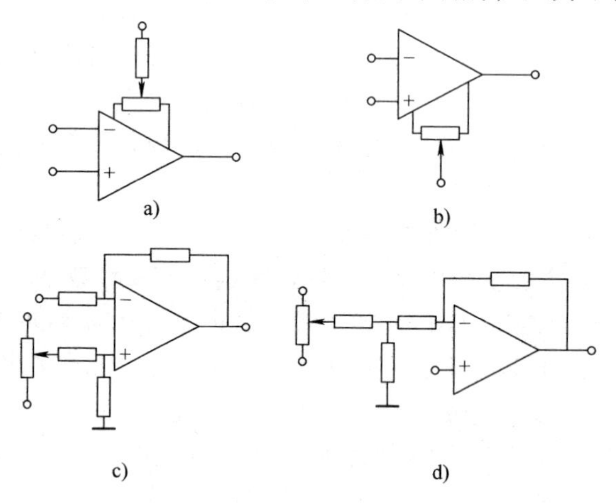

图 2.78 调零电路

3. 退耦与旁路

负载的变化（比如电容的充放电，信号的跳变等）会引起电流的变化，这些变化就是噪声的来源，它会通过线路传到前级，甚至影响前级的正常工作，这种影响就是耦合所致。所谓耦合，就是通过某种途径将一些信号传递到其他电路中的过程。去耦就是要打破这种传播途径，去耦电容就相当于一个容器，这个电容相当于在本地形成了一个单独的电源，电流变化可以就地取电，而不需要到远处去取电，这样就可以把电流变化引起的干扰就地消灭，不让干扰到处乱窜。我们看到常用微法级的电容来去耦，如 10μF、100μF 等。退耦大都是在诸如音频放大之类的电路里的说法，它是把输出电流变化引起的干扰作为滤除对象，比如在音频电路里，音量的变化会引起电流的变化，这个电流的变化会产生干扰，其频率也在音频范围内。旁路是提供一条快捷消灭电流变化产生的干扰的途径，其实质就是去耦合的作用，所以电容容量也稍大一些。泄放高频信号带来干扰的电路，就是旁路。高频干扰除了电路本身外，还可能来自外部，能从外部窜入频率都比较高，所以常用 0.01μF 的电容来实现。旁路多在数字电路里提及，也有叫退耦的，真要这样说其实也在情理之中，因为它们也是为了去除干扰，没有明确地定义时，也不为过。去耦也罢，旁路也好，但我们必须知道一个事实，那就是电容的容量与频率的关系，万不要以为有大容量的电容就可以不要小容量的电容。其原因是容量大小不同，它的分布电感不同，这都与制造工艺有关，要知道理想的电容是不存在的。由此可以知道，用大容量的电容无法代替多个小容量的电容，大容量电容的电感量大一些，高频信号不易通过，小容量的电容电感量小，易于通过高频信号，往往在使用大容量的电容时，旁边还有个小容量的电容，就是这个原因。所以说认为电容越大滤波效果越好就是误解，应该与频率关联起来，才能正确理解电容的滤波效果。

有资料说，电源轨道上的小容量的电容（比如 0.1μF 的）叫旁滤电容（Bypass Cap），大容量的电容（1μF 以上的）叫退耦电容（Decoupling Cap），旁路电容功能是过滤掉外来高频干扰噪声（20MHz 以上的），退耦电容的作用是消除和削弱因负载电流波动对公共电源轨道的影响。按此说法就能很明确的定义出退耦与旁路的概念，这个说法既合情又合理。

去耦电容的选用并不严格，可按 $C=1/F$ 选用，即 10MHz 取 0.1μF，100MHz 取 0.01μF。滤波电容：100~1000μF（5~15V 的电源电压），外加 0.1μF 旁路。退耦电容：10~470μF 电源供电同上，外加 0.1μF 旁路。旁路电容：0.01μF、0.1μF 等。

退耦不要只想到用电容的方法，还可以采用别的方法，比如图 2.79 所示的加电阻的方法。加入退耦电阻 R3 后，可以进一步提高退耦效果，因为电路中 B 点的信号电压被 R3 和 Cl（容抗）构成的分压电路进行了衰减，比不加入 R3 时的 A 点信号电压还要小，直流电流流过退耦电阻 R3 后有电压降，这样降低了前级电路的直流工作电压。

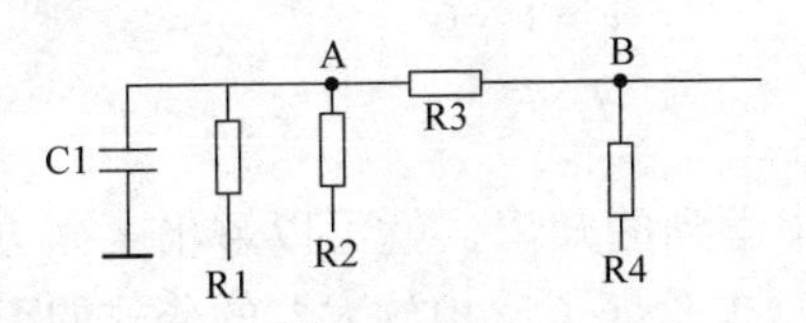

图 2.79　退耦电容电路

4. 如何选用运放

再好的电路设计，没有好的元器件支撑，也是白搭。我们的产品设计未必不好，可能就被不好的元器件给“坑”了。不光是运放的选择，所有元器件的选择都是必修课。选择的准则是够用再加点余量，同时还要考虑成本等诸多因素。

2.7.3 用“虚断”与“虚短”的概念分析运放电路

在模拟电路里，运放是不可缺少的，它与晶体管相比，无论是体积、电路设计、性能都无可替代，即便是古老的LM324，在音响系统里要用晶体管搭建出与它相同性能的电路，也不是件容易的事情。在电子设计里，信号处理、阻抗变换等都离不开运放。

要用好运放，必须弄清两个概念，那就是“虚断”与“虚短”，在一些模拟电路的教材里也会讲到“虚断”与“虚短”的分析方法。首先我们来看看“虚短”和“虚断”的概念。运放的电压增益是很高的，一般通用型运算放大器的开环电压增益都在80 dB以上，而运放的输出电压受电源电压的影响是有限的，运放的差模输入电压低至1mV，运放的两个输入端电压为0，相当于“短路”，但不是真短路，而是“虚短”。开环电压增益越大，两输入端的电位越接近，如此接近的电压，像短路似的，故称“虚短”，万不能认为是真的短路。设计电路时按真的短路对待，可能会让你失望。由于运放的输入阻抗大，一般都在兆欧级。这时流入输入端的电流就非常的小，其大小已是微安级，这样小的电流，就跟输入断路了一样，故称“虚断”，还是和“虚短”一样，不要认为真的断路，在一些电路里微安电流也不算是小电流。

接下来我们来看看如何利用“虚短”和“虚断”来分析运放的简单电路。我们先来看一个反相放大电路。所谓反相放大，就是信号加在反相输入端“−”上构成的放大电路。我们根据“虚短”把图2.80画成图2.81的形式，根据“虚断”把图2.80画成图2.82的形式。这样看，电路变得特别简单。由图2.80可以得到流过电阻R_1的电流:$I_1=(V_i-V_-)/R_1$，流过R_2的电流:$I_2=(V_--V_{out})/R_2$，由图2.81可得$V_-=V_+=0$，由图2.82可得$I_1=I_2$。把这4个式子列个方程组即

$$I_1=(V_i-V_-)/R_1$$
$$I_2=(V_--V_{out})/R_2$$
$$V_-=V_+=0$$
$$I_1=I_2$$

现在我们只要用初中学到的知识，就可以解出上面方程组，求得$V_{out}=(-R_2/R_1)V_i$，相信大家都会。这也验证了反相放大器的公式的正确性。

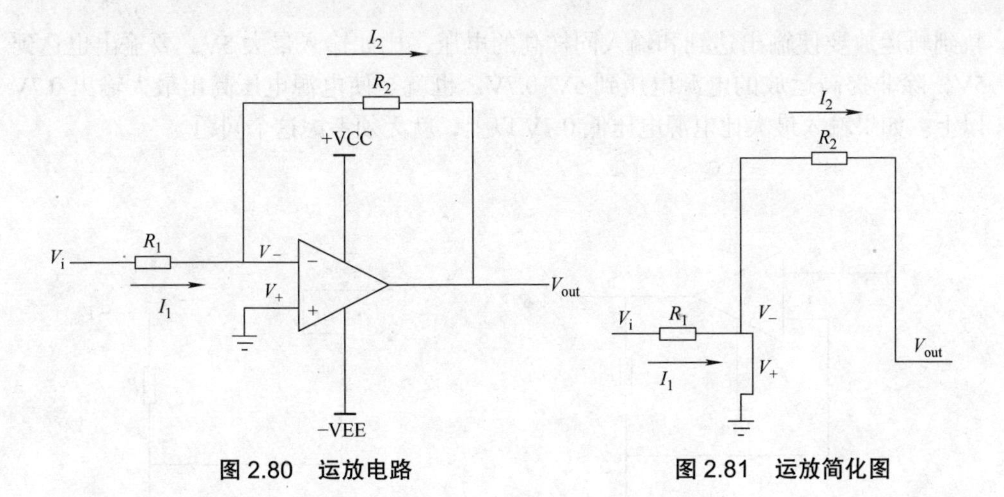

图 2.80　运放电路　　图 2.81　运放简化图

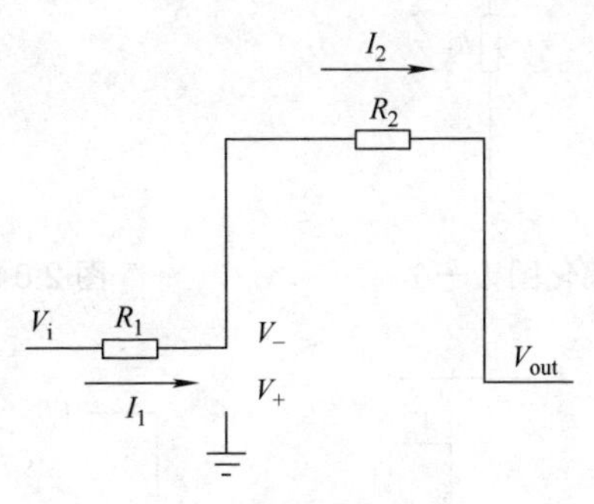

图 2.82　运放简化图

同上面的反相放大电路分析方法一样来分析同相放大电路，根据图 2.83 画出“虚短”的电路图和“虚断”的电路图，分别如图 2.84 和图 2.85 所示。因为图 2.84 中 V_i 与 V_- 虚短，于是得到 $V_i=V_-$。由图 2.85 可得，$I=V_{out}/(R_1+R_2)$，还可以得到 $V_i=IR_2$。

$$V_i=V_-$$
$$I=V_{out}/(R_1+R_2)$$
$$V_i=IR_2$$

同样的，解上式可得 $V_{out}=V_i(R_1+R_2)/R_2$，是不是在哪本教科书上看到过这个公式呢？

从图 2.83 所示电路我们来看看，将 R_1 短路，R_2 开路，这个公式就成了 $V_{out}=V_i(0+R_2)/R_2=V_i$，这就成了电压跟随器电路，电压跟随器的特点是，输入阻抗高，输出阻抗低。一般来说，输入阻抗可以达到几兆欧，而输出阻抗低至数欧，甚至更低。这样就可以增加驱动能力。同时也要记住，只有轨到轨运放才能全程跟随，输出最大才可以达到电源电压，否则最大输出电压总会比电源电压低 0.6~0.7V，非轨到轨运放要使输出达到和输入同样高的电压，比如输入最大 5V，要输出也达到 5V，除非提高运放的电源电压到 5V+0.7V，也就是使电源电压高出最大输出 0.7V 以上。如果输入最大比电源电压低 0.7V 以上，就无须考虑这个问题。

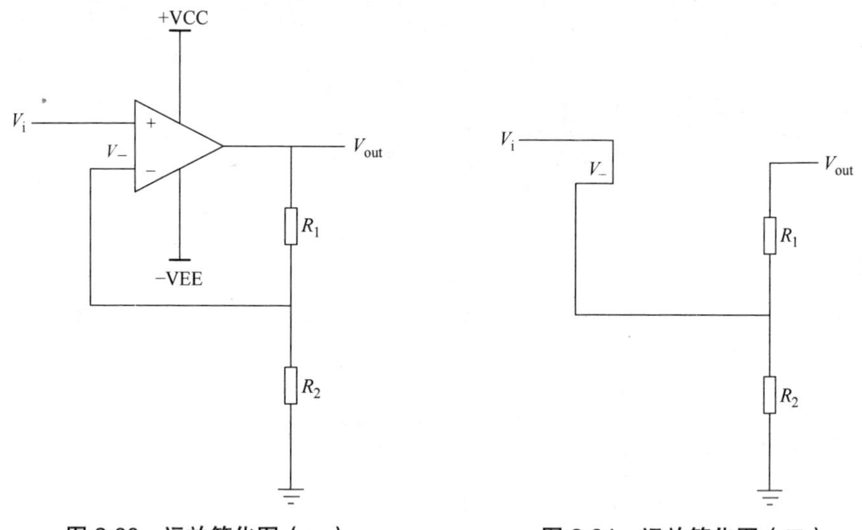

图 2.83 运放简化图（一） 图 2.84 运放简化图（二）

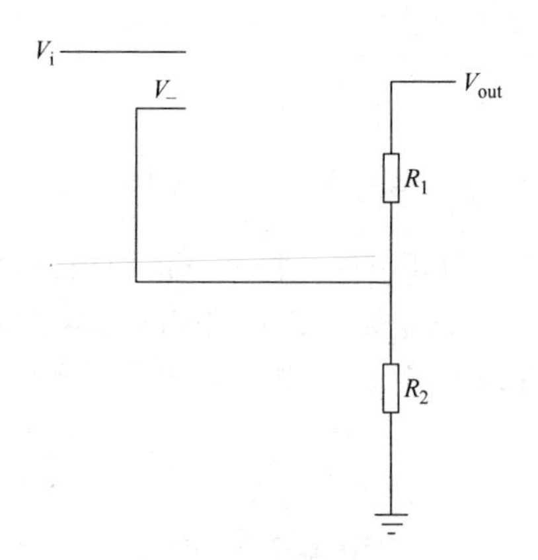

图 2.85 运放简化图（三）

我们再来看一个同相加法器电路，如图 2.86 所示。图 2.87 为图 2.86 的“虚短”简化图，图 2.88 为图 2.86 的“虚断”简化图，由图 2.87 可得（$U_{i1}-V_+$）/R_1=（V_+-U_{i2}）/R_2 与 $V_+=V_-$，由图 2.88 可得（U_o-V_-）/R_4=V_-/R_3，解这 3 个式子组成的方程组：

$$(U_{i1}-V_+)/R_1=(V_+-U_{i2})/R_2 \qquad (2.1)$$

$$(U_o-V_-)/R_4=V_-/R_3 \qquad (2.2)$$

$$V_+=V_- \qquad (2.3)$$

假设 $R_1=R_2$，$R_3=R_4$，由式（2.1）得 $V_+=(U_{i1}+U_{i2})/2$，由式（2.2）得 $V_-=U_o/2$，据此可以得到 $U_o=V_1+V_2$，也就完成了加法器的功能。

这里需要注意，在设计电路时，有些计算是可以假定的，如上面的 $R_1=R_2$，$R_3=R_4$，这时可以根据一些经验，就能多快好省地完成电路设计。如果不能满足 $R_1=R_2$，$R_3=R_4$ 的假设，那么计算就变成 $U_o=(R_3+R_4)/R_3((U_{i1}R_2+U_{i2}R_1)/(R_1+R_2))$，这就复杂多了。

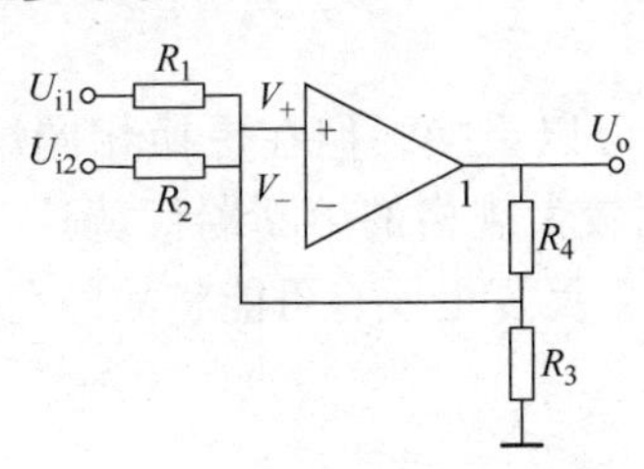

图 2.86　运放简化图（四）

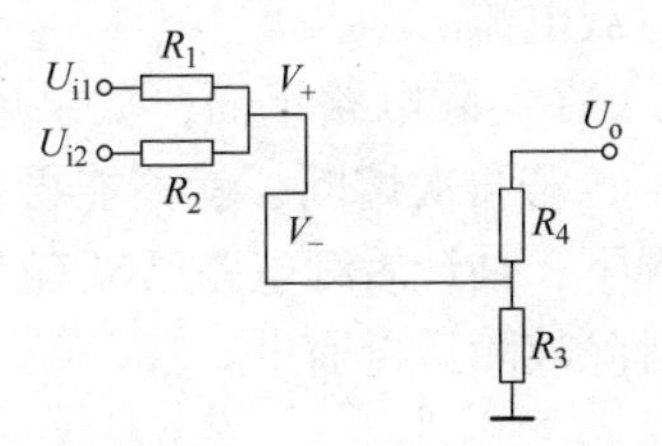

图 2.87　运放简化图（五）

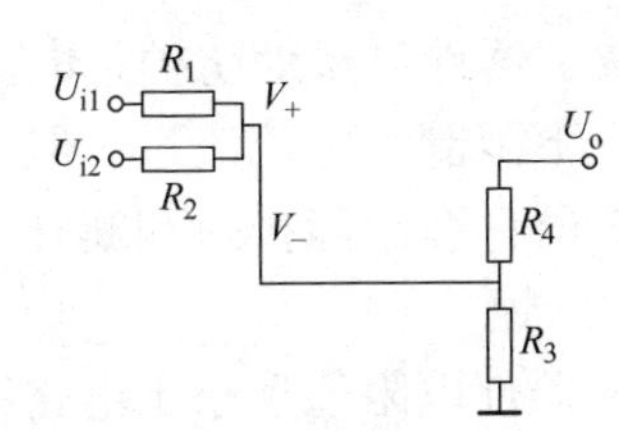

图 2.88　运放简化图（六）

2.8 熔断器

2.8.1　熔断器的使用注意事项

熔断器（fuse）也被称为电流保险丝，IEC127 标准将它定义为“熔断体（fuse-link）”。其主要是起过载保护作用。电路中正确安置熔断器，熔断器就会在电流异常升高到一定的高度和热度时，自身熔断切断电流，保护电路安全运行。

1）正常工作电流在 25℃条件下运行，熔断器的电流额定值通常要减少 25% 以避免有害熔断。大多数传统的熔断器采用的材料都具有较低的熔化温度。因此，这类熔断器对环境温度的变化比较敏感。例如一个电流额定值为 10A 的熔断器通常不推荐在 25℃环境温度下在大于 7.5A 的电流下运行。

2）熔断器的电压额定值必须等于或大于有效的电路电压。一般标准电压额定值系列为 32V、125V、250V、600V。

3）熔断器的电阻在整个电路中并不重要。由于小于1A 的熔断器电阻有几欧，所以在低压电路中采用熔断器时应考虑这个问题。大部分的熔断器是用温度系数为正的材料制造的，因此，就有冷电阻和热电阻之分。

4）环境温度熔断器的电流承载能力，其实验是在25℃环境温度条件下进行的，这种实验受环境温度变化的影响。环境温度越高，熔断器的工作温度就越高，其寿命也就越短。相反，在较低的温度下运行会延长熔断器的寿命。

5）熔断额定容量也称为致断容量。熔断额定容量是熔断器在额定电压下能够确实熔断的最大许可电流。短路时，熔断器中会多次通过比正常工作电流大的瞬时过载电流。

6）在实际电路里面，如果熔断器熔断，可以更换，但在更换相同熔断器的情况下，若再次熔断，就不能再换，更不能用较大规格的熔断器代替。一般在这种情况下，估计后续电路已经有严重的故障了，反复更换有可能将故障范围扩大，需要排除故障后再通电。

2.8.2 自恢复器件的特性与应用

PTC（高分子正温度系数）器件可帮助防护过电流浪涌及过温的故障。热敏电阻型器件可在电路故障情况下限制大电流流过。但是它不同于只能使用一次就必须更换的传统熔断器，PTC器件在故障排除和断开电源之后能够自动恢复，进而减少元器件成本以及维护的麻烦。

在正常工作状态中，PTC器件电阻值远小于电路中的其他电阻。但是对过电流情况做出反应时，其电阻增加，从而将电路中的电流减少为电路可以安全承载的值。由于它是增加电阻的方法限流，而且自身发热，即使不过电流是也有一定发热（有电阻），其应用场合是有限的。

PTC自恢复器件的选型：

1）决定电路参数有最大工作环境温度、标准工作电流和最大工作电压。

2）环境最高温度和标准工作电流。环境最高温度和标准工作电流应等于或大于电路标准工作电流的值。

3）最大工作电压（V_{max}）和最大中断电流（I_{max}）。确保V_{max}和I_{max}大于或等于电路的最大工作电压。

4）动作时间：动作时间是当故障电流通过器件时，将器件变为高电阻状态所用的时间。为了达到预期的保护目的，确定PTC器件的动作时间是很重要的。如果选择的器件动作过快，则有可能会出现异常动作或有误动作。如果器件动作过慢，则在器件动作并限制电流之前，受保护的器件可能已“毁于一旦”。

自恢复器件可以用于LED的保护。LED的光学性能因温度不同而呈现明显的差别。LED的发光量随结温升高而减少，如果不对驱动电流和结温加以适当控制，LED效率会迅速下降，造成光衰、缩短寿命。与结温有关的另一个LED特性是正向电压。如果仅使用一个简单的限流电阻器控制驱动电流，LED正向电压

降 V_F 将随温度升高而下降，这将导致驱动电流增加，并导致热恶性循环，特别是大功率 LED，将是“灾难性”的后果。

小电流的 LED，比如作指示灯用时，加个电阻就可以了。但在较大功率情况时，多采用恒流源控制电路实现对 LED 的驱动。在用量不大的情况下，采用自恢复熔断器作为 LED 保护也是个不错的选择，但它的缺点也是显而易见的，那就是由于自恢复熔断器的电阻增加后，电能将消耗在自恢复熔断器上，LED 功率越大，这种情况越严重，不符合节能要求。

在 RS232、RS485 通信电路里，因连接线路较长，容易造成误接、短路等，可以用自恢复器件串联在电路里起过电流保护作用。

自恢复器件有一定电阻，这是一个缺点，但可以用这个缺点来检测电流的变化，如图 2.89 所示。自恢复熔断器可作为 LAMP（理解为负载）的保护，同时可以用于检测电流的变化，比如通过 A-D 转换器与单片机连接，当自恢复熔断器“动作”时，电阻值增加，其电压降增加，两端电压也会增加，以此检测其电压的变化，从而判断是否有故障发生等。

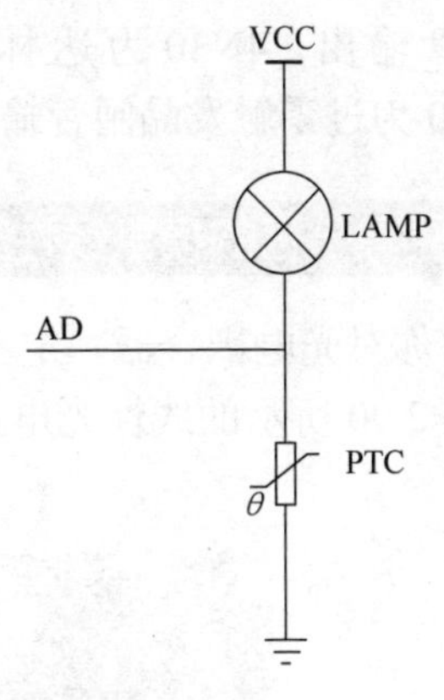

图 2.89　PTC 保护与电流检测

2.9 光电耦合器

2.9.1 光电耦合器必须知道的事儿

光电耦合器是开关电源电路中常用的器件。光电耦合器分为两种：一种为非线性光电耦合器，另一种为线性光电耦合器。常用的 4NXX 系列光电耦合器属于非线性光电耦合器。

（1）线性和非线性

常用的线性光电耦合器是 PC817A-C 系列。非线性光电耦合器的电流传输特性曲线是非线性的，这类光电耦合器适用于开关信号的传输，不适合于传输模拟量。线性光电耦合器的电流传输特性曲线接近直线，并且小信号时性能较好，能以线性特性进行隔离控制。

（2）速度

开关电源中常用的光电耦合器是线性光电耦合器。如果使用非线性光电耦合器，有可能使振荡波形变坏，严重时出现寄生振荡，使高频开关信号被低频脉冲调制。另外，不要忽视速度，下面是一些光电耦合器的速度。

100k bit/s：6N138、6N139；1Mbit/s：6N135、6N136；10Mbit/s：6N137、

PS9614。

（3）传输比

光电耦合器的增益被称为晶体管输出器件的电流传输比（CTR），其定义是光电晶体管集电极电流与LED正向电流的比率（I_{CE}/I_F）。光电晶体管集电极电流与VCE有关，即集电极和发射极之间的电压。

（4）负载能力

例如，MOC3063的负载能力是100mA；IL420是300mA。输出方式：4N25为晶体管输出，4N30为达林顿晶体管输出，MOC3030为晶闸管驱动输出，MOC3040为过零触发晶闸管输出。

2.9.2 别具一格的模拟线性光电耦合器

相信你对光电耦合器一定不会陌生，像PC817、HCNR200/201等，但你不一定见过图2.90所示的线性光电耦合器。如果没有见过没关系，接着往下看，你就明白了。

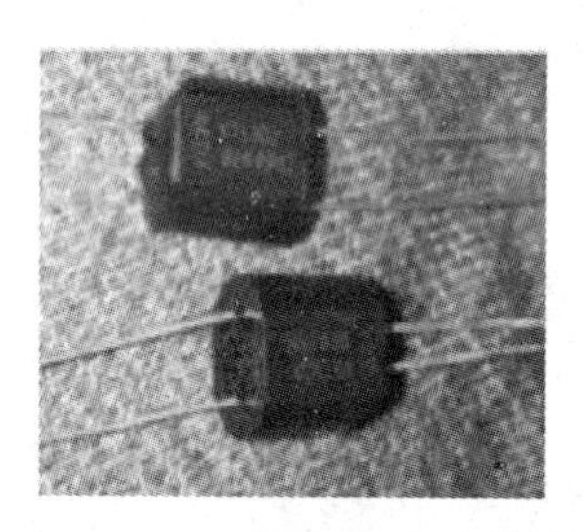

图2.90 线性光电耦合器外形图

我们来看图2.91，左边是完整的线性光电耦合器，右边是将线性光电耦合器的外壳剥开后的图。从图中可以看出，里面实际上就是一个发光二极管，加上一个光敏电阻，用不透光的套管给套住，就这么简单。图2.92是它的内部电路图，这样一看就更加明白了，就是利用发光二极管的发光强度去控制光敏电阻的变化。这个与普通光电耦合器不一样的线性光电耦合器，有它独特的用途。比如用于音响的音量调节，以及需要隔离的晶闸管调光电路等。

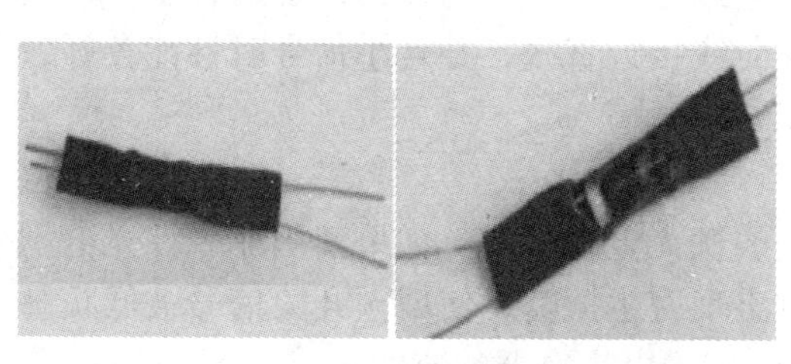

图2.91 线性光电耦合器实物

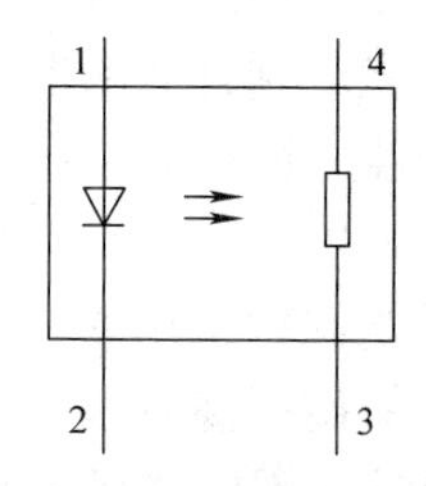

图2.92 线性光电耦合器内部电路

图 2.93 就是用线性光电耦合器构成的带隔离的晶闸管调光电路。这里说的线性光电耦合器不太好买，可以自制，选用直径基本相同的发光二极管和光敏电阻，用不透光的热缩管将它们封住，使其不漏光。为了使发光二极管与光敏电阻对得更准，可以先将它们装在硬的管子里面，再用不透光的热缩管封住。

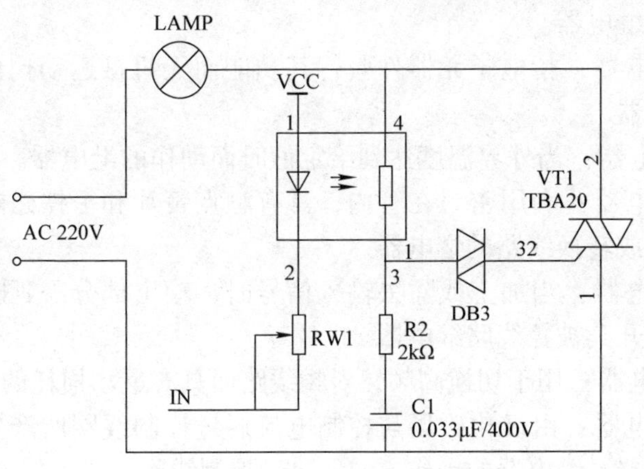

图 2.93　带隔离晶闸管调光电路

2.10 继电器

2.10.1　继电器的特性

继电器（Relay）是一种电子控制器件，它具有控制系统（又称输入回路）和被控制系统（又称输出回路），通常应用于自动控制电路中，它实际上是用较小的电流去控制较大电流的一种“自动开关”。故在电路中起着自动调节、安全保护、转换电路等作用。继电器线圈在电路中用一个长方框符号表示，如果继电器有两个线圈，就画两个并列的长方框。同时在长方框内或长方框旁标注继电器的文字符号“J”。

2.10.2　继电器的使用技巧

动合型（常开）（H 型）线圈不通电时两触点是断开的，通电后两个触点闭合。

动断型（常闭）（D 型）线圈不通电时两触点是闭合的，通电后两个触点就断开。

转换型（Z 型）这是触点组型。这种触点组共有三个触点，即中间是动触点，上下各一个静触点。线圈不通电时，动触点和其中一个静触点断开和另一个闭合，线圈通电后，动触点就移动，使原来断开的成闭合，原来闭合的成断开状态，达到转换的目的。这样的触点组称为转换触点。

按继电器的工作原理或结构特征分类如下：

1）电磁继电器：利用输入电路内电路在电磁铁铁心与衔铁间产生的吸力作用而工作的一种继电器。

2）固体继电器：指电子元器件履行其功能而无机械运动构件，输入和输出隔离的一种继电器。

3）温度继电器：当外界温度达到给定值时而动作的继电器。

4）舌簧继电器：利用密封在管内，具有触点簧片和衔铁磁路双重作用的舌簧动作来开、闭或转换线路的继电器。

5）时间继电器：当加上或除去输入信号时，输出部分需延时或限时到规定时间才闭合或断开其被控线路继电器。

6）高频继电器：用于切换高频，射频线路而具有最小损耗的继电器。

7）极化继电器：由极化磁场与控制电流通过控制线圈所产生的磁场综合作用而动作的继电器。继电器的动作方向取决于控制线圈中流过的电流方向。

8）其他类型的继电器：如光继电器、声继电器、热继电器、仪表式继电器、霍尔效应继电器、差动继电器等。

2.10.3 节能型磁保持继电器

普通继电器驱动时要一直耗电。举例来说，比如G2R继电器，测得电阻260Ω，在DC 12V电压下，吸合时的电流为12V/260Ω=46.1mA，这个长时间存在的电流，在用充电电池或干电池供电的情况下，已经是一个相当大的电流了。特别是干电池供电的场合，我们总是想方设法控制电路的电流在微安级。否则三天两头换电池弄不好就会让你“崩溃”。况且，如果控制电路在没电的情况下，触点会自行断开，在某些应用场景显得无能为力。

我们来看图2.94所示的磁保持继电器（打开盖子的照片），它里面有线圈，线圈里面有铁心，还有永磁铁。线圈通电后，铁心产生与永磁铁极性相反的磁极（一个N极，一个S极），使得铁心与永磁铁吸合并带动触点闭合。吸合后，即使线圈断电，铁心失去磁性，但永磁铁会将铁心吸住，触点继续保持闭合。触点需要断开时，给线圈通上相反极性的电压，使得铁心和永磁铁产生相同的磁极，都为N极或

图2.94 磁保持继电器内部结构图

都为 S 极，在同极的排斥下，推动铁心离开永磁铁，同时带动触点断开，断开后，即使线圈没有电压，由于铁心已远离永磁铁，并有弹片支撑，不会被磁铁吸引而复原。

从上述磁保持继电器的原理可以看到，由一种状态要变为另一种状态，只需短时间通电，需要改变状态时，靠磁铁的磁性和弹片维持，不需一直供电，这就是磁保持继电器的特点。

磁保持继电器的驱动电路如图 2.95 所示。这是一个 H 桥驱动电路，驱动原理是，当晶体管 VT1、VT4 导通，VT2、VT3 截止时，继电器 J 电压左正右负，当晶体管 VT1、VT4 截止，VT2、VT3 导通时，继电器 J 电压左负右正，这就实现了极性的改变。VT1~VT4 的通断由光电耦合器 J1、J4 实现。P10 为低电平，P11 为高电平时，VT2、VT3 导通 VT1、VT4 截止。P10 为高电平，P11 为低电平时，VT1、VT4 导通，VT2、VT3 截止。当 P10、P11 都为高电平时，VT2、VT4 导通。当 P10、P11 都为低电平时，VT1、VT3 导通，亦即 P10、P11 为相同电平时，磁保持继电器 J 无电流，此时电路消耗电流极微。二极管 VD1~VD4 为保护二极管。

实际使用时，可以将 P10、P11 都置为高电平，需要控制时，将其中一个口拉低一个时间（相当于脉冲）后又置高，即可改变 J 的电流方向，完成吸合和断开，其只有在吸合置低电平期间耗电，这个时间不到 1s（型号不同，需要时间不同），其余时间几乎不耗电，这样就起到了节能的作用。其实图 2.95 也可以用于直流电动机正反转控制。

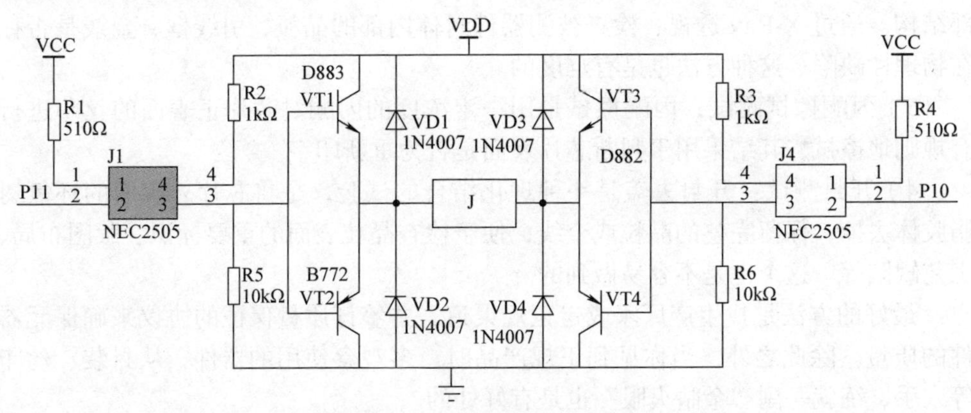

图 2.95　磁保持继电器驱动电路

2.11 元器件的选择

1. 元器件参数

元器件在选择时一般需要考虑电压、电流、功率、频率、使用场合、性价比等因素。元器件的选择在假货横行时要特别注意，弄不好就会被垃圾元器件给“坑”了。除了电路设计完善外，元器件的质量相当重要。

2. 元器件的甄别

我们把元器件在市面上一些流行的说法罗列出来，供大家参考。

散新货：散新货分两种：一种是生产厂家，没有进过质量认证而走入市场的货物，这里面成品率不是很高；另一种则是没有用过，没有外包装，可能氧化的货。

翻新货：这类货通过国内一些只图利润率的企业，将各种渠道回收回来的货，按型号，按封装，进行编带，打字，换成新批号。而另一种是采购人员最怕的一种，就是将某个 IC 同一种封装的型号，但不是同一个品牌或不是同一个功能的 IC 通过打字翻新后，仿制型号，这种货，会给采购工厂带来重大的损失。

原字原脚货：这类货说白了就是拆机件，有一些封装简单，可以重复擦写的 IC 芯片，通过拆取，将其拿下，二次流放到市场中，其价格一般比较便宜。

全新原装货：这个就不用多解释了。这种货都是原厂经过质量认证，走入市场的货，一般价格可能会高一点，但是质量肯定是达标的。

在购买元器件时，得把眼睛给擦亮。鉴别 IC 芯片的真伪的方法有如下方法：

1）外观检测：外观检测通常使用光学显微镜，但一般可检查芯片的共面性、表面的印字、器件主体和引脚等是否符合特定要求。

2）X-Ray 检测：X-Ray 透视检查是一种无损检查方法，可多角度观察物件内部结构。通过 X-Ray 透视、检查被测器件封体内部的晶粒、引线框、金线是否存在物理性缺陷。这种方法也是有难度的。

3）丙酮擦拭测试：丙酮擦拭是用一定浓度的丙酮对芯片正表面的丝印进行有规则地擦拭，其结果用于判断芯片表面是否为重新印字。

4）开封测试：开封去盖是一种理化结合的试验，是将芯片外表面的环氧树脂胶体去掉，保留完整的晶粒或金线，便于检查晶粒表面的重要标识、版图布局、工艺缺陷等。这个也是不容易做到的。

最好的方法是找生产厂家或走正规渠道，并签订质量保证的协议来确保元器件的质量。除此之外，当你见到正规产品时，多观察使用的器件，从封装、丝印等入手，练就一副“金睛火眼”也是有好处的。

2.12 元器件应用技巧实例

2.12.1 TM1640 的使用

TM1640 是一种 LED 驱动控制专用电路，内部集成有 MCU 数字接口、数据锁存器、LED 高压驱动等电路。TM1640 具有如下特点：

1）采用 CMOS 工艺；

2）显示模式为 8 段 ×16 位；

3）辉度调节电路为占空比 8 级可调；

4）具有两线串行接口（SCLK，DIN）；

5）内置 RC 振荡方式；

6）内置上电复位电路；

7）封装形式为 SOP28。

TM1640 用于驱动数码管，一个芯片可以驱动 16 个数码管，且价格便宜，仅占用单片机两个 I/O 接口，节约资源，PCB 布线简单，占用面积小，稳定性好，明显优于其他驱动芯片。特别是其辉度可调节的功能，使问题变得特别简单。图 2.96 是其引脚排列图。图 2.97 是 4 位一体的数码管图。图 2.98 是其与单片机的连接图。

除了 TM1640 外，还有 TM1668、SM1668、CT1668 等数码管驱动芯片。

IC1 (TM1640)

网络	引脚	引脚名	引脚名	引脚	网络
GRID12	1	GRID12	GRID11	28	GRID11
GRID13	2	GRID13	GRID10	27	GRID10
GRID14	3	GRID14	GRID9	26	GRID9
GRID15	4	GRID15	GRID8	25	GRID8
GRID16	5	GRID16	GRID7	24	GRID7
GND	6	VSS	GRID6	23	GRID6
DIN	7	DIN	GRID5	22	GRID5
SCLK	8	SCLK	GRID4	21	GRID4
SEG1	9	SEG1	GRID3	20	GRID3
SEG2	10	SEG2	GRID2	19	GRID2
SEG3	11	SEG3	GRID1	18	GRID1
SEG4	12	SEG4	VDD	17	VCC
SEG5	13	SEG5	SEG8	16	SEG8
SEG6	14	SEG6	SEG7	15	SEG7

图 2.96　TM1640 引脚排列图

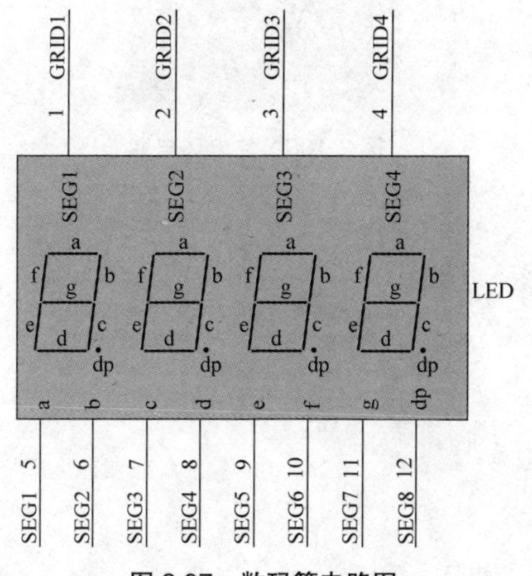

图 2.97　数码管电路图

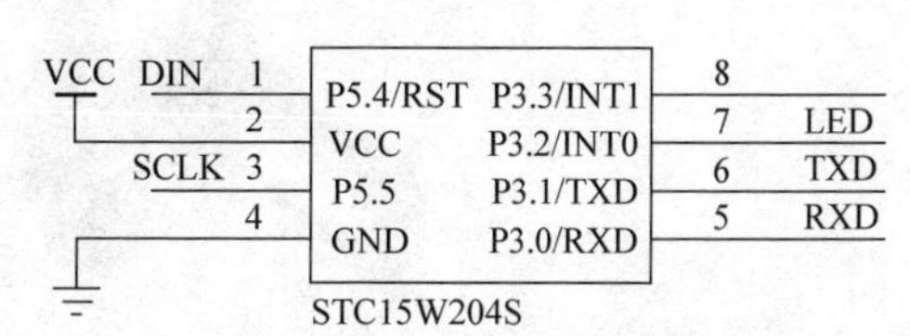

图 2.98　单片机电路图

2.12.2 集电环为何物

集电环也叫导电环、旋转导电滑环、集流环、汇流环等，也许叫“续流环”更为合适。它用于连续旋转时，同时需要从固定端到旋转端传输电源、信号的装置中。集电环能够增强其可靠性，使结构简单。它可以解决旋转机构不能用电缆连接的问题，也可以避免往返结构的导线在旋转机构里扭伤。

集电环的结构其实很简单。它的一端是由金属环与接线柱连通，另一端是电刷与接线柱相连，电刷与金属环接触，起到维持旋转过程中的电流通路的作用，跟电动机里的电刷原理没有两样。在图 2.99 上可以看到有多个金属圆环，多个金属环可以构成多个通路，这些环与上面的接线柱分别连通，图 2.100 是电刷，采用电刷的目的是增加其耐磨性以增加使用寿命，如果用金属就不耐磨，容易产生电火花等。

在实际使用中并不是由图 2.99、图 2.100 自行组合，这会给使用带来安装的不便。实际使用的是一个整体，将它们合二为一，如图 2.101 所示。

集电环的应用非常广泛，包括电动机转子与定子、电吹风里的电动机等，但这些都不是一个单独的集电环，而是做成一体的机构而已。像图 2.101 一类独立的集电环在自动化车间等场合用得更多。

图 2.99 集电环

图 2.100 集电环电刷

图 2.101 集电环

第3章

硬功夫

练过乐器的人都知道，每天都要进行枯燥无味的音阶练习，即便成了演奏家，也会练习音阶，这就是基本功。基本功就像修房子的钢筋、水泥、砖头一样，是基础。硬件比起软件来说，要想速成是比较困难的，得靠慢慢积累，硬件技术还是“老姜”辣。“万丈高楼平地起”学电子技术也需要把基础打好，不要把房子修在“沙滩上”。

3.2 过好电源关

3.1.1 稳定性先得看电源的表现

曾经在资料上看到一句话“把电源做好了，设计就成功了一半”，当时觉得有些夸张，但通过实践证明，不把电源做好，那是绝对不会成功的。实际设计制作中没把电源当回事的大有人在，估计是觉得电源简单，没啥难度，这是“轻敌”的表现，由于电源不良带来的问题不在少数，轻则异常，重则烧毁。

我们在设计电源时需要注意以下一些问题：

1）电压：电压的精度、稳定性是首当其冲的，引起电压不稳的因素包括市电电压、变压器、稳压电路、负载的变化等。

2）电流：电流的大小决定所带负载的能力，电流应有足够的余量，要包括所有电路都处于工作状态时的最大的电流，还要有足够的余量。

3）输入输出电压差：对线性电源而言，输入输出电压差太小，可能导致输出电压不足，或负载变化时导致电压跌落，造成不稳定。但如果输入输出电压差太大，会导致稳压管的发热。必要时可以选用低电压差的稳压 IC。

4）纹波：在音频电路里，纹波表现得比较明显，可以听到，但在数字电路里不太容易直观地看出来，特别是没有相关测试设备时，就更难发现。

5）效率：要想效率高就要用开关电源，但开关电源的纹波往往都比较大。开关电源适合给数字电路供电。当然，在一些小功率的音频电路里也有用开关电源供电的。

6）散热：功率大的电源电路都要做好散热处理，良好的散热是减小故障的有效方法。最简单易行的是采用散热片加风扇的散热方式，经济实惠效果还好，计算机的开关电源就是使用这种方法。

7）滤波：滤波是提高电源质量的重要手段。电解电容对于提高电压的稳定性和瞬态响应都有好处，小容量的电容可以有效滤除高频干扰。

8）短路功能：为了避免故障时造成严重后果，保护是必需的，如过电压保护、过电流保护、防雷保护等。可以采用自恢复器件、滤波电感、TVS、压敏电阻等做好保护。

3.1.2 该用哪种电源

到底是使用线性电源还是开关电源，要权衡利弊，如高档音响设备都会使用线性电源，而小功率的电子设备都用开关电源或 DC/DC 电源。性能最好的电源要算充电电池，其具有大电流，小内阻；其次是线性电源；再次是开关电源。当然有人会说开关电源做好了比线性电源还好，功夫下到家了，那就得另当别论了。

滤波电容的选择得单独说说，看到有个设备电流最大为2A，滤波电容用的是220μF，你觉得合适吗？该多大呢？一般根据负载情况而定，电流变化大的容量应适当大一些。表3.1是常用的电流与电容搭配，可以作为参考。

表3.1　电流与滤波电容容量

负载电流 /A	2	1	0.5~1	0.1~0.5	0.05~0.1	0.05以下
滤波电容 /μF	4000	2000	1000	500	200~500	200

交流电源端可以加上专用的滤波器，如图3.1所示，其内部电路如图3.2所示。

图3.1　滤波器

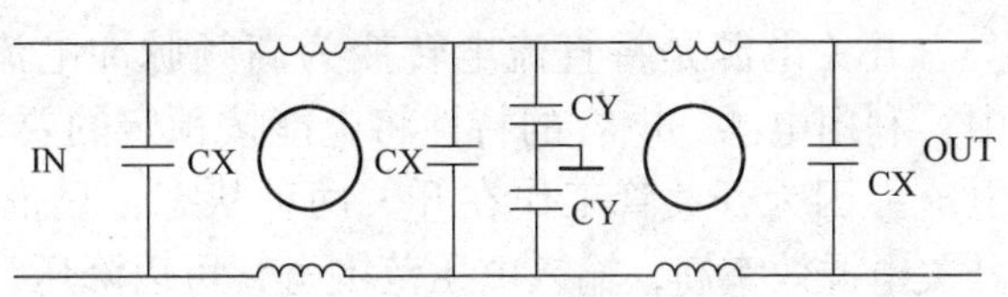

图3.2　滤波器电路

一个新的设计做好后，先将电源调试好后再焊接其他电路，不然电源异常会损坏其他电路，把故障扩大。一定要用负载测试带载能力，可以用图3.3所示的灯泡，或图3.4的功率电阻进行测试。此外，还需测试纹波等，确认无误再进行后续工作。

图3.3　灯泡

图3.4　功率电阻

3.1.3　电源适配器与“火牛”

电源适配器（Power Adapter）是小型便携式电子设备及电子电器的供电电源变换设备。它一般由外壳、变压器、电感、电容、控制电路、电路板等组成。它的工作原理是将交流输入转换为直流输出。电源适配器又叫外置电源，常见于手机、液晶显示器和笔记本电脑等小型电子产品上。

第一次听到“火牛”是在深圳，是来自香港的几位工程师提到的，当时不知所云，后来才知道“火牛”就是香港对变压器以及电源适配器的一种叫法，一般是指低频变压器。由低频变压器加整流环节的（或不加整流）电源或开关电源就叫“火牛”电源。这个名字起得还是相当有道理的，“火”就是指与交流电源相连，因为交流电源有火线（相线），有安全提示之意，弄不好就会烧毁“起火”，得随时小心了，牛”就是出力的意思。

3.1.4 憋不住要说的开关电源与线性电源

在很多书和资料上都有讨论线性电源和开关电源的区别，有的面试官用这个问题考应聘者，据说能回答的人并不多。

开关电源是将直流电转变为高频脉冲电流，将电能储存到电感、电容元件中，利用电感、电容的特性将电能按预定的要求释放出来，以此改变输出电压或电流；因为开关管工作在开关两种状态，只依靠开关占空比的不同来调节输出。开关电源效率高，输入电压范围宽，可以降压，也可以升压，它的使用无处不在，不可或缺。

线性电源的调整管工作在电压变化的状态，利用元器件线性特性，在负载变化时反馈控制输入，从而达到稳定电压和电流的目的。在调整管两端有线性变化的电压降，故称线性电源。由于负载的变化，会引起调整管两端电压的变化，这个电压越大，消耗在调整管上的功率越大，会引起调整管发热。输入电压越高，调整管发热越大，但输入电压太低，又可能满足不了设计的输出电压。线性电源效率不高，而它的优点是纹波小，在音响等要求较高的场合必不可少。

3.2 单元电路

3.2.1 积累单元电路

不管多复杂的电路，都是由多个简单的电路组合而成的，这些简单的电路就是单元电路。老一辈的工程师会采用“剪刀”加“糨糊”的方法，把单元电路拼成完整的复杂电路。而今都是用“剪切”加“粘贴”在计算机上完成。不管采用哪种方法，无非都是把小的单元电路“组合”成复杂的电路。单元电路的积累，对后面的设计是非常有用的，因为是经过考验的，可以拿来即用，无须再次验证其正确性。所以，要多积累经过验证的单元电路，为后续设计积累资源。单元电路有运放的同相放大、反相放大电路，NE555 时基电路，晶闸管驱动电路等。

3.2.2 用仿真软件验证单元电路

当设计出一个单元电路后，可以先在电路仿真软件上进行仿真，如使用 Proteus 仿真。仿真软件虽不能完全仿真出真实的结果，但还是有很重要的参考意义的。如果仿真能得到预想的结果，那么成功在望了，如果仿真失败，那就得用实际电路验证。对于一个电子工程师来说，一定要学会用电路仿真软件，这样可以减少工作量。

3.3 做好 PCB 设计

3.3.1 PCB 设计的基本原则

PCB 设计布局从某种意义上说决定了电路的性能，电路设计得再好，PCB 没有设计好，一样会导致失败。所以，以一些基本原则必须遵守：

1）遵照“先大后小，先难后易”的布置原则，即重要的单元电路、核心元器件应当优先布局。

2）布局中应参考原理图，按照元器件的信号走向与功能电路块为向导安排主要元器件，也就是来个“物以类聚，人以群分”。不要让功能块电路里的元器件交叉，同一功能块的元器件要在一起，要做到“各回各家，各找各妈”。

3）布局应尽量保证连线尽可能短，关键信号线最短。高电压、大电流信号与小电流，低电压的弱信号完全分开，模拟信号与数字信号分开，高频信号与低频信号分开，高频元器件的有足够间隔。高频电流的多点接地与低频电路的一点接地都应在考虑范围内。

4）相同结构电路部分，尽可能采用“对称式”标准布局。

5）按照均匀分布、重心平衡、版面美观的标准优化布局。

6）元器件与走线间距要根据电流、电压等确定。

7）不要一味地考虑美观，把元器件排列得像阅兵的队伍。要学国画的风格，“疏能跑马，密不能插针”。

8）多看看别人的产品，特别是开关电源板的布局，不要“故步自封”。

3.3.2 PCB 设计容易犯的错误

1）缺少定位孔或是定位孔的位置不准确，则设备不能准确、牢固地进行定位。没有定位孔这种错误新手最易犯。缺少定位孔就成了没有缰绳的“野马”。

2）若 PCB 缺少工艺边或是工艺边设计不合理，将会导致设备无法进行贴装。

3）若焊盘上有过孔或是焊盘与过孔距离太近，在焊接时焊料熔化后容易流到 PCB 底面，造成焊点少锡缺陷。

4）标记不明了，造成识别困难，产生歧义。

5）若 IC 焊盘设计不规范，比如为了 IC 好焊接，将引脚引线加粗，这样反而更不好焊接。

6）螺钉孔是用固定 PCB 用的。为防止过波峰焊后堵孔，螺钉孔内壁不允许覆铜箔，过波封面的螺钉孔焊盘需要设计成“米”字形或梅花状。

7）缺少测试点或测试点过小，测试点放在元器件下面或距离元器件太近都不便于测试。

8）元器件排列不合理，元器件之间的距离放置不妥，不便于维修。一般贴片元器件之间必须保持足够的距离，较大器件与后面的贴片之间的距离应更大些。

9）元器件只考虑美观，没有排布的电气科学性。

3.4 可靠性与稳定性

3.4.1 电子产品最尖锐的问题

从事研发多年，感觉总是在与稳定性和可靠性做斗争，而电路功能还不是最头痛的事情。

电子产品最为尖锐的问题应该是可靠性与稳定性问题。实现电路的功能只是电路设计的一部分，还要面对产品自身与外部环境的影响，以及 bug。产品自身可能因为内部的设计存在相互干扰，以及一些抗干扰措施不力都可能导致产品工作异常。来自外部的影响则更大，各种电磁干扰以及误操作等防不胜防。为了做好产品，必须要过好 EMC 关，不过好这一关，就不要想设计出可靠又稳定的产品。

在设计产品时，在实现同样功能的情况下，尽量使用成熟的或者已经有经验的电路和方法，在产品的测试方面也要下足功夫，才能确保产品的可靠性与稳定性。

3.4.2 嵌入式系统的 EMC

从事嵌入式产品研发已有 20 多年了，研发的嵌入式产品若干，得出一个结论：与其说在做各种功能，还不如说在与干扰做斗争。

嵌入式产品的 EMC 问题随着电磁环境的日趋严峻，也面临着极大的挑战。嵌入式系统在整个产品中处于非常重要的地位，如果不可靠，不仅是操作的问题，严重时还会造成系统瘫痪。嵌入式系统的电磁兼容性，就是要确保在电磁环境下能正常工作，同时也不影响其他设备的工作。各设备在复杂的电磁环境下“相安无事”，满足电磁兼容性，也就是 EMC。

电磁干扰的处理方法都比较多，问题的关键是在何种情况下用何种方法。特别是现场的复杂环境多变，使得在实验室正常的设备，到现场就出问题了。

电路设计时应遵循一些基本的原则，因为单片机非常脆弱，又是核心，一旦出问题，会导致整个系统异常。要使单片机有个好的工作环境，主要的手段是隔离，特别是在控制电动机一类的干扰很强的负载时，隔离是非常有效的措施。必要时，可把退耦电容、磁性元件、TVS、“看门狗”等手段都用上，不要一味地为了成本而把 EMC 不当回事。

要做好电源，电源也是引入干扰的主要途径，所以要在电源部分将干扰堵在单片机之外，同时也要将电路板产生的干扰就地消灭。

现场的状况很复杂，要处理好现场的 EMC，同时要学会“望闻问切”的本领，因为大多数现场是没有办法用仪器去检测的。所以，首先要了解现场所处的环境，有哪些性质的设备，高频还是低频，感性还是容性，有了对现场的了解，采用的具体手段就好办了。最后，不要做好接地的处理，该“疏”的“疏”，该“堵”的“堵”。

3.4.3　话说谐波

作为电子工程师，可能听到“谐波”两个字就会头大，虽不说像洪水猛兽，但确实难以对付。总是听到说一些地方的设备由于谐波干扰出问题了，一些机器因为谐波又失灵了，更甚者还听到说美国哪颗卫星发射失败是谐波造成的。诸如此类，真的不可小觑。

我们还是先说点开心的“谐波”，那就是音乐中的谐波。你知道为什么笛子的 C 和黑管的 C 为何听起来不一样吗？它们的频率都是约 261.6Hz，两支笛子都发 C 也能听出区别，这又是为什么呢？其实很简单，那就是谐波。谐波分量的不同，音色就不同，笛子和黑管谐波不同，可以理解，但两支笛子难道谐波也不同吗？是的，由于两支笛子的材质、笛膜贴的不同，产生的谐波也就不同，于是就有了区别。这样一说，是不是谐波还有可爱之处呢？

电力上的谐波定义：从严格的意义来讲，谐波是指电流中所含有的频率为基波整数倍的电量。从广义上讲，由于交流电网有效分量为工频单一频率，因此任何与工频频率不同的成分都可以称为谐波，这时“谐波”这个词的意义已经变得与原来有些不同。正是因为广义的谐波概念，才有了“分数谐波”、“间谐波”、“次谐波”等说法。额定频率为基波频率偶数倍的谐波，被称为“偶次谐波”，如 2、4、6、8 次谐波。一般地讲，奇次谐波引起的危害比偶次谐波更多、更大。在平衡的三相系统中，由于是对称关系，偶次谐波已经被消除了，只有奇次谐波存在。对于三相整流负载，出现的谐波电流是 $6n\pm1$ 次谐波，例如 5、7、11、13、17、19 等。谐波的危害十分严重，谐波使电能的生产、传输和利用效率降低，使电气设备过热，产生振动和噪声，并使绝缘老化，使用寿命缩短，甚至发生故障或烧毁。谐波可引起电力系统局部并联谐振或串联谐振，造成电容器等设备烧毁。谐波还会引起继电保护和自动装置误动作，使电能计量出现混乱。对于电力系统外部，谐波对通信设备和电子设备也会产生严重干扰。由于正弦电压加到非线性负载上，基波电流发生畸变产生谐波。产生谐波的设备类型主要有开关电源、变频器、电子镇流器、调速传动装置、不间断电源（UPS）、磁性铁心设备及某些家用电器（如电视机、微波炉、电吹风）等。

设计电路时除了要加强滤波、抗干扰外，在现场安装时，要注意会产生谐波的设备，选好安装位置，尽量做到不产生谐波干扰其他设备，也要防止受到其他设备产生的谐波干扰。谐波的现场干扰，也是设备在实验室能工作，但到现场经不起考验的原因之一。过不了 EMC 这一关，注定现场丢人！

3.4.4 不得不说的稳定性与鲁棒性

做过现场使用电子产品的人都知道，能在现场经受住考验的产品才算成熟的产品。电子产品在复杂的电磁环境下工作，稳定性尤其重要。介于此，明确稳定性与鲁棒性的概念非常有必要。

先给出稳定性与鲁棒性的定义：

1）稳定性：指的是系统在某个稳定状态下受到较小的扰动后仍能回到原状态或另一个稳定状态。

2）鲁棒性：鲁棒性是英文 robustness 一词的音译，也可意译为稳健性。鲁棒性原是统计学中的一个专门术语，20 世纪 70 年代初开始在控制理论的研究中流行起来，用以表征控制系统对特性或参数扰动的不敏感性。鉴于中文“鲁棒性”的词义不易被理解，“robustness”又被翻译成了语义更加易懂的“抗变换性”，“抗变换性”和“鲁棒性”在译文中经常互相通用 。

稳定性和鲁棒性，两者外延和内涵不一样，稳定性只做本身特性的描述。其实，我们也不太想在这里玩文字游戏，目的既简单又朴实，那就是引起对产品的稳定性、可靠性的高度重视，仅此而已。

3.4.5 感性负载的抗干扰

一台增氧机，使用单片机控制启、停，并通过 RS485 与远端通信。采用图 3.5 所示方法进行控制。在启、停过程中，发现单片机有重启的现象，停止时，重启现象更为严重。

图 3.5 是电路的主要部分，IC1 是光电耦合器 PC817，用来将单片机与控制部分隔离，P10 与单片机连接，继电器的驱动使用 PNP 型晶体管 VT1。采用 PNP

型晶体管是为了避免单片机在上电瞬间出现一个短时间的高电平使后面接触器有吸合动作。也就是P10为高电平时，光电耦合器IC1输出不会驱动J1吸合，同时J1-1（在继电器电路里，通常使用这种标法，不同的触点分别用J1-1，J1-2等）不闭合，KM1也不会吸合，KM1所接电动机也不会动作。继电器驱动12V电源是通过DC/DC模块与单片机电源隔离开的。

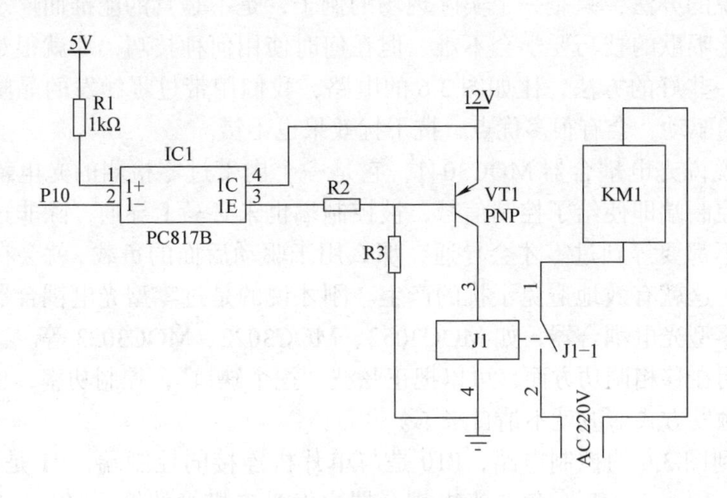

图 3.5　电动机驱动电路

按理说，通过光电耦合器IC1，继电器J1的隔离已经有两级了，抗干扰应该是理想的。可是，问题往往就出在“按理说”上，不管你怎么想，不好用就是白搭。用这个电路控制一台功率为5.5kW的三相电动机，差不多起动电机十来次，单片机就会重启，关闭电动机时不到5次单片机又会重启。

对于感性负载而言，断开干扰会更大，这也符合关闭电动机时干扰更加严重的事实。为何不是每次都重启而是无规律重启呢？接触器在断开瞬间的状态很重要，那就是断开瞬间在电流最大时，干扰也最大，如果在电流过零时断开，那干扰就会小得多，所以每次干扰出现的不一样。两级隔离单片机依然受到干扰，这个干扰未必是从光电耦合器或者继电器传来的，还可能是空中的电磁干扰。

现在的问题不是要增强单片机的抗干扰能力，也万不可老是指望“看门狗”来解决问题，只要重启，就是失败！我们要解决的是，把干扰给灭掉。

为了灭掉干扰、阻截干扰的通路，在控制板的电源和电动机是同一个电源的情况下，首先在单片机控制板的交流220V电源线上安装滤波器，阻断从电源来的干扰。经现场实验可是没有明显的效果。接下来又在继电器与接触器的连线上套上磁环，也没有明显的效果。在现场附近的废弃厂区找到一个开关电源，取出一个 470V 的压敏电阻并联在电源上、接触器上都无济于事，又从开关电源里取出一个 0.1μF 耐压值为 630V 的电容，在继电器的触点 J1-1 上并联，再试，没有重启了！最后还在接触器 KM1 的两端并联了 440V 的 TVS，磁环还是要套上，这之后再没有出现重启现象。这个控制电路板上使用的是 ADuC831 单片机，没有用专门的“看门狗”电路，异常时单片机自动重启。

上面说的办法，只是一个实际现场的例子，是不是真的能推而广之，并不确定。这好比唱歌的技巧要学会不难，但在何时使用何种技巧，那就很难了。但也有其他的一些好的方法，比如图 3.6 的电路，我们用带过零触发的晶闸管来实现对电动机的驱动，会有很多优点，抗干扰效果也不错。

先来说说光电耦合器 MOC3041，它是一个内带过零检测的光电耦合器。也就是说，控制端即使给了控制信号，被控制端也未必马上导通，除非这时是电压过零，要不都要等到过零才会导通，那么用于驱动后面的负载，就会在电流较小时通、断，这就有效地避免干扰的产生。刚才说的是过零型光电耦合器，对应的还有非过零型光电耦合器，如 MOC3052、MOC3022、MOC3023 等。这种光电耦合器主要用在移相调功方面，可以把正弦波“挖个缺口”，控制功率，也正因为如此，移相触发方式谐波就不请自来了。

又回到图 3.6 的控制电路，P10 是与单片机连接的控制端，R1 是限流电阻，取值 R1=（$V_{CC}-V_f$）/I_{FT}，V_f 是光电耦合器内发光二极管的管压降，一般为 1.5V，电流为 15mA，MOC3041 再控制一个晶闸管，然后由晶闸管控制接触器的线圈，接触器控制电动机。R4、C1 是浪涌吸收回路，这里还可以并联压敏电阻、TVS 等，R2 是触发限流电阻，R2 的取值按 R2=V_p/I_{TSM}（V_p：交流电路中的峰值电压，I_{TSM}：峰值重复浪涌电流，一般取 1A），R3 是防干扰电阻，防止误触发，R3 经验值为 300~510Ω。

电路板上的抗干扰元件该用还得用，各个部分都不要忽视，只有做到严防死守，才能万无一失。

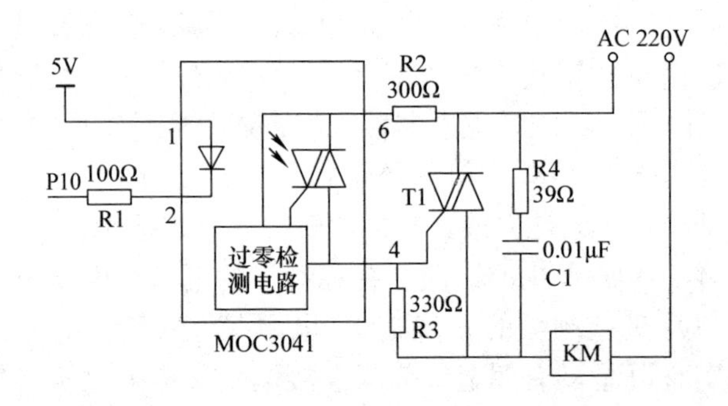

图 3.6　晶闸管电动机驱动电路

3.4.6　不容忽视的无线发射干扰

信号和噪声，天生就是一对“冤家”，也是“孪生兄弟”。电子产品的EMC是一个永恒的话题，日益严峻。千变万化的现场，就有千变万化的干扰，可是又没有放之所有现场而皆准的抗干扰方法。多懂一些EMC的知识，多积累一些现场经验，便可以做到应对自如。

在调试一块无线通信的电路板时，采用功率为1W、频率为433MHz的无线收发模块，将天线放在单片机附近，如图3.7所示。收发数据时单片机程序就“跑飞”了，蜂鸣器“嘀嘀”乱叫，于是把天线放到离电路板1m外的地方，就没有异常现象了。在产品定型时，将电路板放在金属盒子内，天线拉到盒子外，实际使用中就没有异常情况发生了。

图3.7　无线通信实验

应尽量避免大功率无线发射器的使用，必要时采用小功率无线组网的方式，而且无线发射需要符合相关无线发射功率与频率的规定。

3.4.7　电路设计中的隔离

在复杂的电子技术中，抗干扰已是一个不可回避的话题。抗干扰的方法也有很多，比如采用磁环、TVS、压敏电阻、屏蔽线等手段。在单片机的电路里，最为有效的方法就是隔离。

常用的隔离方法有光电耦合器、磁耦合器、变压器、继电器、带隔离的DC/DC等器件。它们可以起到电气隔断的作用，对于随线路而来的窜扰，可以起到很好的抑制效果。

3.5　提高动手能力

3.5.1　打好焊接基本功

作为一个硬件工程师来说，动手的能力尤其重要，如果拿着烙铁手还在发抖的话，这个硬件就不好做了。但是，没有人生下来就会焊接，要经过训练才行。

虽然说现在电路板都是机器焊接，但是刚做成的电路板还没有成型前，往往又需要自己焊接。焊接在电路制作的初期不可或缺，焊接的好坏会直接影响到电路是否正常，特别是芯片的焊接，更为重要。电子技术需要“心灵”，也需要“手巧”。

3.5.2 电路板的调试技巧

一个新的电路板焊好后，这才是开始，如果你觉得已经大功告成了的话，一定会有人说你“太嫩了”。电路板焊接好以后，只能说你的设计变成了实物，但它是否能正常工作，那还得看后续的表现了。

一般说来，新设计的电路板首先把电源部分与其他部分断开，当然在设计之初就可用一个 0Ω 的电阻连接电源前后两部分，调试期间先断开 0Ω 电阻，把电源部分弄好，经过电源负载能力测试后，再与后面电路接通调试。要是不这样的话，如果电源异常，比如输出电压太高等，那么可能将后面电路损坏。

电源部分调试好后，不必心急火燎地接通后面的电路，此时后面电路有无短路等还不知道，弄不好把电源部分又弄坏了，电路部分的调试将“前功尽弃”。这时可以用带保护功能的专用电源对后面电路进行调试，确定没有短路、过载后，方可将电源部分和后续电路接通调试。

调试时最常用的方法如下：

1）看。看看元器件有没有安装错误，型号对不对，极性是否准确，焊接是否良好，有无虚焊，有无烧煳的痕迹。必要时可以用放大镜仔细观察。新做的电路板，还要看原理图是不是正确，原理图和元件封装引脚是不是一致等。

2）听。听电路板上有无异响，像开关变压器，继电器等都会发出声音，听听声音是否正常，如继电器损坏或质量不好，或驱动不足都有可能有异常的响声。

3）摸。摸元器件，看是否发热异常。不是摸到发热就是有问题，有些元器件发热是正常情况，比如稳压集成电路 LM7805，在电流较大时，发热就会比较大。摸到元器发热异常时，就可以测量电流，应核查是在正常的范围内。

4）测。测量各电路的电压、电流等参数，看是否与设计相符。测波形，看是否正常。必要时对其注入信号再进行测试。

5）换。电路不正常时，可以采用更换元器件的方法试验，因为元器件可能存在质量问题或在焊接过程中已将其损坏。

6）变。这里所说的“变”，即改变参数，有些电路在设计时可能有缺陷，没有达到预期的目的，这时就可以改变元器件的参数进行调试，这一步也是最麻烦的，要有点耐性。

7）对比。如果已有正常的板子，那就将两者对比，看外观、电压、电流、波形有何区别再针对不同点分析解决。

第 4 章

软实力

学习一种语言不会有多困难，特别是像单片机一类大多学会C语言就可以了。但是软件的技巧却不是那么容易的。特别是算法，尤其重要，是程序的灵魂，没有算法的程序相对简单一些。单片机的软件与计算机上的软件有一些区别，需要软硬件的配合，需要对硬件的特性有所了解，得“软硬兼施”。

4.1 软件设计

4.1.1 编译软件的使用

有人说过，如果你已经学会一种编程语言，那么在进行电子产品设计时，只要会用编译软件，一切都是“浮云”。嵌入式软件设计的编译软件有好多种，比如Keil、MDK、MPLAB 等。下面列举一些常见得编译软件。

1）Keil，是业界最受欢迎的 51 单片机开发工具之一，它拥有流畅的用户界面与强大的仿真功能。

2）MDK，源自德国 Keil 公司，被全球超过 10 万的嵌入式开发工程师验证和使用，是 ARM 公司推出的针对各种嵌入式处理器的软件开发工具。

3）MPLAB，是一种易学易用的 PIC 系列单片机产品的集成开发工具软件。该软件由 MPLAB 编辑程序、MPLAB 项目管理程序（Project manager）、MPASM 汇编程序（Windows 版）和 MPLAB – SIM 模拟调试程序等工具软件组成。

4）VisualDSP++，是一款针对 ADI Blackfin、SHARC 和 TigerSHARC 等处理器，易安装、易使用的软件开发和调试集成环境（IDDE）。通过单一界面可以从始至终高效地管理项目。该集成开发环境可以使在编辑、构建、调试操作间快速轻松地切换。

5）IAR 集成开发环境支持多种代码优化方式，具有极高的代码效率，在 ARM7/ARM9 内核芯片操作简单，易学易用。

4.1.2 程序的仿真与下载

还记得刚学单片机时，根本就不会用计算机，在纸上学的程序，用“一指禅”敲到计算机里，用 3.5in⊖ 的磁盘，才把程序编译成 HEX 文件，再用一个专用的烧录器把程序烧录进去，加之使用的都是汇编语言，确实艰难。

随着技术的发展，编译仿真下载一体的设备出现，使问题变得特别简单。特别是 STC 单片机的出现，无论从价格、性能、编译下载都“易如反掌”。

不同的单片机可能仿真下载器不一样，在具体使用时，根据所选单片机购买相应的仿真下载器即可，比如 STM32 可以用 J-LINK、T-LINK 等。要想“早熟”的话，建议买套开发板，可以加快学习的进度，同时也可在开发部上跑新学的程序。

4.1.3 单片机里的数据困扰

单片机程序里常用到各种数据，除了二进制、十进制、十六进制的转换，还

⊖ 1in = 0.0254m，后同。

涉及编码，如ASCII码、BCD码等。这些进制与编码在C语言里处理还是比较麻烦的。

关于进制，我们首先要明确的一点就是，不管用哪种进制，其多少是不变的，比如，吃了一箱苹果，不管是二进制、十进制，还是十六进制表示，吃的苹果数量是不变的。如果我们把一箱苹果放到单片机的寄存器里，比如放到寄存器里，可以用N=100，N=0x64，N=01100100B表示，表示方法不同，但数量是相同的，这3种方法放到寄存器N里都是以二进制01100100B格式保存的。所以，在需要处理数据时，要把数据放入寄存器里，不管用哪种进制都可以，不必对进制转来转去。同样，从寄出去里读出来的数据，认为用它是哪种进制都可以，比如存到寄出去里的数是N=0x64，那么读出来后，可以用十进制的方法进行判断。当然，在实际情况下，比如产品计数，就可以完全使用十进制直接存取，放到寄存器里用十进制，取出来还是十进制，这样既方便又简单。

简言之，寄存器就储物柜，放什么、放多少是自己的事，只要放得下。

在单片机里，经常会遇到以字节为单位的数据处理，比如要把数据保存在DS24C02里，都是按字节（8Bit）来存取的，但有时数据却超过了一个字节（大于255），如345（0x0159），要保存的需要分成两个字节，读出来还得还原。

为了简单起见，我们把345（0x0159）来个“分分合合”。

```
分：
unsigned char  A=0, B=0;
unsigned int   N=0x0159;
       A=(N&0XFF00)>> 8;    //A=0x01
       B= N&0X00FF;         //B=0x59
       A, B 用于保存在 DS24C02 里，就是 0x01,0x59
合：
unsigned char  A=0x01, B=0x59;  // 读出来的数
unsigned int   N=0;
       N=(A<<8) & B           //N=0x0159
```

BCD码（Binary-Coded Decimal）是用4位二进制数来表示1位十进制数中0~9这10个数字的一种编码方式，是一种二进制的数字编码形式。十进制与BCD码对应关系见表4.1，表中显示的8421BCD码中的“8421”表示从高到低各位二进制位对应的权值分别为8、4、2、1，将各二进制位与权值相乘，并将乘积相加就得相应的十进制数。例如，8421BCD码“0111”，0×8+1×4+1×2+1×1=7D，其中D表示十进制（Decimal）数。其实，把BCD码用位权的方式来处理，适合理论研究时使用。

表 4.1　十进制数和 BCD 码对照表

十进制	BCD（8421）码
0	0000
1	0001
2	0010
3	0011
4	0100
5	0101
6	0110
7	0111
8	1000
9	1001

按理说 4 位二进制数可以表示十进制数的 0~15，用 4 位二进制数表示 0~9 的 BCD 码不是资源浪费吗？如果真这么想，也许是还不知道其中的一些渊源。我们看看图 4.1，这是一个 CD4511 驱动数码管的电路，只要给 CD4511 输入 BCD 码，就可以在数码管上显示对应的数字 0~9。所以，采用 BCD 码在早期的数字集成电路里很方便，反而占用资源还要少些，同时 BCD 码也符合人的思维习惯，比如时钟的 23min，如果用十六进制表示就是 0x17, 显得比较别扭。

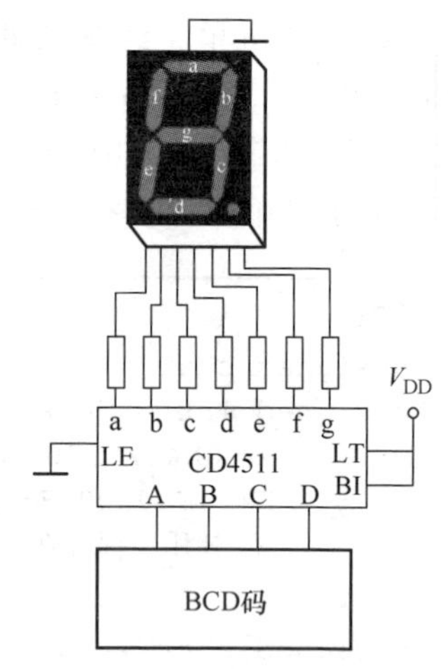

图 4.1　BCD 码驱动数码管电路

在单片机中处理时钟问题时，用 BCD 码比采用 16 进制数就要麻烦，经常听到有人抱怨 BCD 码不好用，头都大了。早期的时钟芯片就有采用 BCD 码的方式（如 DS1302），在用单片机汇编语言时，有专门的十进制调整指令，其实是相当的方便，但现在大多数都使用 C 语言，反而成了麻烦。所以后来的一些芯片不再采用 BCD 码了，直接使用十六进制，在写程序时就可化繁为简。

DS1302 里读出和写入的时间都是按字节进行的。比如 23 点，按 BCD 码写入时实质上写入的是 0x23, 读出时间为 23 点，实际收到的是 0x23，它是将一个字节分成了两部分，高 4 位保存一个 BCD 码，低 4 位保存一个 BCD 码。其实这样用一个字节表示两个 BCD 码节约了空间，而且也较为容易。这种方法在有 BCD 解码的芯片时特别方便，图 4.1 就是这种情况。

BCD 码读到数组里的分解方法：

```
BUF[0]=(M & 0Xf0)>>4;
BUF[1]=M & 0x0F;
```

将 M 分为 BUF[0] 和 BUF[1] 两个字节。

拼接方法：

```
M=(BUF[0]<<4)+BUF[1];
```

将 BUF[0] 和 BUF[1] 拼成一个字节 M。

BCD 码表示时间的麻烦还在于对时间的修改。由于不是采用汇编语言，所以就只能将 BCD 码表示的时间先转换成可以直接加、减的数，如十六进制等。下面是 BCD 码转十六进制与十六进制转 BCD 码的程序示例。

BCD 码转十六进制：

```
char  BCD2HEX(char  n)
{
   unsigned  char H,L;
   H=(n&xxF0)>>4;
   L=n&0x0F;
   n=H*10+L;
   return(n);
}
十六进制转 BCD 码：
char  HEX2BCD(char n)
{
unsigned  char H,L;
 H=n/10;
 L=n-H*10;
 n=(H<<4)+L;
}
```

上面的这种转换是不得已而为之，如果仅仅是将 BCD 码表示的时间读出用于显示，那么读出来分解成两个 BCD 码就可以了；但是如果需要修改时间，那就要将读出的时间先变成十六进制，加减后再转换成 BCD 码写入时钟芯片。

我们看到图 4.1 中用 BCD 码的方便性，但在诸如液晶屏上就显得非常麻烦。如果这时时钟采用十六进制的方法，那就非常容易了。例如，MSP430F5 实时时钟模式里可选择 BCD 码或者二进制格式。用十六进制时钟时，假设当前“时”hour，要加要减就是 hour++，hour--，然后将 hour 写入、读出就是了，需要显示时，用下面两行代码就能完成“时”的高位与低位的分解。

```
H=hour/10;      //"时"的高位
L=hour%10;      //"时"的低位
```

4.1.4 “偷窥”UART 数据流

串口监视软件 AccessPort 是一款非常有用的工具。在计算机上通过串口与电路板连接通信时，一个串口通信上下行数据到底是什么，我们很难知道，特别是其他厂家提供的产品中数据在串口流动的情况，更无法知晓。但是用了 AccessPort 串口监视软件就可以清楚地看到上、下行的数据了，用起来非常方便。

在使用 AccessPort 时需要注意的是，在计算机上由于电路板相连的串口有编号，如串口 1，在运行时会打开这个串口，但监视软件监视的也是这个端口。在通常情况下，在同一台计算机上是不能将一个串口打开两次的，但 AccessPort 监视软件需要打开和被监视的串口号相同，而它是可以同时在一台计算机上打开两次同一个串口的。因为版本的问题，通信与监视两者的端口号就有打开的先后顺序了，最好是先开 AccessPort 监控软件的串口，然后再打开实际使用的通信软件的串口，否则会发生冲突而打不开，显示端口被占用，但一些版本的 AccessPort 没有这个问题。

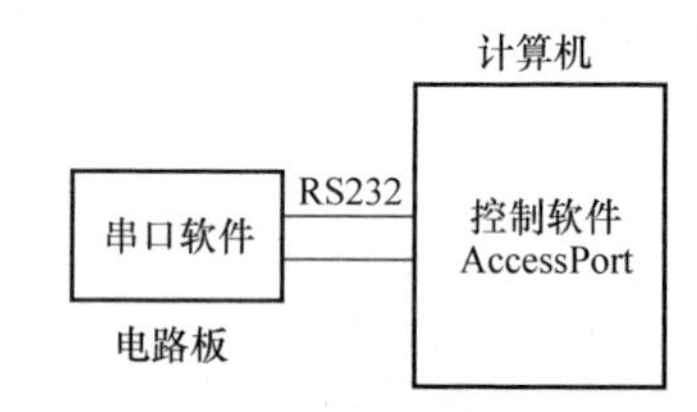

图 4.2　AccessPort 串口监视软件

在软件调试过程中，没有直接与计算机通信的端口，AccessPort 就显得“苍白无力”了。想要知道 UART 的数据上、下行就得另想办法了。我们以电路板与串口液晶屏的通信为例来说明。如图 4.3 所示，电路板与液晶屏之间的数据通信无法看到，这时完全是“黑灯瞎火”的状态。

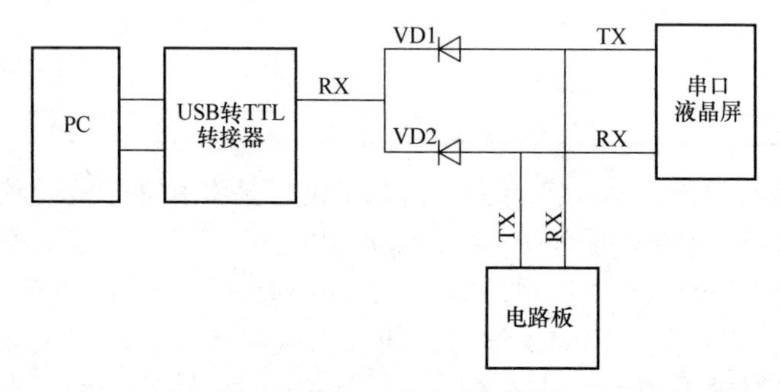

图 4.3　UART 数据监视连接

为此，我们可以在电路板与串口液晶屏的 UART 通信线上想办法。我们还是把第一次没有成功的过程写出来，也许会从中得到一点启发。我们来看图 4.3，计算机上连接有 USB 转 TTL 电平的转接器，电路板与串口液晶屏连接。当液晶屏的 TX 发送数据时，电路板的 RX 端可以收到数据，这时，通过隔离二极管 VD1 使得与计算机连接的转接器将数据发送到计算机运行的调试软件中。同样的，电路板的 TX 端发送数据时，串口液晶屏能收到数据，这时通过隔离二极管 VD2 将数据发送到与计算机连接的转接器，再将数据发送到计算机中的串口调试软件中。需要注意的是，必须要用隔离二极管 VD1、VD2，否则电路板与液晶屏将会造成 TX 与 TX 短路而无法通信。按照上面的想法，接好电路后测试，你觉得会正常吗？如果你觉得没有问题的话，那就犯了和我同样的错误。如果没有成功你就放弃了，那你就犯了更大的错误。按照上面的连接，液晶屏与电路板通信时正常的。可是计算机上什么东西也没有看到，还是“黑灯瞎火”。

有一句话叫“明天就要成功了，可是你却在今天放弃了”，意在要我们坚持，不放弃。当我们把图 4.3 中的隔离二极管 VD1、VD2 的方向改变一下（见图 4.4），“奇迹”就发生了，可以在计算机上看到上、下行的数据了。这个过程的实物连接件如图 4.5 所示。

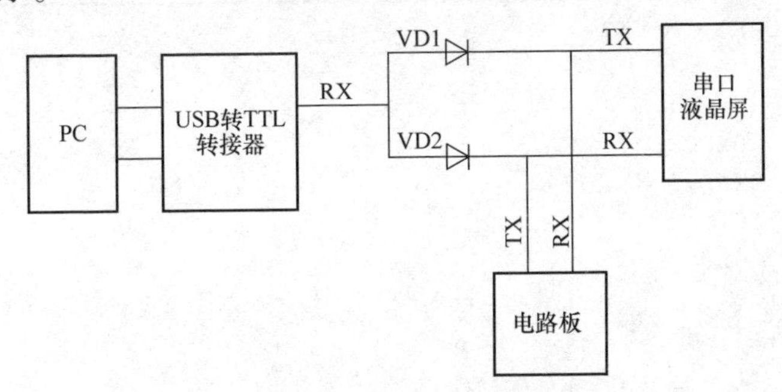

图 4.4　UART 数据监视连接

事情至此，可以说圆满了，有没有想想“这是为什么呢？”。在图 4.3 中，当液晶屏的 TX 端发数据时，如果发的是“1”（高电平），二极管 VD1 的负端也是“1”（高电平），但当 TX 端为“0”时，由于二极管的隔离作用，VD1 的负端电平无法随之改变，串口转接器的 RX 端无法“感知”到电平的变化，带有“强制”性，所以是接收不到数据的。在图 4.4 中，转接器的 RX 端平时是高电平，当二极管正极的电平为高时两边都为高，二极管负极变低时，正极它也会跟着变低，转接器的 RX 能“感应”到液晶屏与电路板的 TX 端电平的变化的，带有“自觉”性。

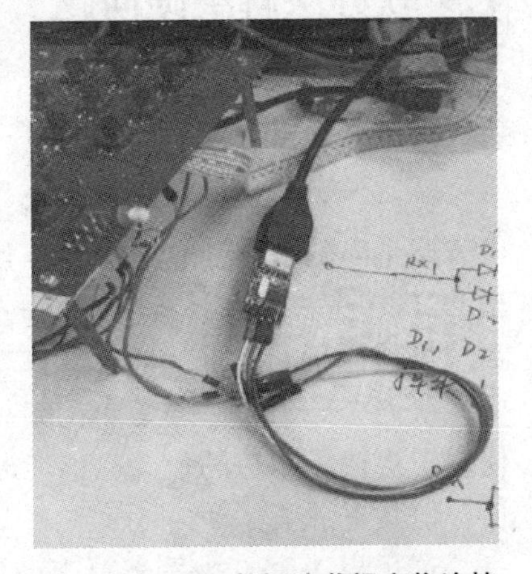

图 4.5　UART 数据流监视实物连接

在你认为是正确的情况下，但就是不行，可以来个逆向思维。

转接器的 TX 端没有连接，计算机不用于发数据，只是“偷窥”，只需连接负极与 RX 端即可。

4.1.5 51 单片机的二位停止位程序设计

在做一个称重设备时，由于称重控制器 RS485 输出数据采用二位停止位，而要与 51 单片机连接，编程都很复杂。这个问题其实很简单，只要设置好 51 单片机的 SCON 的值就可轻松实现。将 SCON 寄存器的 REN 设置为 1，即串口传输为 9 位，TB8 实质为 1，即串口接收为 9 位，RB8=1 接收数据的第 9 位被锁存到 RB8，这样就可与二位停止的数据通信。

如将 SCON=0xDC，这里 REN=1，TB8=1，RB8=1，模式 3 可变波特率。这里使用的单片机是 ADuC831。

具体程序如下：

```
void InitUART(void)
{
    TMOD = 0x21;
    SCON = 0xDC;
    TH1 = 0xFD;
    TL1 = TH1;
    PCON = 0x00;
    EA = 1;
    ES = 1;
    TR1 = 1;
}
```

4.2 软办法解决硬问题

4.2.1 可用串口搜索

硬件工程师经常会用到串口，这个相信大家都不陌生。计算机上往往只有一个“原生”的串口，笔记本电脑上就没有串口，所以可用 USB 转串口的方法。由于 USB 转串口插在计算机不同的 USB 端口，所得到的串口号是不一样的。如果在现场使用了 USB 转串口，用户在使用中更换了 USB 插口的位置，端口号将改变，从而会导致无法通信。在编写上位机程序时，最好能有串口搜索的功能，即使用户更改了串口的位置，也能通过搜索串口的方法，找新的串口，再与外部通信，使其正常工作。

这里以 VB6.0 为例编写查询代码，以最简单的形式呈现出来，供大家参考。

编程时，只需要添加一个 List 列表框，Command 按钮，串行通信控件 MSComm，就可以达到其目的了。当然，不要忘了在“部件”里勾选图 4.6 所示选项。做成的小软件如图 4.7 所示。运行后，单击“搜索”按钮，就会显示出可用串口号，如果串口已被其他程序占用，将不会显示。这里只给出方法，在具体项目里可参考此处的代码。

具体程序如下：

```
Private Sub Command1_Click()
On Error Resume Next
For i = 1 To 10                    '查询总数
MSComm1.CommPort = i
MSComm1.PortOpen = True
If Err.Number = 0 Then
  List1.AddItem "COM"& i
End If
MSComm1.PortOpen = False
Err.Clear
Next i
End Sub
```

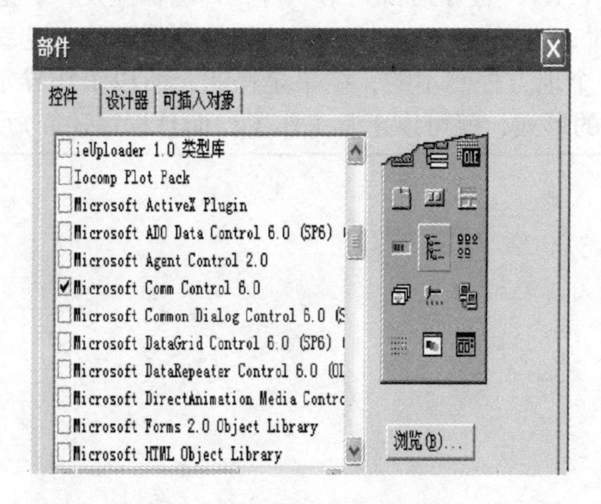

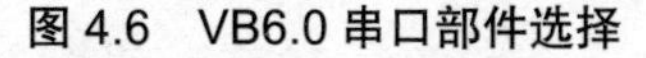
图 4.6　VB6.0 串口部件选择

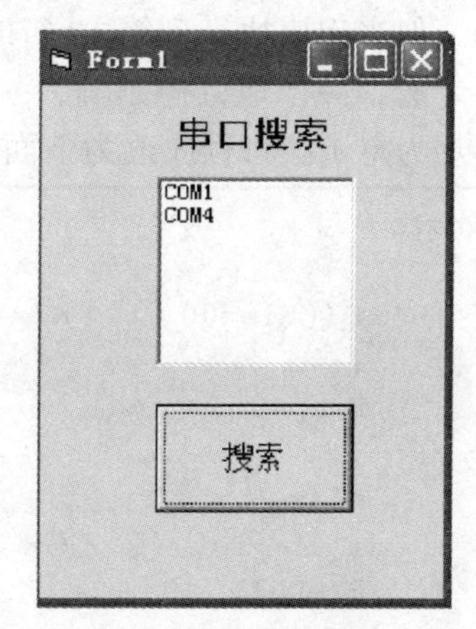

图 4.7　串口搜索

4.2.2　蜂鸣器工作异常的原因

两个按键 K1、K2，当按下任意一个后，蜂鸣器 Beep 都要求发声。按键 K1、K2、蜂鸣器各与一个 I/O 接口连接。用下面的程序控制。

```
1.while(1)
2.{
3.   if(K1==0)
4.     {
5.    Beep=1;     //蜂鸣器响
6.      }
7.    else
8.     {
9.    Beep=0;     //蜂鸣器不响
10.    }
11.  if(K2==0)
12.    {
13.     Beep=1;    //蜂鸣器响
14.    }
15.     else
16.    {
17.     Beep=0;    //蜂鸣器不响
18.    }
19.  }
```

先看上一看，你觉得这段程序能否达到要求呢？实际情况是不能正常工作（硬件连接没有问题）。假设只按下K1，程序运行到第5行，蜂鸣器应发声，这是对的。但当程序执行到第17行时，由于K2并未按下，控制蜂鸣器不响，这就出现了矛盾，一个地方控制响，一个地方控制不响，结果是怪叫，所以工作异常也就不足为奇了。将程序改为下面的形式，就可以正常工作了，而且程序还简短。

```
while(1)
{
      if((K1==00)||(K2==0))
       {
       Beep=0;
       }
       else
       {
       Beep=1;
      }
}
```

4.2.3 如何让软件和硬件成为“亲亲一家人”

“人剑合一”是武之最高境界，旨在说明人对剑的了解，同样的也有“人车合一”等“合一”的最高境界。软件和硬件不是“外姓人”，如果没有很好的配合，那就会“骨肉分离”，特别是嵌入式系统里，软硬件的是密不可分的，是“亲亲一家人”。举例说明，在驱动继电器时，我们总是在指令执行后，给出一个延时，等稳定以后再进行下一个动作，按键程序也是这样，得等待按键消抖等。下面给出一个实例说明软件的硬件配合方法。

图 4.8 是一个电流检测电路，先简单解释一下电路工作过程。CT1 是电流互感器，经 U2A、U2B 全波整流后进入电子开关 J5, 然后滤波，送的单片机 A-D 转换。VT1 是用于判断电流互感器的 A-D 值为“0”时是短路、断路，还是电流本就是“0”，如果不清楚没有关系，这里主要不是来说明工作原理的，要知道这个电路的原理，可参见本书 5.1.4 节。

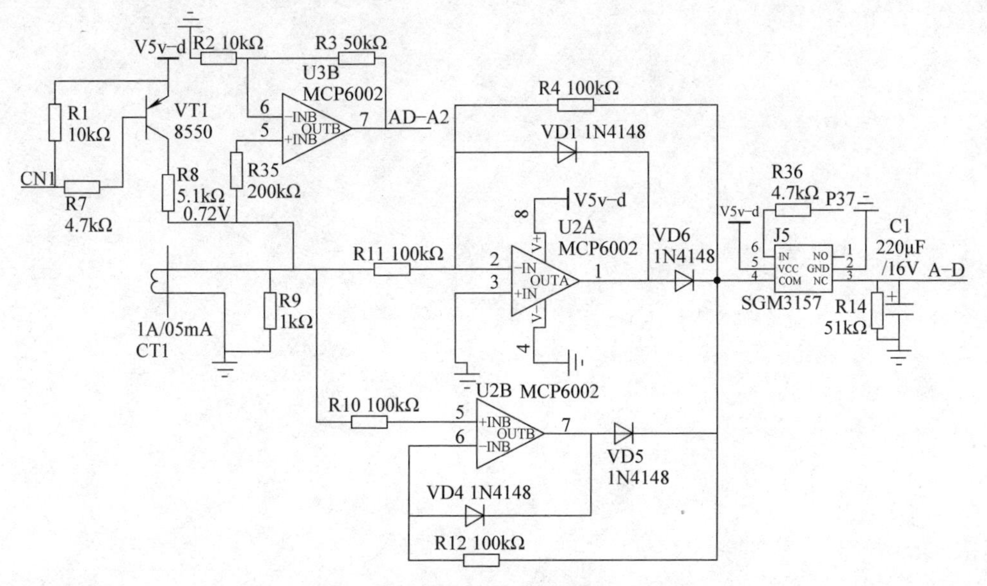

图 4.8　电流检测电路

当电路径 A-D 转换得到“0”值时，有短路、断路、电流本就是“0”三种可能，为了区分这三种情况，用 VT1 来完成。当检测到 A-D 值为“0”时，进行判断，CN1 置低电平，VT1 导通，强加 5V 电压到 R11 处，此时，电子开关应该是关闭的，不然这个强加的电压将在电容 C1 上有个电压，这个电压会影响到下一次的读取（不是电流互感器的电流），在 CN1 置高后，再将电子开关打开，进行下次读取，按理应该可以完成了。但是，这样做的结果是仍然不对，是程序不对吗？程序逻辑上没有错，问题出在哪里呢？这个问题如果在计算机上做高级语言就不是个问题，但嵌入式系统里，就得照顾硬件的特性，因为电子开关前面的电路还没有彻底放电，这时“心急火燎”地切换，仍然会在电容 C1 上有电压从而影响下一次测量，所以得延时，CN1 置高以后，延时一个适当的时间后再开通电子开关，就可以消除异常。

嵌入式软件要“照顾”和“适应”硬件，硬件也要给软件提供一个可靠的“舒适”和“安逸”的“环境”（不受干扰），才能做到“软硬合一”。

第 5 章

五花八门的通信

在本章中，列举了一些常见的通信方式，但对每一个通信方式又不能非常详细讲解，像CAN通信，要讲清楚需要一本书。这里仅把一些基本的通信原理进行简要介绍。本章把实际使用作为重点，并罗列出一些在实际中使用过的程序（虽然占篇幅，或许正是读者想要的），供大家参考。

5.1 通信方式简介

5.1.1 常用通信方式

常用的通信方式从不同的角度有不同的分法，从通信方式来说分有线和无线；按通信距离分，有长距离和短距离；按速度来分有低速和高速之分。但最常用的无非就是 UART、SPI、RS232、RS485、CAN、IIC、ZigBee、TCP/IP 等。

5.1.2 通信方式的选择

通信方式要根据距离、环境、速率、功耗、造价、具体现场等情况而定。如果是单片机内部，就可以用 UART。如果单片机要和具有 SPI 通信方式的芯片或模块通信，那就只能用 SPI 了，这种情况，就只能适应，不要企图去改变。如果通信距离在 1000m 以内，可以用 RS485 或 CAN 总线。如果设备在计算机附近，要与计算机通信可以选择 RS232 方式。如果现场布线困难，那就可以采用无线通信的方式。如果要把数据传到“天涯海角”，速度要求比较高，就可以考虑 TCP/IP 的方式。如果距离远，速度要求不高，需要低功耗时，可以采用 NB-IoT。要做到“因地制宜”的话，当然还需要考虑现场的实际情况，如无线干扰严重的场合，就得尽量避免使用无线通信方式，必要时可以先弄两个无线收发模块到现场先测试再作决定。

5.2 有线通信

5.2.1 IIC 与 SPI 总线

IIC 也就是我们通常所说的 I^2C，也有写成 I2C 的。比如 AT24C02 就是 I^2C 的通信方式，而 74HC595 就是采用 SPI 的通信方式，IIC、SPI 都是很常见的通信方式。

IIC 的数据输入输出用的是同一根线，SPI 则分为 data IN 和 data OUT，它们都有 1 根时钟线。IIC 共需两根线，SPI 共需三根线，此外还需要 1 根地线和电源正极。由于这个原因，采用 IIC 时 CPU 的端口占用少。但是由于 IIC 的数据线是双向的，所以要采用隔离时，就比较复杂，SPI 则比较容易。 所以系统内部通信可用 IIC，若要与外部通信则最好用 SPI 带隔离，以提高抗干扰能力。但是 IIC 和 SPI 都不适合长距离传输。

SPI 总线由三条信号线组成：串行时钟（SCLK）、串行数据输出（SDO）、串行数据输入（SDI）。SPI 总线可以实现多个 SPI 设备互连。提供 SPI 串行时钟的

SPI 设备为 SPI 主机或主设备（Master），其他设备为 SPI 从机或从设备（Slave）。主从设备间可以实现全双工通信，当有多个从设备时，还可以增加一条从设备选择线来选中不同的设备。

IIC 总线是双向、两线（SCL、SDA）、串行、多主控（multi-master）接口标准，具有总线仲裁机制，非常适合在器件之间进行近距离、不频繁的数据通信，比如 AT24C02 读取与保存。在它的协议体系中，传输数据时都会带上目的设备的设备地址，因此，可以实现多个设备并联使用。一些单片机内部已集成 IIC 通信，只需设置好就可以使用。但这里为了更好地理解 IIC 通信原理，后面低出了模拟 IIC 通信的代码。

SPI 是串行外设接口（Serial Peripheral Interface）的缩写。SPI 总线是一种高速的，全双工，同步的通信总线，并且在芯片的引脚上只占用 4 根线，节约了芯片的引脚，同时为 PCB 的布局节省空间提供了方便。正是出于这种简单易用的特性，如今越来越多的芯片集成了这种通信协议，比如 AT91RM9200。

SPI 的通信原理很简单，它以主从方式工作，这种模式通常有一个主设备和不止一个从设备，需要至少 4 根线，即数据输入 SDI、数据输出 SDO、时钟 SCLK、片选 CS。片选 CS 是控制芯片是否被选中的，也就是说只有片选信号为预先规定的使能信号时（高电位或低电位），对此芯片的操作才有效，这样就允许在同一总线上连接多个 SPI 设备成为可能。

通信是通过数据交换完成的，这里先要知道 SPI 是串行通信的，也就是说数据只能一位一位地传输，这就是要使用 SCLK 时钟线的原因，有了时钟线才能做到"步调一致"。由 SCLK 提供时钟脉冲，SDI、SDO 则基于此脉冲完成数据传输。数据输出通过 SDO 线，数据在时钟上升沿或下降沿时改变，在紧接着的下降沿或上升沿被读取。完成一位数据传输，输入也使用同样原理。这样，在至少 8 次时钟信号的改变，才可以完成 8bit 数据的传输。

需要注意的是，SCLK 信号线只由主设备控制，从设备不能控制信号线。同样，在一个基于 SPI 的设备中，至少有一个主控设备。这种传输方式与普通的串行通信不同，普通的串行通信一次连续传送至少 8 位数据，而 SPI 只允许数据一位一位地传送，甚至允许暂停，因为 SCLK 时钟线由主控设备控制，当没有时钟跳变时，从设备不采集或传送数据。也就是说，主设备通过对 SCLK 时钟线的控制可以完成对通信的控制，主设备可以控制传输的"节奏"。不同的 SPI 设备其实现方式不尽相同，主要是数据改变和采集的时间不同，在时钟信号上沿或下沿采集有不同定义，具体应参考相关器件的文档。

最后，SPI 接口的一个缺点是：没有像 RS232 那样指定的流控制，没有应答机制确认是否接收到数据。

SPI 的片选可以连接最多 16 个设备。

模拟 I2C 通信方式的程序代码如下：

```
uchar I2CSendData(uchar s[],uchar n)
{
uint i;
  I2C_Start();          //启动 I2C
SendData(0x80);         //发送器件地址
  Test_Ack();
  if(flag==0) return(0);
  for(i=0;i<n;i++)
  {
    SendData(s[i]);
     Test_Ack();
    if(flag==0) return(0);
  }
  I2C_Stop();
  return(1);
}
//..................................
//名称：I2C_Start
//功能：启动 I2C
//输入：无
//返回：无
//..................................
void I2C_Start()
{
SDA=1;
  delay(); //延时要足够长 此单片机为 1T 单片机，机器周期 =12s/ 晶振频率
  delay(); //之前用的单片机一个指令周期为 12 次的晶振振荡频率，现在是晶振振荡一
           //次指令周期为一次，AT89C52 的单片机振荡 12 次为指令周期的一次
  SCL=1;
  delay(); //所以这里延时需加长
  delay();
  SDA=0;
  delay();
  delay();
  delay();
  SCL=0;      //钳位 I2C 总线，准备发送数据
}
//..................................
//名称：I2C_Stop
//功能：停止 I2C
//输入：无
//返回：无
//..................................
```

```
void I2C_Stop()
{
   SDA=0;
  delay();
  delay();
   SCL=1;
  delay();
  delay();
  delay();
  delay();
  SDA=1;
}
//..................................
//名称:Test_Ack()
//功能:检测应答位
//..................................
bit Test_Ack()
{
  SCL=0;
  delay();
  SDA=1;        //读入数据
  delay();
  SCL=1;
  delay();
  if(SDA==0)
  flag=1;
  else flag=0;
  SCL=0;
  return(flag);
}
//..................................
//名称:SendData()
//功能:发送一字节数据
//输入:buffer
//返回:
//..................................
void SendData(uchar buffer)
{
  uintBitCnt=8;//一字节8位
  uint temp=0;
  do
   {
      temp=buffer;
      SCL=0;
    // delay();
```

```
        if ((temp&0x80) ==0)        // 判断最高位是 0 还是 1
        {
             SDA=0;
        }
        else
        {
             SDA=1;
        }
         delay();
         delay();
        SCL=1;
       // delay();
        temp=buffer<<1;
        buffer=temp;
        BitCnt..;
    }
    while(BitCnt);
    SCL=0;
}
//---------------------------------
74HC595 的 SPI 示意性代码
//---------------------------------
//              spi.c
//---------------------------------
#include<stdio.h>
#include <intrins.h>
#include <absacc.h>
#include <ADuc831.h>
#define  uchar  unsigned char
#define  uint   unsigned int
#define  NOP     _nop_()
//---------------------------------
//       数码管驱动引脚定义
//---------------------------------
sbit  SER=P2^1;          //595 串行数据输入 P2^1
sbit  SCK=P2^2;          //595 移位时钟 P2^2
sbit  RCK=P2^3;          //595 数据输出控制  P2^3
//----------------------------------
void IN595(ucharsegdata)       // 输入一字节数码管数据进 595
{
    uchar i,temp;
    temp=seg[segdata];
   for(i=0;i<8;i++)            // 循环移入 8 位数据，
  {
    SCK=0;
```

```
        SER=temp&0x80;          // 取数码的最高位
        temp=temp<<1;
        SCK=1;                  // 上升沿把一位数据移入 595
    }
}
```

5.2.2　RS232、UART 通信与实际应用技巧

RS232 是美国电子工业协会 EIA（Electronic Industry Association）制定的一种串行物理接口标准。RS232 总线标准设有 25 条信号线，包括一个主通道和一个辅助通道。在多数情况下主要使用主通道，对于一般双工通信，仅需 3 条信号线即可实现，如一条发送线、一条接收线及一条地线。图 5.1 为 RS232 连接头。表 5.1 为 9 芯 RS232 的引脚定义。

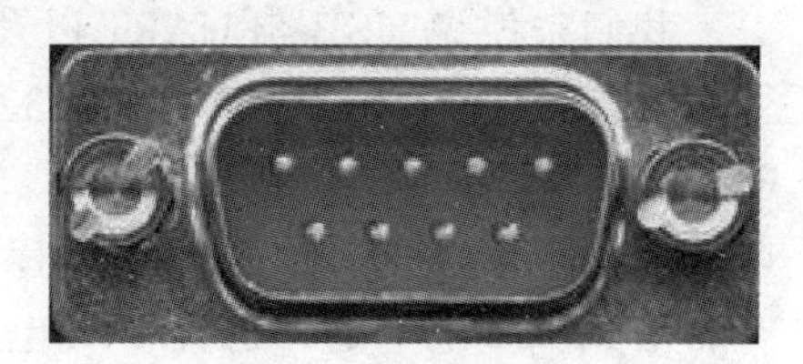

图 5.1　RS232 接头

表 5.1　RS232 引脚定义

针脚	信号	定义
1	DCD	载波检测
2	RXD	接收数据
3	TXD	发送数据
4	DTR	数据终端准备好
5	SGND	信号地
6	DSR	数据准备好
7	RTS	请求发送
8	CTS	清除发送
9	RI	振铃提示

RS232 标准规定的数据传输速率通常为 50bit/s、7bit/s、100bit/s、150bit/s、300bit/s、600bit/s、1200bit/s、2400bit/s、4800bit/s、9600bit/s、19200bit/s、38400bit/s 等。由于 RS232 通信速率受传输线的影响，它的一个特点是传输线上能支持的最高频率是有限的。

RS232 标准规定，驱动器允许有 2500pF 的电容负载，通信距离将受此电容限制。例如，采用 150pF/m 的通信电缆时，最大通信距离为 15m；若每米电缆的电容量减小，通信距离可以增加。传输距离短的另一原因是 RS232 属单端信号传送，存在共地噪声和不能抑制共模干扰等问题，因此，一般用于 20m 以内的

RS232(9针)接口通信。具体通信距离还与通信速率有关，速率越高，距离越短。例如，在9600bit/s时，普通双绞屏蔽线时，距离可达30~35m。

RS232的缺点：接口的信号电平值较高，接口电路的芯片容易损坏，需要与TTL电平连接时，还需要专门的RS232芯片；传输速率较低，在异步传输时，波特率为20 kbit/s;传输距离有限，最大传输距离为50ft㊀，实际上也只能用在15m左右。

通常为51单片机下载程序都通过RS232。但现在的笔记本电脑上根本没有RS232接口，所以采用USB口转换成RS232的方法。

我们来说说USB与UART以及RS232与UART的转换。先记住，RS232必须与RS232对接，双方都有RS232芯片。然后就可以轻松地弄明白转换过程。RS232芯片一边是RS232电平外，另一边就是TTL电平，TTL电平往往都是与单片机相连，计算机原生RS232接口输出的是RS232电平，USB转RS232输出有的是RS232电平的，也有TTL电平，这个要区分开。

图5.2为RS232数据线，一般在台式计算机上都有RS232连接头，连接端为公头，这里出来是RS232电平，计算机上的公头与数据线的母头连接。数据线的另一端为公头，如果要与单片机连接，那么不能与UART的TTL电平连接，单片机的TTL电平必须转换成RS232电平才能与计算机上的RS232相连，这就需要RS232芯片，将单片机的TTL电平转换为RS232电平。图5.3的为USB转RS232数据线，9针接头为RS232电平，它和台式计算机的RS232是一样的，都是RS232电平。与单片机连接接时，也要用RS232芯片将单片机UART的TTL电平转换成RS232才行。

图5.2　RS232数据线

图5.3　USB转RS232

工程师们在设计调试时，大多数不需要RS232通信，只是为了调试和下载程序才与计算机连接。这时我们就可以采用图5.4的连接头与计算机的9针RS232接口连接，它是将RS232电平转换为TTL电平的接头，单片机部分就不用RS232芯片了，这种方法比USB转TTL可靠得多，毕竟是原生的，但在笔记本电脑上不能用。图5.5是USB转TTL接头，功能与图5.4类似，适合在笔记本电脑上使用，USB转TTL需要在计算机上安装驱动程序。

㊀　1ft = 0.3048m，后同。

图 5.4　RS232 转 TTL 电平　　　　图 5.5　USB 转 TTL 电平

5.2.3　用途广泛的 RS485 通信与现场应用

对于 RS485 通信而言，它只是一个物理层，不是通信协议，没有规定的通信格式等，以 RS485 为物理层的通信协议有很多，如 MODBUS, 它有以下特点：

1）RS485 的电气特性：逻辑“1”以两线间的电压差为 +（2~6）V 表示；逻辑“0”以两线间的电压差为 -（2~6）V 表示。

2）RS485 的数据最高传输速率为 10Mbit/s。

3）RS485 接口是采用平衡驱动器和差分接收器的组合，抗共模干能力强，即抗噪声干扰性好。

4）RS485 接口的最大传输距离标准值为 4000ft，实际使用时不低于 1000m（当然这也会受到通信电缆、收发器个数等的影响），可连接多个收发装置。

5）RS485 的通信只能实现问答式，没有像 CAN 那样的优先级等。

由于 RS485 是一个物理层，用在单片机电路里需要使用 RS485 芯片，如 MAX485，它的电压为 5V，如果需要宽电压可以选用 MAX3485。

图 5.6 是 RS485 的通信电路，RXD、TXD、DIR 与单片机相连，DIR 用于收发控制。如果单片机资源不够或为了程序简单，可以采用图 5.7 的带自动收发转换的电路，它是由 R1、R2、R3、VT1 完成收发转换的，这种方法也是成品 RS232 与 RS485 转接器使用的方法。

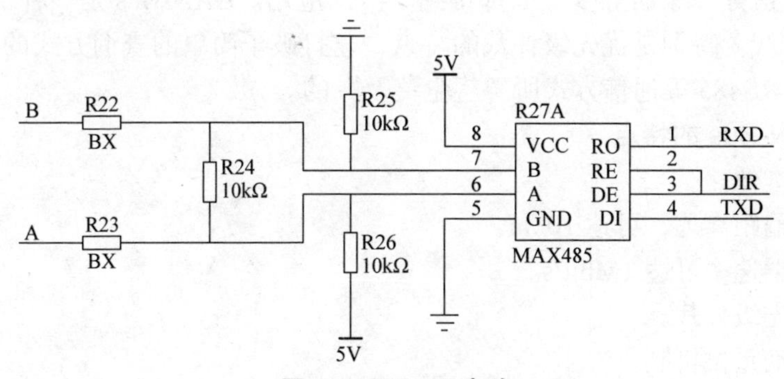

图 5.6　RS485 电路

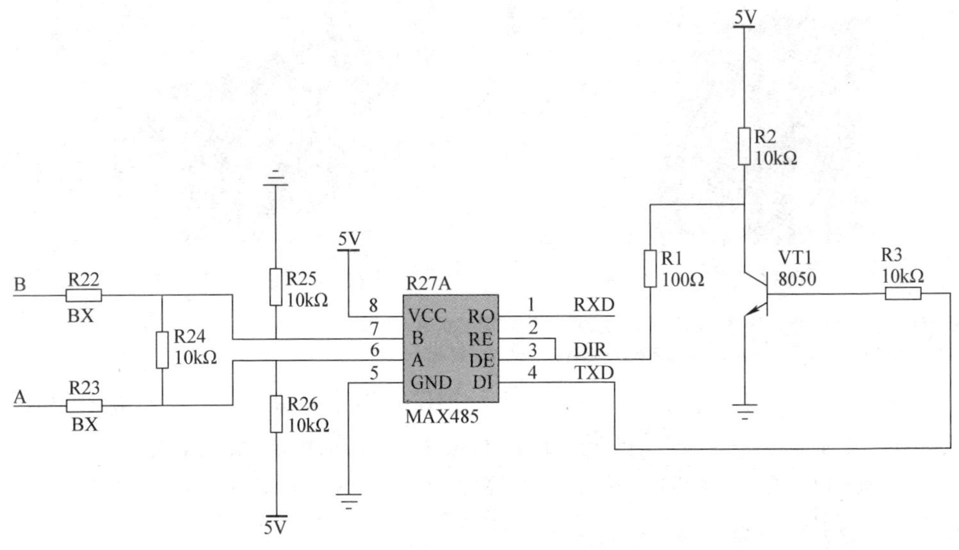

图 5.7　自动实现收发转换的 RS485 电路

如果需要与计算机连接，可以买一个图 5.8 所示的接头，它可以直接将 USB 转换成 RS485。

RS485 的线路连接与抗干扰等方法与 CAN 总线通信基本相同。

图 5.8　RS485 转换接头

5.2.4　有优先级的 CAN-Bus 通信

控制器局域网总线（Controller Area Network Bus，CAN-Bus），是 ISO 国际标准化的串行通信协议，是专门为汽车应用而开发的局域网络，用于对汽车的监控，采用单一的网络线，而且是多个设备并接上去的总线，线路简单。其传输速率可达 1Mbit/s，可实现低成本、高可靠性的通信控制。不仅在汽车，而且在工控、机械、医疗、家居等多方面都得到了广泛应用。CAN-Bus 是一种性能非常优异的通信总线。特别是优先级仲裁的特点，它打破了简单的查询方式的通信方式，是 RS232、RS485 等通信方式所“望尘莫及”的。

1. CAN-Bus 的特点

1）成本低。

2）传输距离远，可达 10km。

3）数据速率可达 1Mbit/s。

4）优先级仲裁。

5）自动重发机制。

6）节点互不影响。

7）与 MCU 串行通信。

8）节点数多。理论上讲，CAN 总线上的节点数几乎不受限制，可达 2000 个，实际上受电气特性的限制，能连接 100 多个节点。

2. CAN-Bus 通信原理

CAN-Bus 以广播的方式从一个节点向另一个节点发送数据，当一个节点发送数据时，该节点的 MCU 把将要发送的数据和标识符发送给本节点的 CAN 收发芯片，并使其进入准备状态，一旦该 CAN 芯片收到总线分配，就变为发送报文状态，将要发送的数据组成规定的报文格式发出。此时，网络中其他的节点都处于接收状态，所有节点都要先对其进行接收，通过检测来判断该报文是否是发给自己的。判断为自己是接收的就将其接收处理，不是自己的则不接收，只给出应答信号，这个过程也称为滤波，芯片滤波器用来设置自己的 CAN 地址。

由于 CAN-Bus 是面向内容的编址方案，因此容易构建控制系统对其灵活地进行配置，使其可以在不修改软硬件的情况下向 CAN-Bus 加入新节点。

CAN-Bus 采用不归零码位填充技术，也就是说 CAN-Bus 上的信号有两种不同的信号状态，分别是显性的逻辑 0 和隐性的逻辑 1，信号每一次传输完成后不需要返回到逻辑 0（显性）的电平。

可以看到图 5.9 中的当第一段为隐性，CAN_H 和 CAN_L 电平几乎一样，也就是说 CAN_H 和 CAN_L 电平很接近甚至相等时，总线表现为隐性，而两线电位差较大时表现为显性。

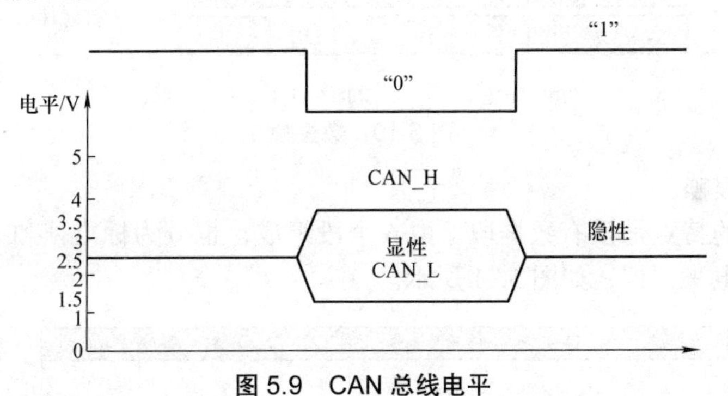

图 5.9　CAN 总线电平

电平定义如下：

CAN_H-CAN_L < 0.5V 时为隐性，逻辑信号表现为逻辑"1"，即高电平。

CAN_H-CAN_L > 0.9V 时为显性，逻辑信号表现为逻辑"0"，即低电平。

差分信号和显隐性之间的对应关系见表 5.2。

表 5.2　CAN 总线电平表

状态	逻辑信号	电压范围
显性 Dominant	0	CAN_H-CAN_L ＞ 0.9V
隐性 recessive	1	CAN_H-CAN_L ＜ 0.5V

3. CAN 总线报文消息机制

CAN 总线的报文格式，包括数据帧、远程帧、过载帧、错误帧。标准帧具有 11 位标识符，扩展帧具有 29 位标识符。

数据帧：数据帧将数据从发送端传输到接收端。

远程帧：总线单元发出远程帧，请求发送具有同一标识符的数据帧。

错误帧：任何单元检测到总线错误就会发出错误帧。

过载帧：过载帧用在相邻数据帧或远程帧之间，为减轻过载提供附加的延时，以保障速度上的配合。

（1）数据帧

数据帧由 7 个段组成，根据数据仲裁段 ID 长度的不同，称为标准帧 CAN2.0A 和扩展帧 CAN2.0B，如图 5.10 所示。

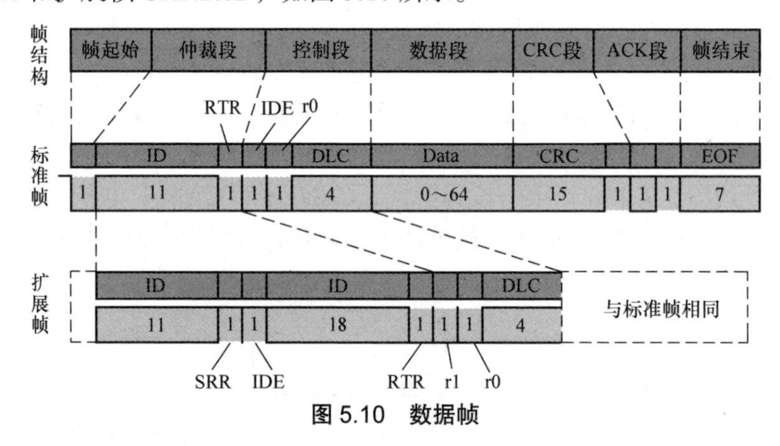

图 5.10　数据帧

（2）远程帧

远程帧的特点是没有数据段，由 6 个段组成，也分为标准帧和扩展帧，它的 RTR 为隐性电平“1”，如图 5.11 所示。

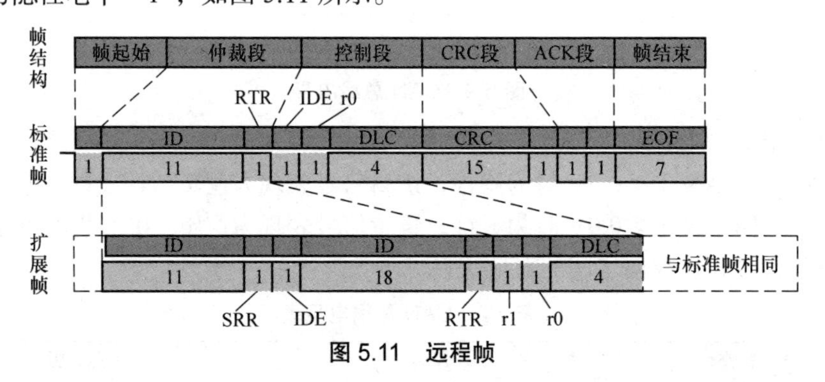

图 5.11　远程帧

（3）过载帧

当节点还没有准备好接收下一帧数据时，就发送过载帧通知发送节点，发送点就可以延时再发送。过载帧由过载标志和过载帧界定符组成，如图 5.12 所示。

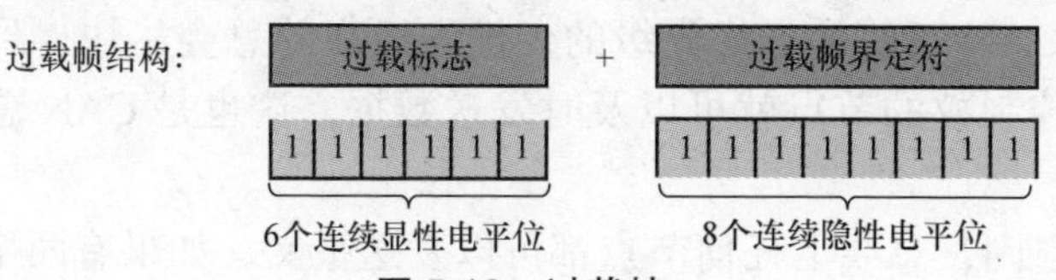

图 5.12　过载帧

（4）错误帧

当出现格式错误、应答错误、位发送错误、CRC 错误或位填充错误时，发送或接收节点将发送错误帧，如图 5.13 所示。

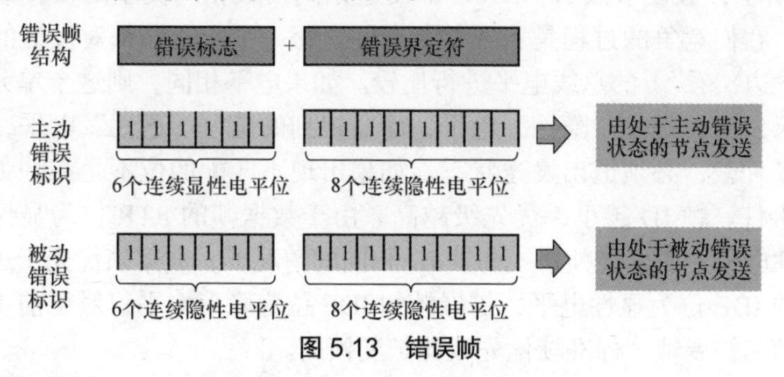

图 5.13　错误帧

（5）帧间隔

帧间隔用于将数据帧和远程帧和它们之前的帧分开。但过载帧和错误帧前面不会插入帧间隔，如图 5.14 所示。

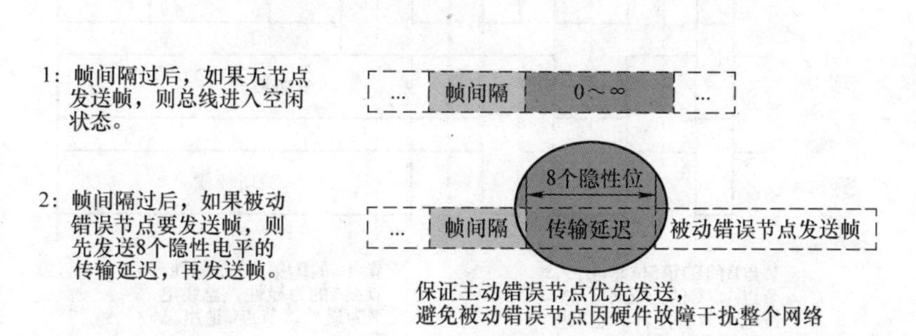

图 5.14　帧间隔

4. CAN 仲裁机制

在 CAN 通信报文中，数据帧、远程帧中有一个非常重要的概念，就是仲裁机制。我们知道像 RS485 的通信，分为主从通信方式，有问有答的模式，没有优先级的概念，即使是报警，也得由主站询问是否有报警，不得主动报警，没有询问是不能报警的。这种采用轮询的方式，缺点是很明显的，紧急的信息得不到及时的响应。而 CAN 通信是有优先级的，优先级高的总会尽快得到对总线的控制权，得到总线控制权的节点就可以及时发送数据，这也是 CAN 总线最为的突出优点。

只要总线空闲，总线上任何节点都可以发送报文，如果有两个或两个以上的节点开始传送报文，那么就会有总线访问冲突的问题。但是 CAN 使用了标识符的逐位仲裁方法就解决了这个问题。

我们分别用 3 个节点来说明总线仲裁的过程，看看这个“官司”谁能打赢。如图 5.15 所示，假设节点 A、B、C 都发送相同格式相同类型的帧，如标准格式的数据帧，它们竞争的过程是：在仲裁期间，每一个发送器都对发送的电平与被监控（边发边“看”）的总线电平进行比较。如果电平相同，则这个单元可以继续发送。如果发送的是一“隐性”电平，而监视到的是一“显性”电平，那么这个节点失去了仲裁，必须退出发送状态。如果出现不匹配的位不是在仲裁期间，则产生错误事件。帧 ID 越小，优先级越高。由于数据帧的 RTR 位为显性电平，远程帧为隐性电平，所以在帧格式和帧 ID 相同的情况下，数据帧优先于远程帧。由于标准帧的 IDE 位为显性电平，扩展帧的 IDE 位为隐形电平，对于前 11 位 ID 相同的标准帧和扩展帧，标准帧优先级比扩展帧高。

若在同一时刻，标准格式的报文与扩展格式的报文同时抢占总线，且它们的基础 ID 相同，则发标准格式的报文节点就会仲裁成功。

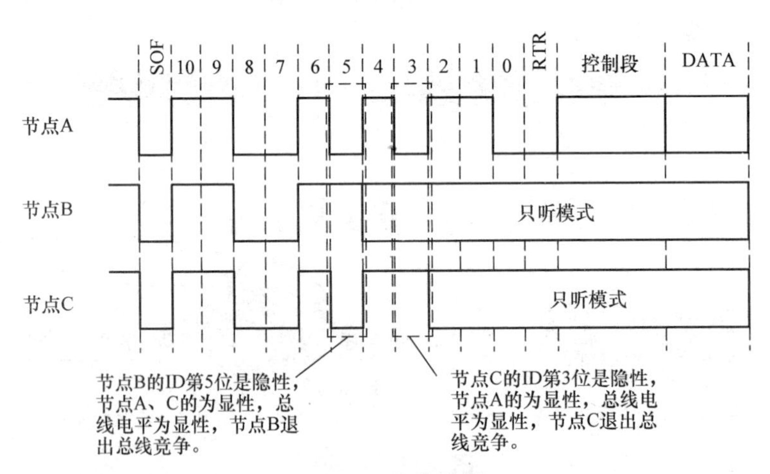

图 5.15　总线仲裁

5. CAN 硬件结构

CAN 总线元件的结构有两种：一种是 MCU+ 独立 CAN 控制器 +CAN 收发器；另一种是 MCU 自带 CAN 控制器 +CAN 收发器，如图 5.16 所示。

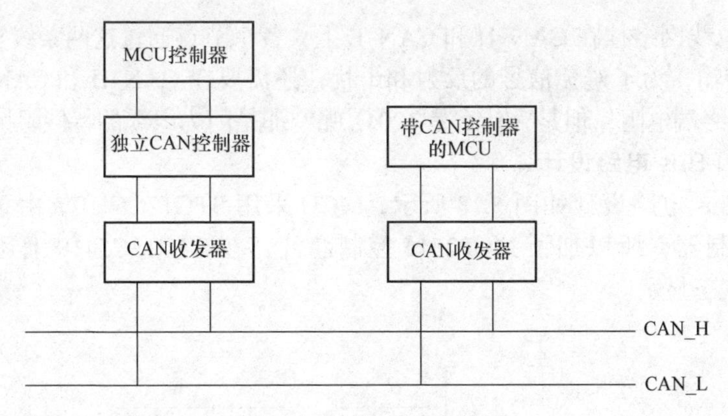

图 5.16　CAN 总线结构图

6. CAN 控制器

CAN 控制器是用来与 MCU 连接的器件，由它完成一系列的通信，如发送标准帧、扩展帧、远程帧，以及过滤不想要的报文，减轻 MCU 的负担。

通常采用MCP2515 芯片完成控制功能，它是一款独立控制器局域网络（Controller Area Network，CAN）协议控制器，完全支持 CAN V2.0B 技术规范。其能发送和接收标准帧、扩展数据帧以及远程帧。MCP2515 自带的两个验收屏蔽寄存器和 6 个验收滤波寄存器，可以过滤掉不想要的报文，减少了单片机的开销。MCP2515 与 MCU 的连接是通过标准串行外设接口 SPI 来实现的。

7. CAN 收发器

CAN 收发器就像是 RS485 的芯片一样，即从 CAN 控制器或带有 CAN 控制器的 MCU 输出逻辑电平到 CAN 收发器，然后经过 CAN 收发器内部转换将逻辑电平转换为差分信号输出到 CAN 总线上，CAN 总线上的节点都可以决定自己是否需要总线上的数据。常用的 CAN 收发器芯片如 TJA1050，其引脚定义如图 5.17 所示，引脚功能见表 5.3。

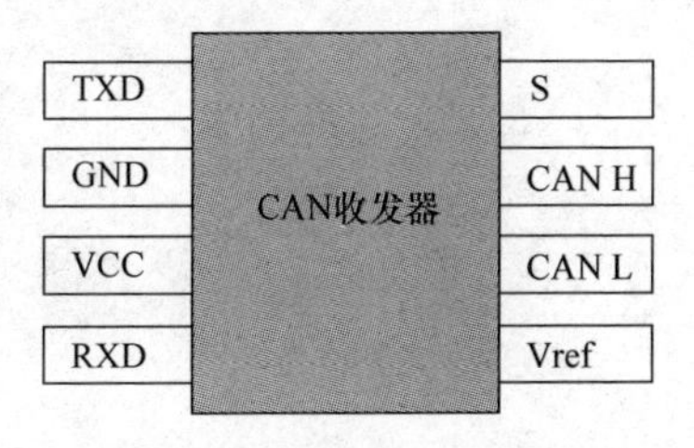

图 5.17　CAN 收发电路

表 5.3　CAN 收发器引脚功能

助记符	引脚	描述
TXD	1	发送数据输入
GND	2	接地
VCC	3	电源
RXD	4	接收数据输入
Vref	5	参考电压输出
CAN L	6	低电平 CAN 总线
CAN H	7	高电平 CAN 总线
S	8	选择进入高速模式还是静音模式

CAN 总线网络挂在 CAN_H 和 CAN_L 上，各个节点通过这两条线实现信号的串行差分传输，为了避免信号的反射和干扰，还需要在 CAN_H 和 CAN_L 之间接上 120Ω 的终端电阻，但是为什么是 120Ω 呢？那是因为电缆的特性阻抗为 120Ω。

8. CAN-Bus 电路设计

CAN-Bus 电路设计如图 5.18 所示，MCU 采用 STC12C5410，由于它内部没有 CAN 控制器，所以加了 MCP2515 控制芯片，在 STC12C5410 上还接有两个 LED 用作状态显示。

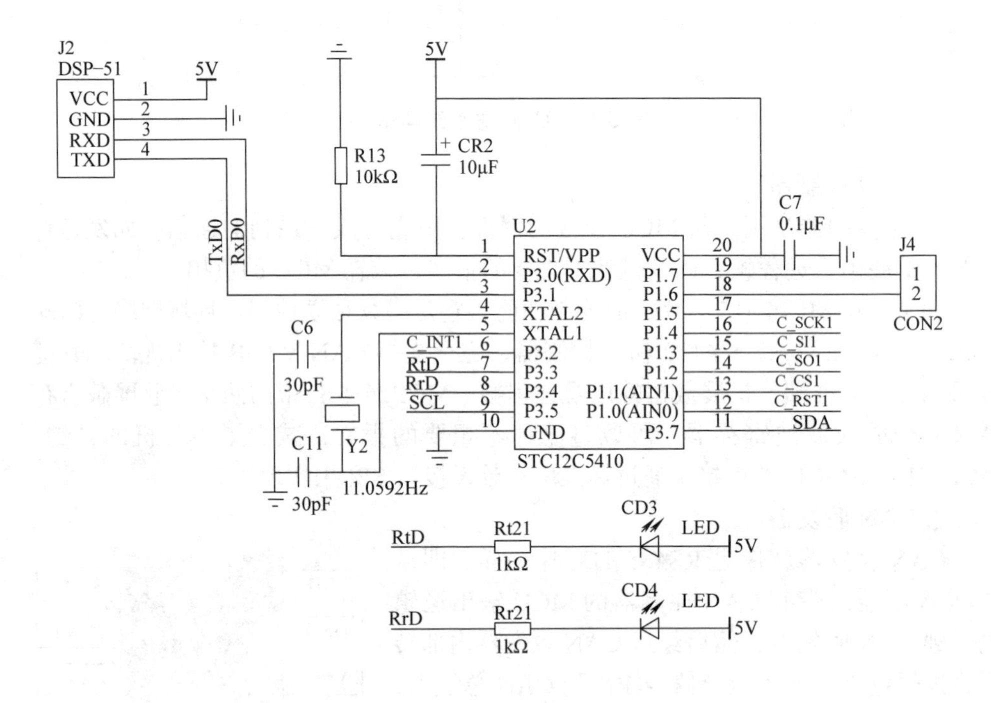

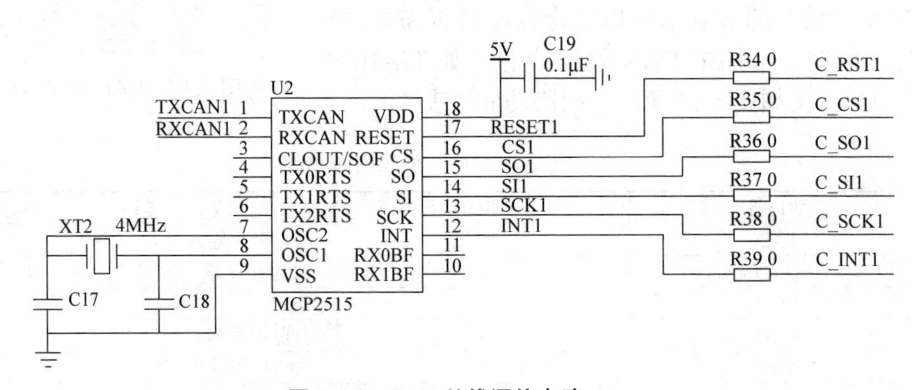

图 5.18　CAN 总线通信电路

收发器电路如图 5.19 所示，采用比较常见的 TJA1050，外加 ESD 保护。在实际使用时，可以再增加一些保护，如自恢复保险、TVS 等。

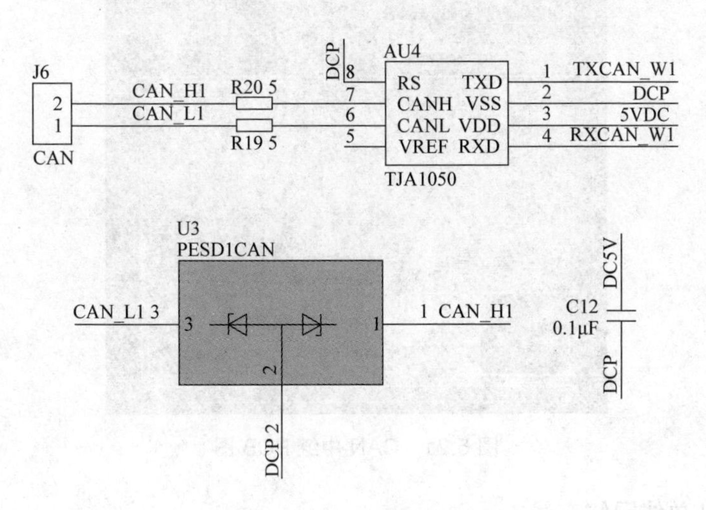

图 5.19　CAN 收发器电路

图 5.20 是光电耦合器隔离电路。光电耦合器也可以选用其他型号，只要保证速度跟得上就行。图 5.21 是一个实际使用的 CAN 中继 PCB 图。

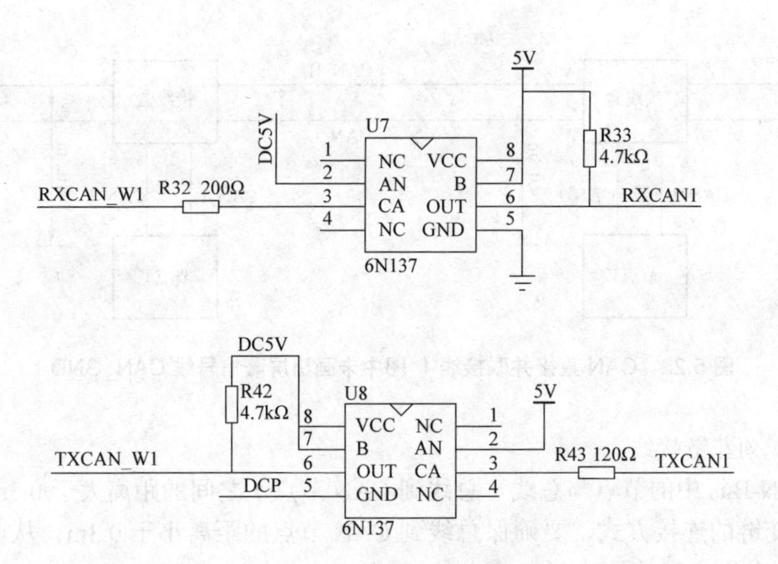

图 5.20　光电耦合器隔离电路

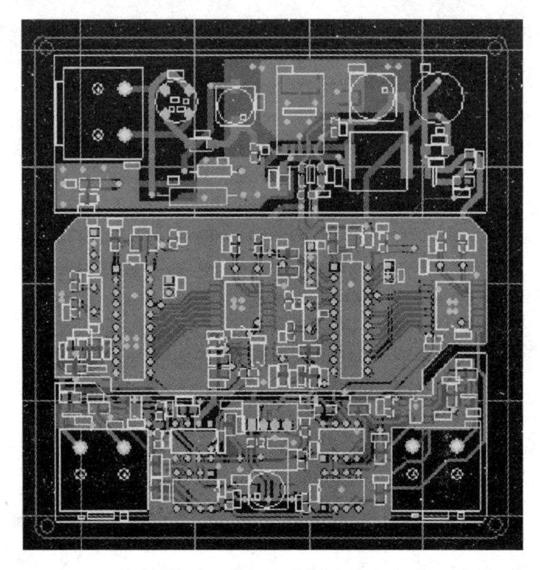

图 5.21　CAN 中继 PCB 图

9. CAN 总线网络布线

（1）直接并联接线

CAN-Bus 中的节点与总线（总线到 CAN 节点）之间的距离小于 0.3m 时（这一点很重要，如果超过 0.3m，可能导致通信距离短等状况），可以直接采用 T 字形并联布线，如下图 5.22 所示。

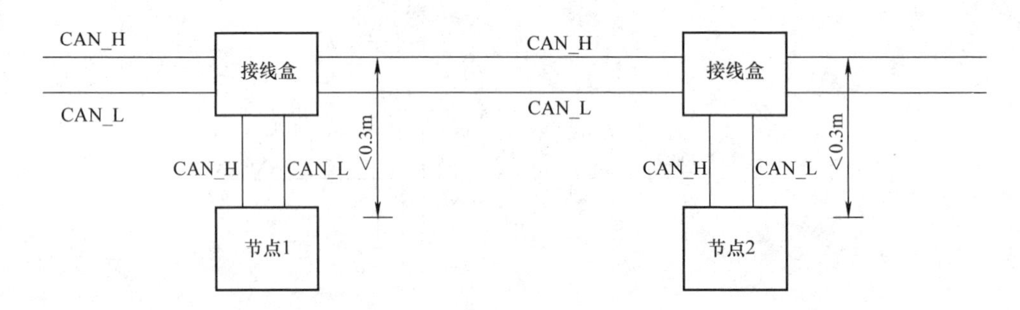

图 5.22　CAN 直接并联接线（图中未画出屏蔽信号线 CAN_GND）

（2）菊花链接线

CAN-Bus 中的节点与总线（总线到 CAN 节点）之间的距离大于 0.3m 时，应采用菊花链的连接方式，要确保总线到 CAN 节点的距离小于 0.3m，从而保证可靠通信，如图 5.23 所示。

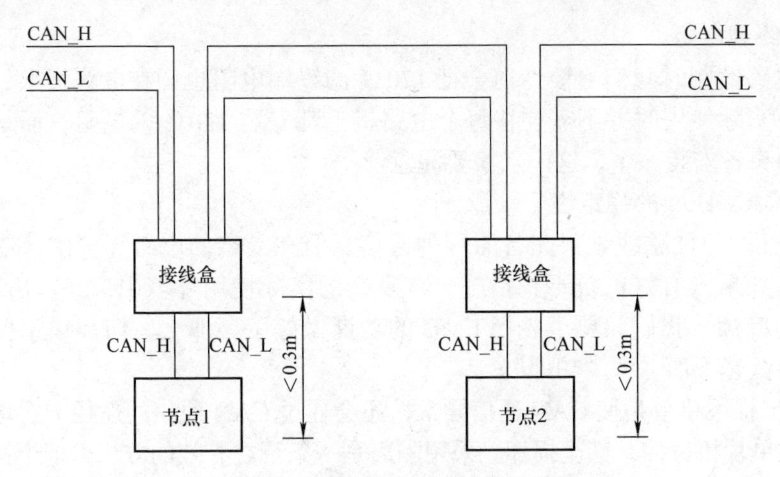

图 5.23　CAN 总线菊花链接线方式

（3）中继器接线

由于工程现场的布线很复杂，不可能那么集中，也不可能正好符合图 5.22、图 5.23 的那样，总是五花八门。在复杂的情况下，我们可以采用中继器接线方式，使连接线路变得简单，对维护也有好处。首先看看中继器的作用是什么，中继器是对 CAN 一进多出的控制，它可以通过光电耦合器隔离的方法，使其具有较强的抗干扰能力，减少相互干扰。中继器如图 5.24 所示。用中继器的 CAN 接线就可以按图 5.25 进行。CAN 中继器与节点之间的距离没有 0.3m 的限制。

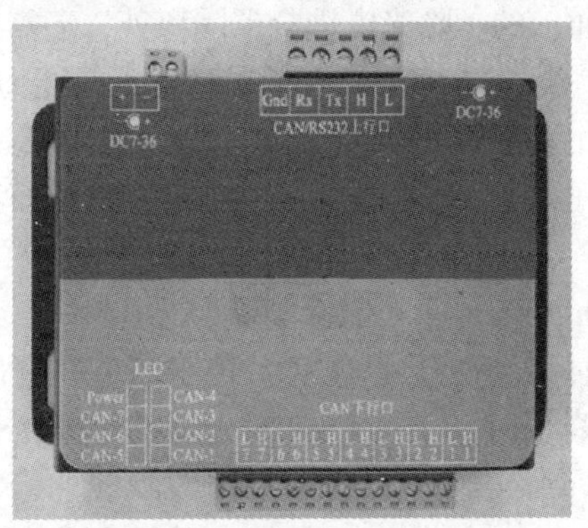

图 5.24　带光电耦合器隔离功能的 CAN 中继器

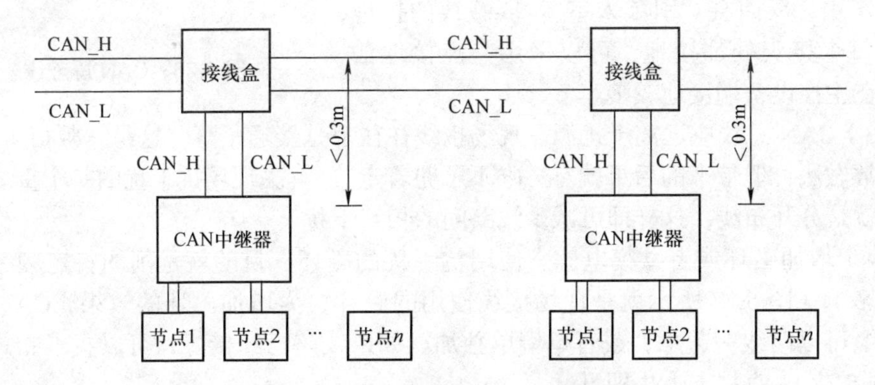

图 5.25　带中继器的 CAN 接线图

10. 终端电阻

在电路绘制时我们习惯性地会把 120Ω 的终端电阻也画在电路板上，以方便调试。在实际使用时并不需要在每个电路板上都安装 120Ω 的电阻，而是在总线的首尾两头各安装一个，这一点需要注意。

11. CAN-Bus 的稳定性

虽然说 CAN 总线是很完备的一种通信，但在复杂的电磁环境中，依然会受到干扰。如果没有好的抗干扰措施，在复杂的实际使用环境中，一旦出现异常，解决较为麻烦。我们只要事先把 EMC 的功课做好了，那么一切都在掌握中。通常我们要做好下面一些“功课”。

1）干扰不单单是使 CAN 通信异常，还会通过 CAN 通信的途径干扰单片机工作，导致单片机失控，甚至损坏。采用隔离是一条行之有效的方法，把干扰限制在各自的“监室”，可以避免相互“打架”。通常采用的隔离方法有光电耦合器、磁耦一类，或直接采用带隔离的收发芯片，如 CTM1051KAT。前面电路图 5.20 里采用光电耦合器隔离方法，光电耦合器一定要是高速的，如果速度太低，是完成不了高速通信的。除光电耦合器隔离外，还需要采用 ESD、保护器件，如 TVS 等。

2）CAN 总线为了提高抗干扰能力，采用 CAN_H 和 CAN_L 差分传输，那么采用高密度的双绞线就可以大大提高其抗干扰能力。由于 CAN_H 对 CAN_L 的线间电容小于 75pF/m，线缆的芯截面积要大于 0.35~0.5mm^2，如果采用屏蔽双绞线，CAN_H（或 CAN_L）对屏蔽层的电容小于 110pF/m，可以更好地降低线缆阻抗，从而降低干扰时抖动电压的幅度。我们知道在音响里面使用屏蔽线时，不屏蔽的部分不能超过 8cm，否则就会听到交流声。CAN 屏蔽双绞线的未屏蔽部分应在 25mm 之内，如图 5.26 所示。在现场接线时需要注意，屏蔽层接地时，如果接地不良，不仅起不到作用，反而会“引狼入室”。屏蔽线的接地，不需每个接头处都接地，可以采用一点接地法，一般在主控设备端接地较多。

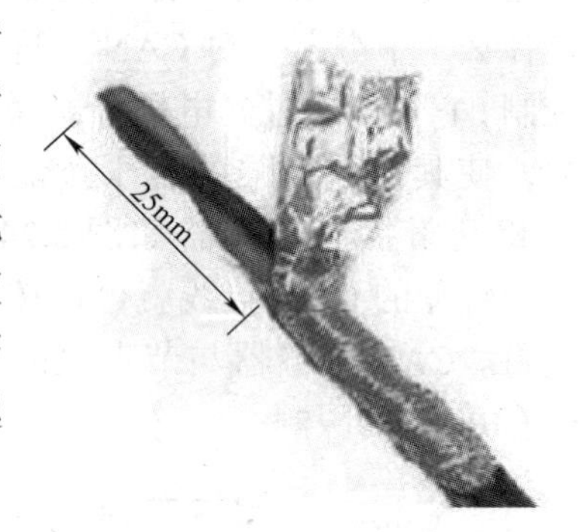

图 5.26　CAN 屏蔽线

3）CAN 总线应远离干扰源。现场接线往往都是接通了事，这是“敷衍了事”的通常做法，但带来的后果就有“吃不了兜着走”。解决现场抗干扰的一个重要环节，就是分开布线，这样即可减少线路间的相互干扰。

4）增加磁环或者共模电感。使用抗干扰的磁环，目的就是削弱特定频率干扰的影响。图 5.27 所示就是现场接线使用的磁环，为增加磁环的效果，CAN 差分线缆可以两线一起加，或者单端单独加。如果线路已经接好，可以买卡扣式的（见图 5.28），直接卡上去即可。

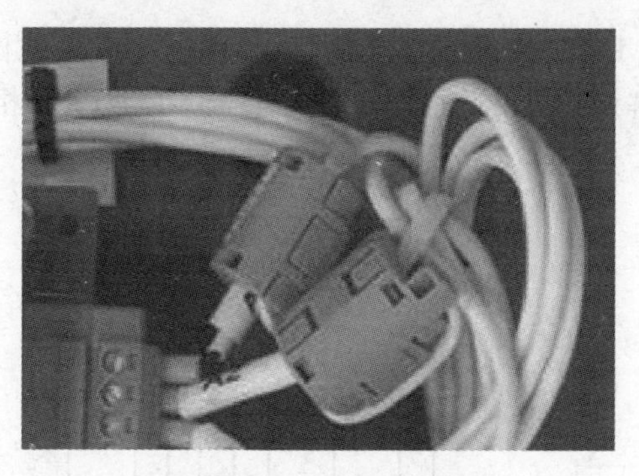

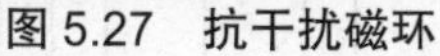

图 5.27　抗干扰磁环　　　　图 5.28　卡扣式磁环

5）改变传输方式。可以使用带隔离的 CAN 中继器，增强抗干扰的能力，同时还可使接线简化。CAN 双绞线的一些简单的抗干扰方法，终归还是难以抵抗一些很强的干扰，可以将 CAN 转为光纤传输，从而大大增强抗干扰的能力，比如用 HFBR-1522（发射）和 HFBR-2522（接收）就可轻松实现简单，而且成本也较低。

5.2.5　不可多得的供电与数据传输一体的二总线

在实际现场如果有主机和分机，要实现既能供电又能通信，那就需要供电线和通信线两种，这样就使得布线变得复杂，成本也会增加。能不能少用电缆，实现既能供电又能传输信号呢？能！比如电力载波通信、直流载波通信等。这些已经用得很久的方法都会有它的局限性，比如传输距离、技术的复杂程度、成本等。

我们这里介绍的是使用方便、无极性、二线制、大容量、远距离、高速率、简单、抗干扰能力强的一种通信方式，称 TC-BUS-PDC。它可保证在用 252 个设备组网的情况下，通信距离达 1km，可用于抄表、智能家居、消防、楼宇自动控制等场合。采用芯片为 TC001B 和 TC100B。

1. TC001B 特点

1）静态电流小于 100μA。这是一个小得诱惑人的电流。

2）电压范围 7~36V。可以大刀阔斧设计的电压范围。

3）自带 3.3V 或 5V 稳压输出。这是两全其美的输出方案。

4）通信距离 1200m。足可以和 RS485 和 CAN 媲美。

5）上行速率可达 19200bit/s，下行速率可达 9600 bit/s。可以用在很多应用现场。

2. 数据收发调制解调原理

从图 5.29 可以看出，发射端 TXD 的信号通过芯片的调制后，会在总线上产生与 TXD 相同的波形，它的实质就是使总线 BUS 上的电压发生变化，其变化与要发送的 TXD 信号相同。

图 5.30 是接收解调原理图，总线 BUS 上的电压变化可以被检测到，这个变化与发射端的 TXD 是相同的，这样解调出来的信号就在 RXD 得到与 TXD 相同的信号。

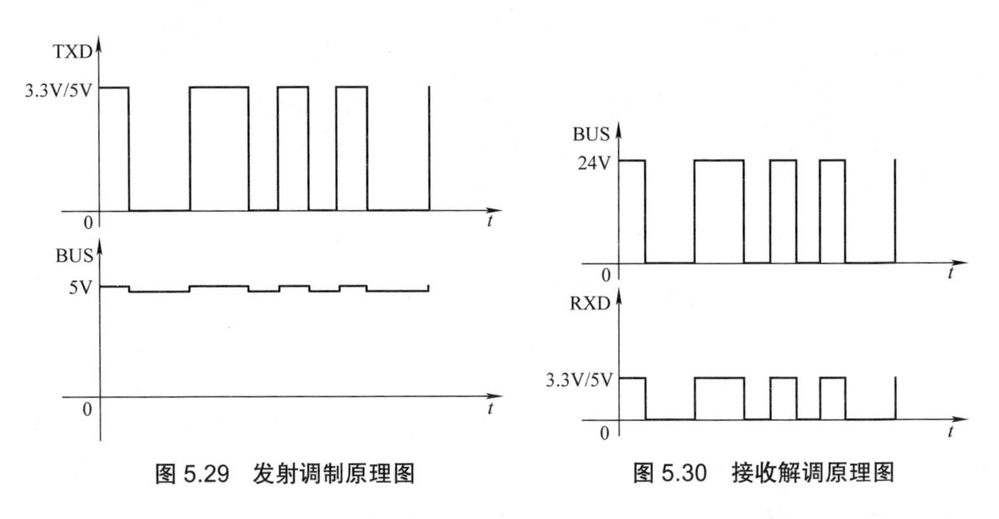

图 5.29　发射调制原理图

图 5.30　接收解调原理图

图 5.31 为 TC100B 发射原理框图，图 5.32 为 TC001B 接收原理框图。

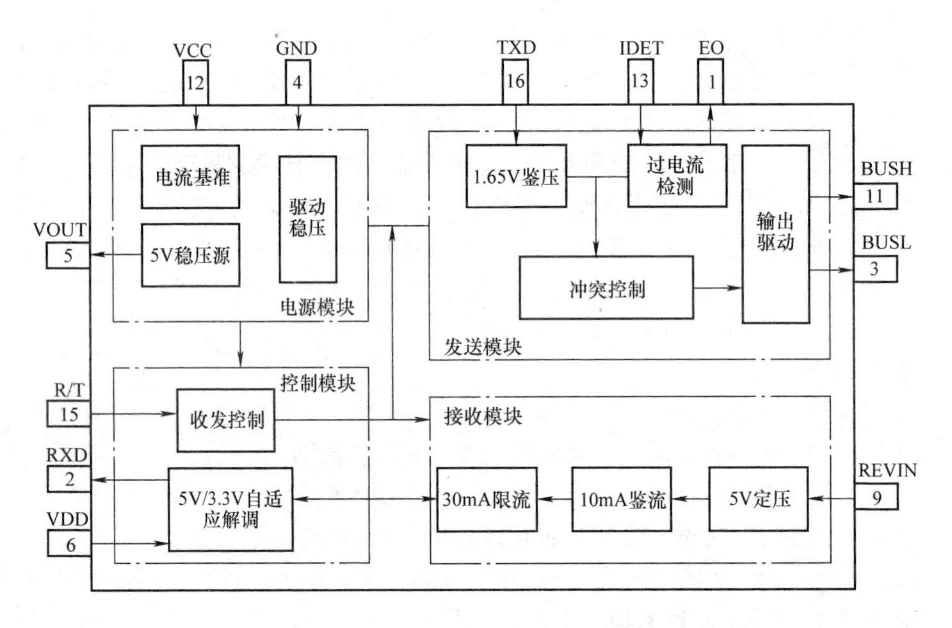

图 5.31　TC100B 发射原理框图

从收发数据的原理可以知道，由于是总线 BUS 的电压变化，所以其抗干扰性会比较好，特别是电压选取得高一些时，抗干扰能力会更好。但也要注意一点，如果在总线上并联了电容，那将会把总线BUS上信号给平滑掉。这一点一定要引起高度重视，传输线也最好选用双绞线。

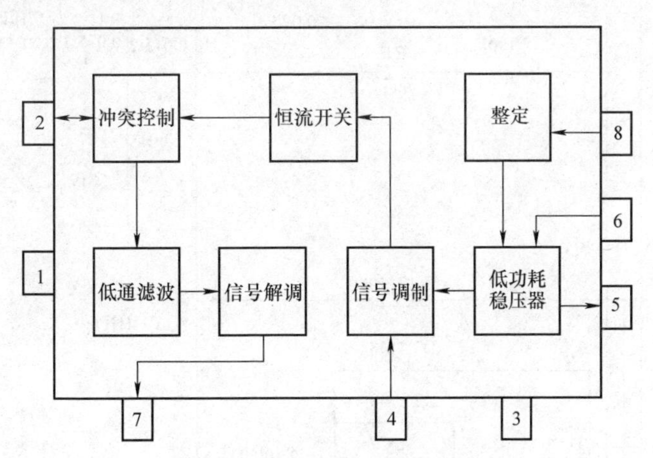

图5.32　TC001B接收原理框图

发射部分（主站）电路如图5.33所示。发射芯片型号为TC100B。这是一个典型应用电路，如果没有特殊要求，直接使用便可。TC1/00B的2脚和16脚输出的TTL电平，分别与MCU的RXD、TXD连接，实现数据的收发。5脚可以输出一个最大5V（10mA）的电压，可供MCU等使用。9脚为接收信号端，8脚为接收状态的过电压检测。发射数据从11脚输出高电平时的驱动，3脚发射是低电平驱动，由它控制MOS管（可用RU1HP60S,60A,100V）VT1和VT2产生输出波形到通信BUS上。13脚过电流检测。1脚总线过电流检测，EO为过电流保护输出脚，过载时为低电平，过载消失恢复为高电平，可以将此脚与MCU连接。10脚接偏置电压滤波电容。15脚控制收、发，与MCU连接。15脚为R/T脚，即收发控制脚，当R/T为低电平时，芯片处于发送状态，此时由VT1和VT2驱动输出，同时关闭接收解调电路，空闲时应处于发送状态，TXD保存高电平，否则无法为分站供电。当R/T为高电平时，芯片处于接收状态，同时打开接收解调电路，关闭发送驱动VT1和VT2。由于从站不会主动发送数据，所以主站平时处于发送状态，是没有问题的。

图5.34是EO和R/T的光电耦合器隔离电路，经过隔离后再与MCU连接，这样发射电路与单片机“各自为政”，互不干扰。

由通信原理可知，电源电压一定要稳定，波动应控制在5%以内，不然电压波动会干扰通信。总线上发送的数据中应尽量避免出现连续多个“0”，否则会造成供电中断，同时也可以利用这一点来完成总线过电流的保护，只要将TXD持续为“0”即可达到保护的目的。

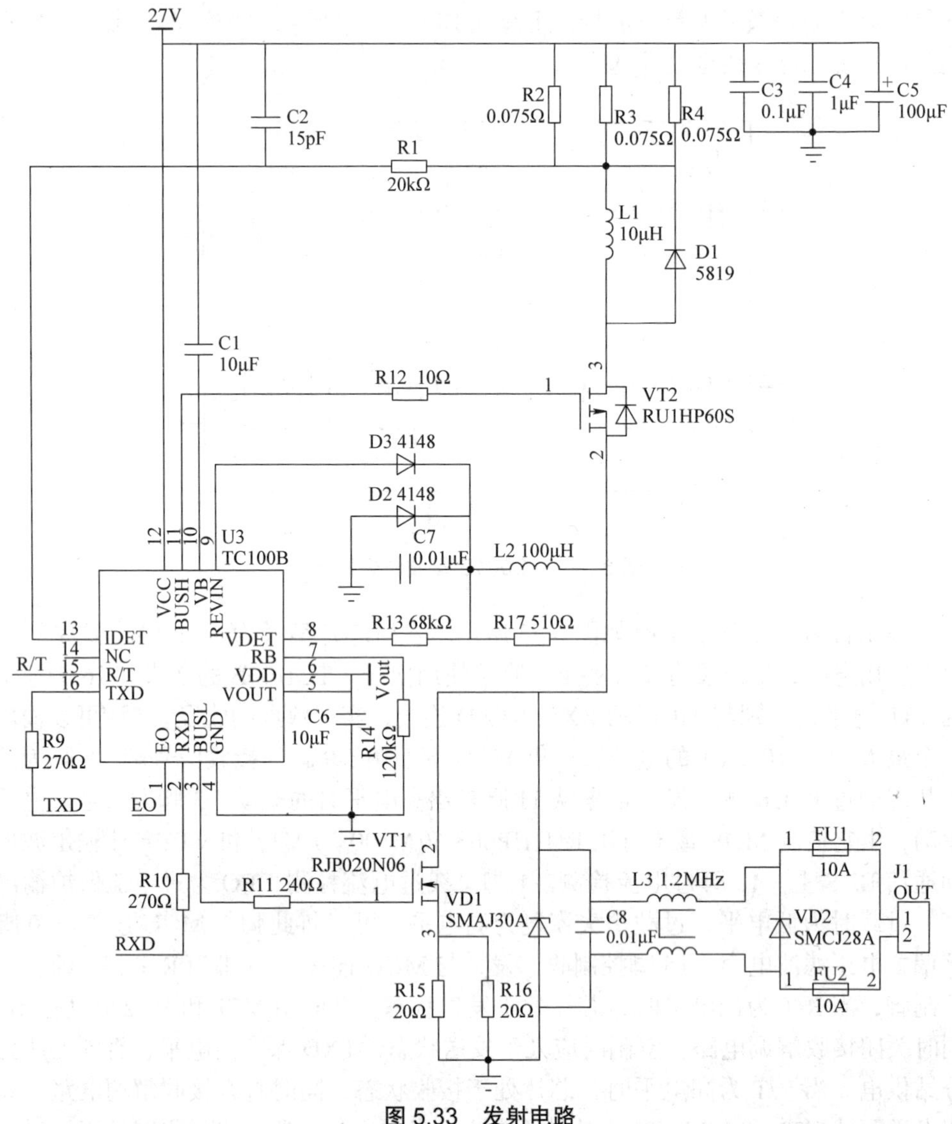

图 5.33　发射电路

接收电路（从站）如图 5.35 所示。TC001B 的 2 脚为信号输入与输出。5 脚为稳压后的输出 5V 或 3.3V 电压，可提供最大 10mA 电流，电压值由 6 脚 SEL 选定，SEL 接 VOUT 时输出 5V，接 GND 时输出 3.3V，这个电压可供外电路使用，如为 MCU 供电等。4 脚 TXD 为数据发端，7 脚 RXD 为数据接收端，它们与 MCU 的 TXD、RXD 连接。VD1~VD4 是极性保护电路（要用开关速度快的肖特基二极管，用 1N4007 之类在速度较高时会有问题），它与电话机电路的极性保护原理是一样的。VD5 和 R1 为 TC001B 的供电电路，RT1 与 VP1 为保护电路，C1=270pF、C4=270pF 为总线滤波。

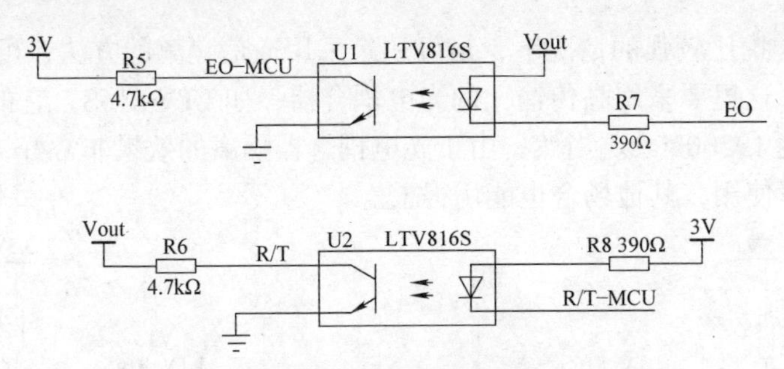

图 5.34　光电耦合器电路

如果 TC001B 的 5 脚输出电压不能满足要求，那么就可以使用图 5.36 的电路，它是在图 5.35 电路的基础上增加了 VD6 和 VD7，电压在 E1 上取得，但必须要用 VD1、VD2 进行隔离，如不加隔离，滤波电容 E1 会将总线上的信号平滑掉。

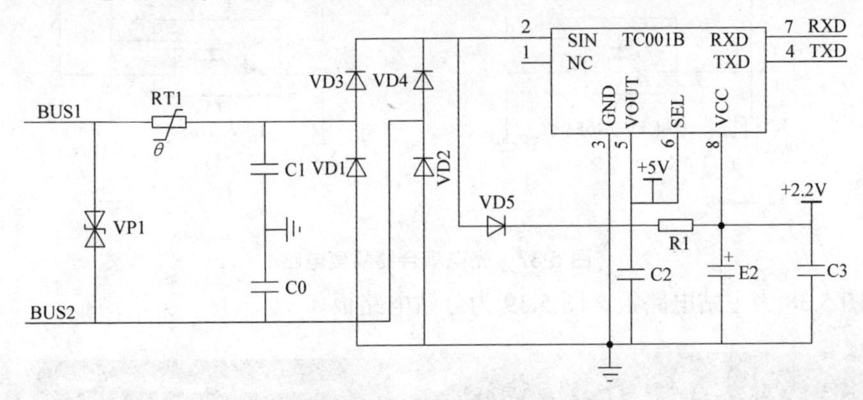

图 5.35　接收电路（一）

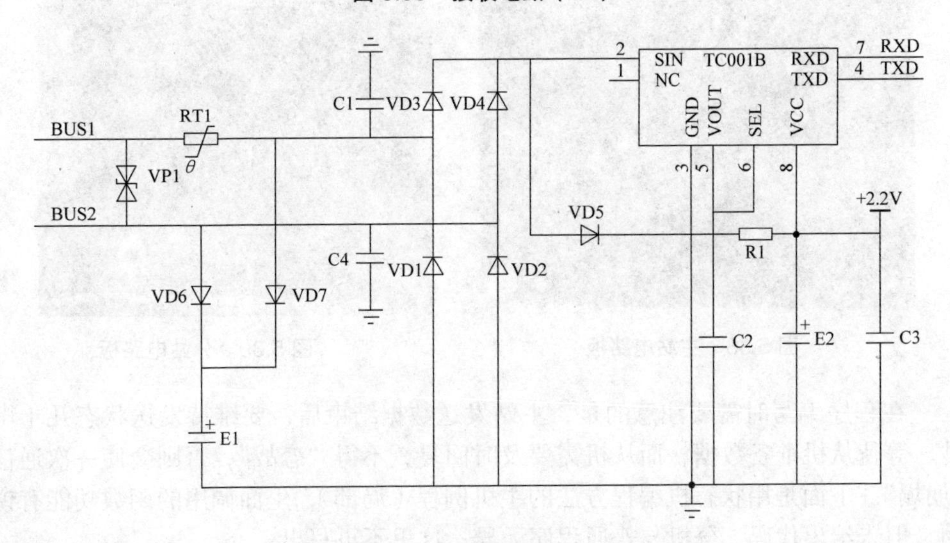

图 5.36　接收电路（二）

在一些干扰比较强的情况下，最好还是采用通信隔离的方法，可按图 5.37 所示电路实现。这里要采用高传输比的光电耦合器，如 LTV-816S，它的驱动电流也小，速率可达 19200bit/s。当然，由于光电耦合器隔离的效果非常好，这个电路不仅仅可在这里使用，其他场合也能用得上。

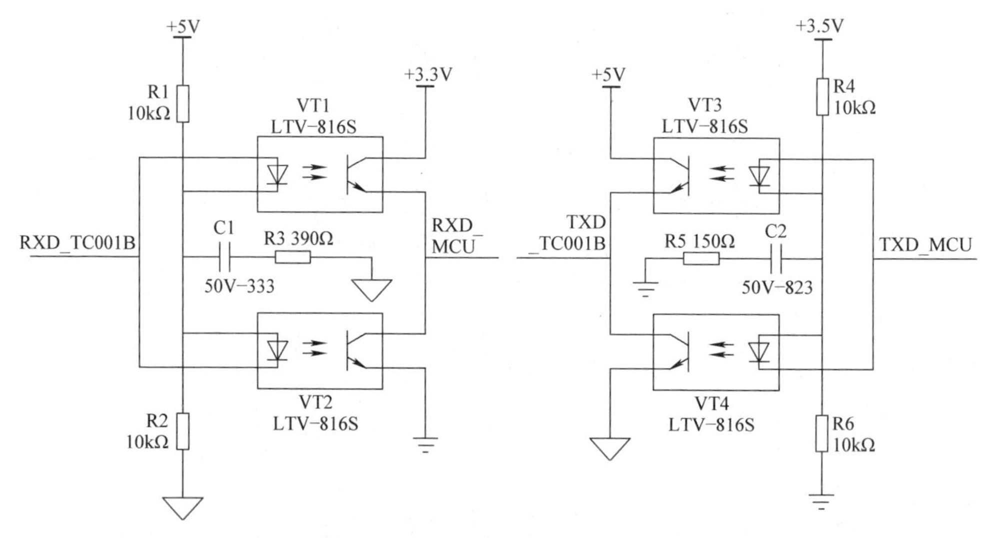

图 5.37　光电耦合器隔离电路

图 5.38 为主站电路板，图 5.39 为分站电路板。

图 5.38　主站电路板

图 5.39　分站电路板

在程序编写时需要注意的是，主站发送数据结束后，要维持发送状态几十微妙，等待从机准备数据，而从机需要及时回复，不得“恋战”，否则会使一次通信“崩塌”。下面是用状态机编程方法的主机例程（局部），里面调用的函数功能有说明，但未给出代码。分机与普通程序无异，这里不再写出。

```
for (;;)
    {
        switch (com_sts)
        {
        case COM_SEND:                    //底板有数据到来
            {
                set_usart2 ();           //进入串口状态（连接分机）
                SEND_ENABLE ();          //置低电平！发射态（R/T为low）
                if (flag.uart2_s_flag) //有数据要向分机发送
                {
                    flag.uart2_s_flag = 0;
                    delay1ms (1);
                    Uart2_Sent_Num (usart2_Sent,10); //向分机发送数据
                    com_sts = COM_LOW;
                }
                break;
            }
        case COM_LOW:
            {
                set_send_low ();         //TX 脚置为 0
                SEND_DISABLE ();         // R/T=1，接收！
                set_usart2 ();           //进入串口状态（连接分机）
                delay1us (52);           //delay52μs，延时给分机准备的机
                                           会。保持供电
                com_sts = COM_RECEIVE;
                N=1000;                  //等待时限 2000
                break;
            }
        case COM_RECEIVE:// 会反复等待接收，直到接收到为止，但错过机会就异
                           常了
            {
                tc100b_oper ();          //receive uart2 接收分机数据
                N- -;
                if (N==0)
                {
                SEND_DISABLE ();         // R/T=1，接收
                com_sts = COM_IDLE;
                Uart2_RecNum=0;
                Uart2_Get_Flag=0;
                delay1ms (1);            //10
                }
                break;
            }
        C ase COM_IDLE:                        //接收到数据后
            {
```

```
                    SEND_ENABLE ( ) ;                  //R/T 置为 0，发送
                    set_send_power ( ) ;               //TX 脚置为 1
                    delay1ms (1) ;
                    break;
                }
            }
        delay1us (100) ;
//--------------------------------------------
          board_oper ( ) ;          // 来自主板
//--------------------------------------------
}
```

5.2.6 电力载波的“喜”与“愁”

电力载波通信是电力系统特有的通信方式。电力载波通信是指利用现有电力线，通过载波方式将模拟或数字信号进行高速传输的技术。其最大特点是不需要重新架设网络，只要有电力线，就能进行数据传递。它解决了有线传输的布线以及带来的材料和人力等成本，也可避免了无线通信的干扰问题。它在智能家居、远程抄表、载波电话等场合都有应用。现已由早期的一对一通信，逐渐发展成为网络型，技术也在不断进步。

尽管电力载波通信有些优势，但是它的劣势也不得不引起重视。其表现为配电变压器对电力载波信号有阻隔作用，所以电力载波信号只能在一个配电变压器区域范围内传送。虽然有人研发出了一些跨变压器的方法，但要在配电变压器上动“手脚”，比如在变压器两端各装一个载波设备，用中继器的方式完成数据的转换。一般只是在单相电源上效果好一些，在三相场合下，不尽人意。电力载波通信虽然不易受无线电干扰，但其自身会相互干扰，电力设备干扰载波通信，特别是像变频设备、微波设备等都会影响到它的效果，同时它也会干扰其他电器设备。线路阻抗也会对电力载波通信产生影响，一些带有对交流电源整流滤波的开关电源一类设备，也对电力载波有影响，使其通信效果大打折扣。

下面来看看电力载波通信过程框图。低压电力线载波通信组成，包括发送放大电路、耦合接收和AGC控制电路、滤波单元、调制解调芯片等，如图5.40所示。图5.41为电力载波通信的连接方式，一些家用的载波通信设备，通常的做法都是直接通过电源插头接入既可取电，又可通信，不需另外接线，一举两得。

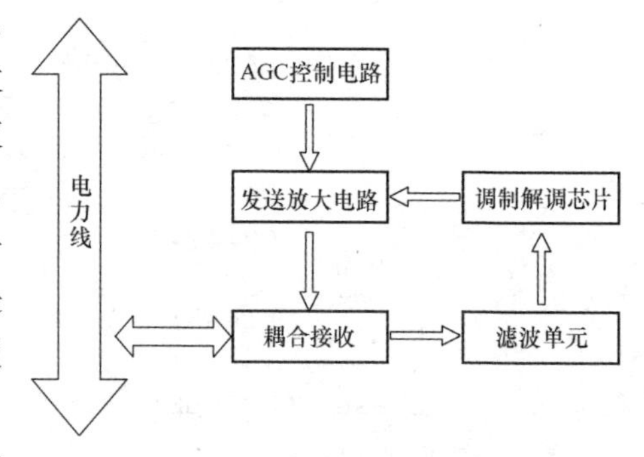

图5.40 电力载波通信过程的框图

我们还是用一个非常经典的芯片

LM1893 来简单说明电力载波通信的原理，如图 5.42 所示。它可以实现数据传输。LM1893 内部集成了发送和接收两个独立的部分，发送部分内置了 FSK 调制器、正弦波发生器、电流型控制振荡器、自动增益控制电路（ALC）及输出功率放大器等单元电路。接收部分包含了限幅放大器、锁相环解调器、低通滤波器、直流钳位电路和噪声滤波器等单元电路。TX/RX 为发送或接收的控制引脚，当 TX/RX 为高电平时，电路处于发送方式，数据信号从 17 脚输入 FSK 调制器，形成开关控制电流并驱动振荡器产生 ±2.2% 频偏的三角波，经正弦波整形电路输出正弦波信号，再经功率放大后由耦合线圈传输到电力线路上去。ALC 可保证电力线路负载变化时，输出的载波电平保持在一定的电平范围内。

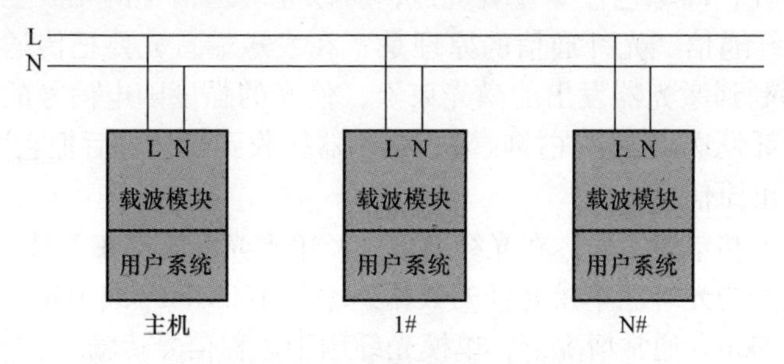

图 5.41　电力载波通信的连接方式

当 TX/RX 为低电平时，电路处于接收方式，电力线路上的信号经耦合变压器输入，LM1893 的 10 脚，进入限幅放大器进行放大，滤除信号中的直流分量和 50Hz/100Hz 的工频信号，再由锁相环电路解调、RC 滤波电路滤除高频分量输出数据信号，为保证数据信号的可靠性，再经比较器进行整形和噪声滤波器滤波，最后从 12 脚输出完整的数据信号。

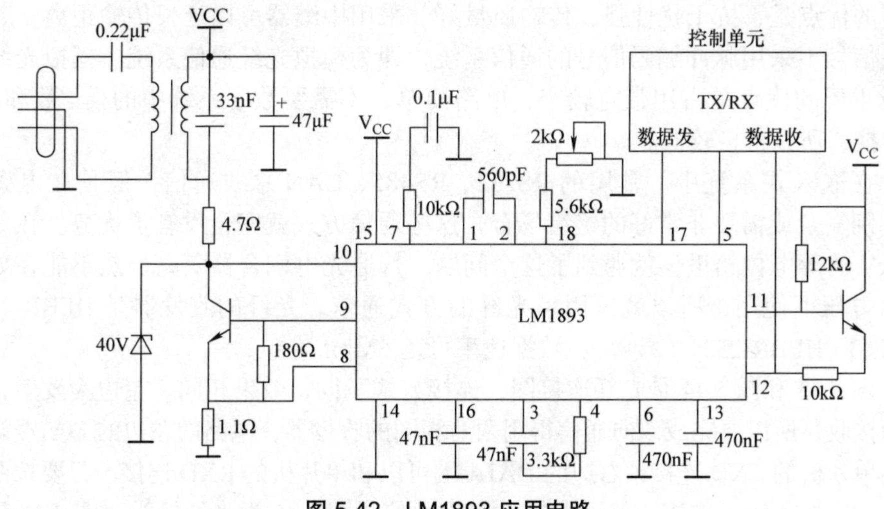

图 5.42　LM1893 应用电路

前面所述旨在说明电力载波通信的一些基本原理，并无新意。其实已有很多性能很好的电力载波芯片，比如基于宽带电力载波通信技术的 CR600 和 CR700 系列芯片既具有通用 32 位 MCU 的功能，又有电力载波通信功能，可以在电力线、同轴线缆等模拟线缆上传输高速数字信号，还可以应用在智能家居、安防监控、智慧路灯、光伏发电、智能门铃、电梯等物联网等领域。

5.2.7 需要掌握的短距离光纤通信

光纤通信是利用光波在光导纤维中传输信息的通信方式。由于激光具有高方向性、高相干性、高单色性等显著优点，所以光纤通信中的光波主要是激光，又叫作激光 - 光纤通信。光纤通信的原理是：在发送端首先要把传送的信息变成电信号，然后调制到激光器发出的激光束上，使光的强度随电信号的幅度变化而变化，并通过光纤发送出去。在接收端，检测器接收到光信号后把它变换成电信号，经解调后恢复出原信息。

光纤有多模和单模之分：在光纤通信中，单模光纤（SMF）是一种在横向模式直接传输光信号的光纤。单模光纤的数据速率为 100Mbit/s 或 1Gbit/s，传输距离都可以达到至少 5km。通常情况下，单模光纤用于远程信号传输。多模光纤（MMF）主要用于短距离的光纤通信，如在建筑物内。典型的传输速度是 100M bit/s，传输距离可达 2km（100BASE-FX），1Gbit/s 可达 1000m，10Gbit/s 可达 550m。

光纤通信也有数字和模拟之分：模拟光纤通信采用脉冲编码（PCM）信号；数字光纤通信采用二进制信号，信息由脉冲的“有”和“无”表示，所以噪声不影响传输的质量。而且，数字光纤通信系统采用数字电路，易于集成，可减少设备的体积和功耗，转接交换方便，便于与计算机结合等，有利于降低成本。数字通信的优点是，抗干扰性强，传输质量好。采用中继器可以延长传输距离。若输入电信号不采用脉冲编码信号的通信系统，即为模拟光纤通信系统。模拟光纤通信最主要的优点是占用带宽较窄，电路简单，不需要数字系统中的模 - 数和数 - 模转换，所以价格较低。

在嵌入式系统中，常用的 RS232、RS485、CAN 总线通信，但是在电磁环境特别复杂或需要非常好的绝缘场合，这些通信方式就完全没有了优势。在一个 140kV 的等电位箱里，就遇到了这个问题，普通光电耦合器隔离显然不能在如此高的电压下使用，所以就采用了光纤的方式通信。光纤的收发器是 HFBR-1521（发送）、HFBR-2521（接收），数据速率可达 5Mbit/s。

图 5.43 和图 5.44 是光纤连接图，连接方式不同，效果相同。左边为发射，右边为接收，所以要完成双向通信得用两对相同的收发器，电路的左边的 DATA 端可以和单片机的 TXD 连接，右边的 DATA 端可以和单片机的 RXD 连接。只要按照图 5.43、图 5.44 所示连接，就可以轻松实现通信。图 5.45 为光纤接头，图 5.46 是光

纤线，可以根据长度定制。图 5.47 是 PCB 板图，图 5.48 是实际使用中的电路板。

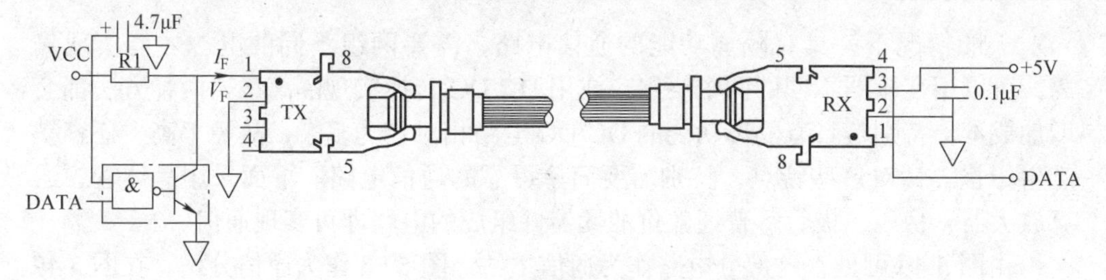

图 5.43　光纤连接图（一）

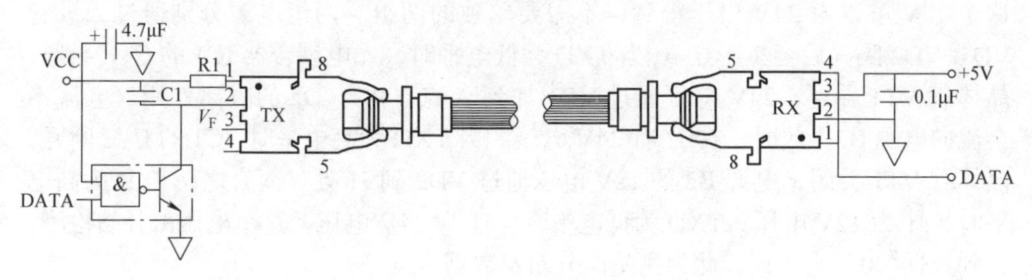

图 5.44　光纤连接图（二）

图 5.45　光纤接头

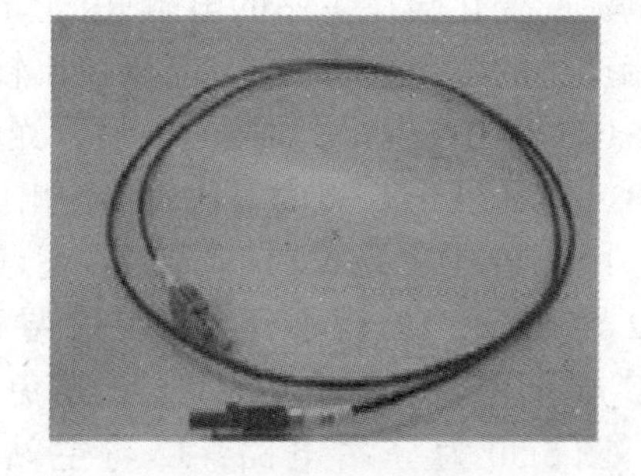

图 5.46　光纤线

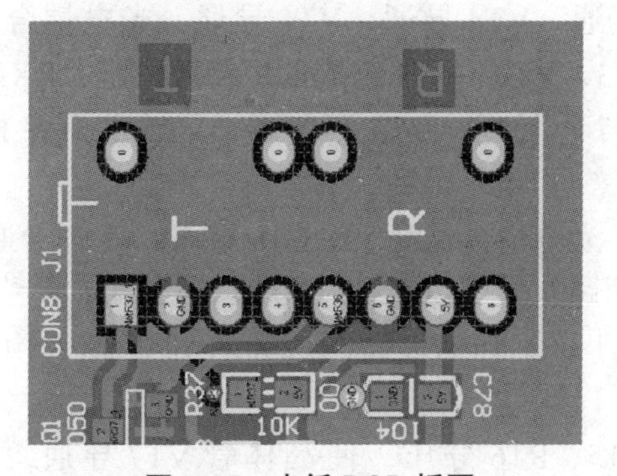

图 5.47　光纤 PCB 板图

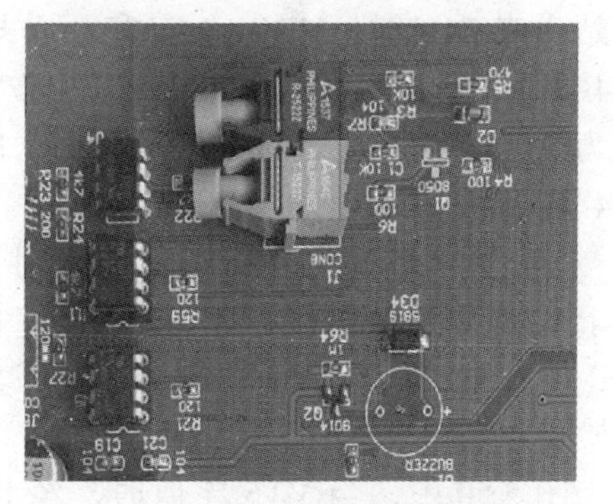

图 5.48 光纤通信实物图

5.2.8 一种具有隔离功能的低成本高可靠性通信电路

一般情况下，具有隔离功能的通信电路，需要两组不同的电源才能实现隔离，可以用变压器不同的两个绕组，或用DC/DC转换实现隔离，这两种方法都会增加成本，特别是具有隔离功能的DC/DC电路相对较为复杂，故障率高，还容易产生干扰。针对这些特点，特别需要简单可靠的通信电路。下面采用晶体管、运算放大器、稳压二极管等普通廉价的元器件组成的电路即可实现通信。

由图5.49可见，这部分电路作为通信主站，图5.50作为通信分站。在图5.49中，有两组不同电压的电源，B1为直流24V,B2为直流12V。当然实际使用的这个12V可以由24V稳压得到，不需要单独的两组。两组电源分别通过二极管VD1、VD2隔离后会集于点A,当TXD为低电平时，光电耦合器IC1的C、E导通，晶体管VT1导通，24V电压通过VD1加到A点，由于D2的隔离作用，电流不会流向电源B2。此时，在J1有24V电压。当TXD为高电平时,IC1的C、E断开，晶体管VT1关闭，电源B2的12V电压通过VD2到J1处。简言之，TXD为高电平时，J1为12V电压，TXD为低电平时，J1为24V电压。这个电压由分站检测，得到数据“0”或“1”，此为主站向分站发数据。

主站接收数据时，J1与分站J2连接，如图5.50所示。分站电流会发生变化，其电流的变化会在主站的电阻R9上形成电压（B点电压由分站20mA或0~5mA电流产生的电压降），这个电压在比较器IC3进行比较，当电压高于基准C点电压，IC3输出高电平，通过R5后，光电耦合器IC2的C、E级导通RXD为“0”，当B点电压低于C点时，比较器输出低电平，RXD为“1”。

图5.49中，当VT1导通时，A点电压为24V，通过D3（15V稳压）、R6使VT2导通，使R9得不到高于VT2导通的管压降，B点在R9上产生的电压，低于C点电压，RXD始终为“1”，避免自发自收。

图5.50为分站电路，J2与主站图5.49的J1连接。经VD3、VD4、VD5、VD6组成的极性反转电路，使得实际使用时无须注重接线的极性。接收信号时，主站送来24V时，VD7（15V稳压）导通，VT4导通，VT5导通，光电耦合器IC4导通，通过光电耦合器的电流由VT3、VT6、R13组成的恒流源决定，RXD1端为“0”，当主站送来12V电压时，D7不导通，VT4不导通，VT5也不导通，IC4不导通，RXD1为“1”。

分站发送数据时,TXD1为“0”时，光电耦合器IC5的C、E导通，VT10导通，由于VT8、VT9、R18、R17组成恒流源，回路有大于20mA的电流，当TXD1为“1”时，IC2输出断开，VT10断开，电流减小（0~5mA），这个20mA和0~5mA由主站检测并判断。

图5.50中，当VT5导通时，经R15、R16分压，使晶体管VT7导通，使

VT10 断开恒流电路，也就是在分站接收数据时，关闭分站发送数据。这样的好处是，主站向分站发送数据不受分站的影响，特别是有多个分站时，某个分站异常，主站仍然可以向分站发送数据。

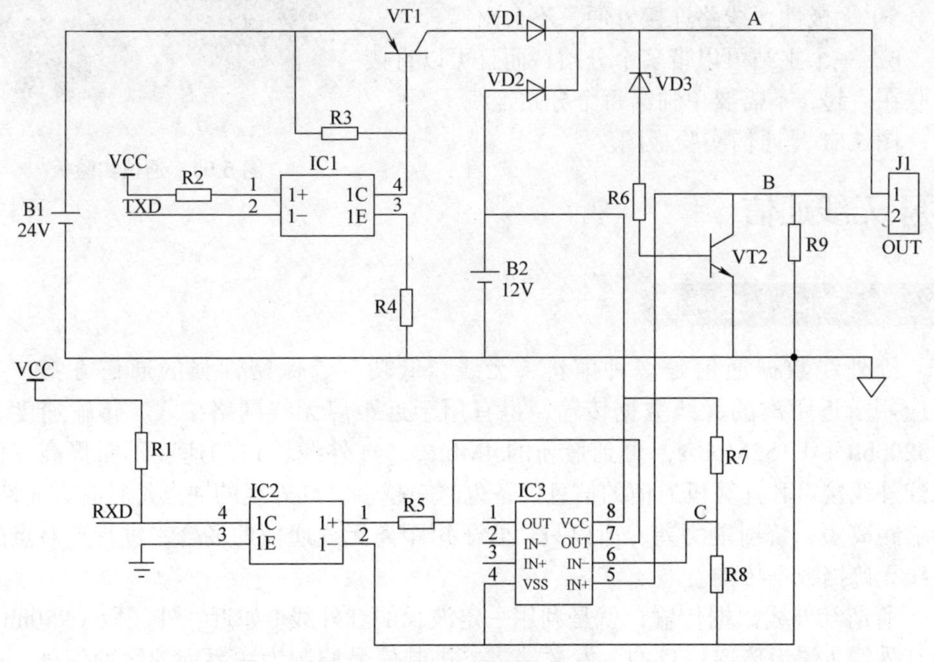

图 5.49　隔离通信电路

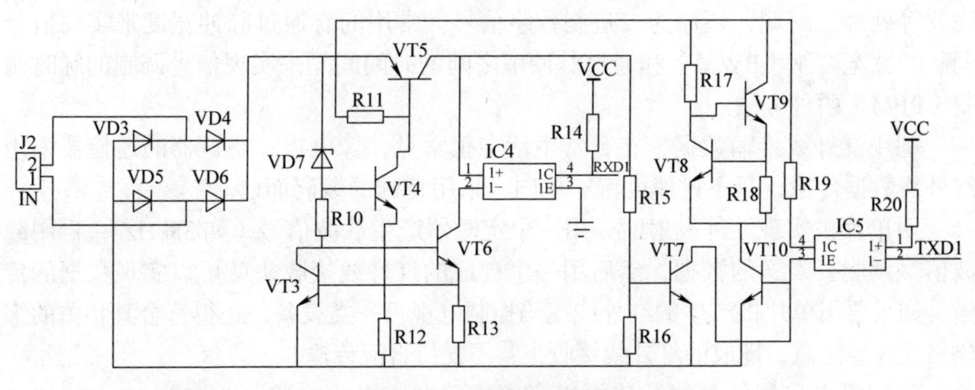

图 5.50　隔离通信电路

该通信电路的优点如下：

1）分站取消 DC/DC 电源隔离模块，减少由 DC/DC 导致的故障，免除 DC/DC 的干扰。

2）成本低，使用很普通的二极管、晶体管等低成本元器件就可实现。

3）抗干扰性好，由于通信电压等级的提高，可以有效避免干扰。

4）稳定性好，恒流控制的通信，降低了线路阻抗的影响。

5）无极性，线路连接方便，不会出错。

6）一个主站可以带多个分站，而且可以直接并联在一起，不需要单独给每个分站走线。

图 5.51 是通信实验板图。

图 5.51　通信实验板

5.3 无线通信

5.3.1 红外线数据通信

红外线数据通信是一种廉价、无线、低功耗、保密性强的通信方案，主要应用于近距离的无线数据传输，也有用于近距离无线网络接入。传输速度为115200bit/s~1.152Mbit/s，再到最新的 4Mbit/s，红外线接口的速度不断提高，使用红外线接口和计算机通信的信息设备也越来越多。红外线的缺点是具有方向性、传输距离短、绕射能力差，所以只适合于短距离无线通信的场合，进行点对点的直线无遮挡数据传输。

所谓红外线数据传输，就是利用一定波长的红外线 [如近红外波段（950nm）的红外线] 作为传递信息的。发送端将二进制信号调制为一系列的脉冲信号，通过红外发射管发射红外信号。接收端将接收到的光脉转换成电信号，再经过放大、滤波等处理、解调，还原为二进制数字信号。常用的有通过脉冲宽度来实现信号调制的脉宽调制（PWM）和通过脉冲串之间的时间间隔来实现信号调制的脉时调制（PPM）两种方法。

利用红外线传输数据，在日常生活中很常见，像电视、空调器的遥控器采用红外线数据传输，只不过速度慢、单向、采用特殊的编码而已。

用单片机实现红外发射时，用一个定时器产生载波信号（如 38kHz），再用载波信号调制要发送的数据，然后用一个现成的红外线接收头就可以实现数据的传输。如果要用单片机产生的红外线编码控制电视机一类设备，还得符合其相关的编码格式。要注意，现成的红外线接收头，不支持直流传输。

我们可以采用红外线数传模组来实现双向、快速的通信。选用模组型号为 TFBS4711，如图 5.52 所示。它是一个小体积的红外收发模组，它支持半双工的 IrDA 红外通信，传输速率可达 115.2kbit/s（SIR）。模组内部包含了一个 PIN 类型的光电二极管、一个红外发射管（IRED）和一个低功耗的 CMOS 控制芯片。它是为低功耗的 IrDA 标准而

图 5.52　TFBS4711 模组

设计的，直线通信可达 1m。这个模组待机电流为 70μA, 关断电流仅为 10nA 左右，具有抗无线电磁干扰、安全性高、使用简单的特点。

图 5.53 是内部原理图，图 5.54 是 TFBS4711SD 与 MCU 的连接图。当 SD=0 时，IrDA 收发器才可正常工作，SD=1，那么 IrDA 收发器关断不工作。在使用 TFBS4711SD 这个 IrDA 器件时，需要单片机内部硬件支持 IrDA 的编码或解码功能，比如 STM8 或 STM32 大部分都是支持 IrDA 的。使用 STM8L051F3P6 的 IrDA 功能，只需对其初始化，并使能 IrDA 的编码或解码功能方即可，实际的无线数据收发与普通的串口操作一样。

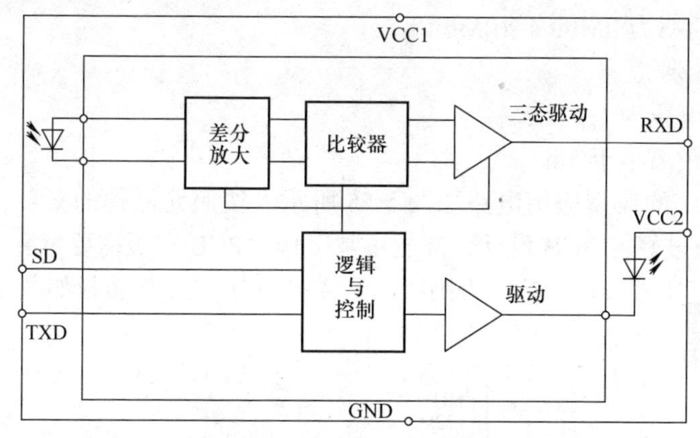

图 5.53　TFBS4711 内部框图

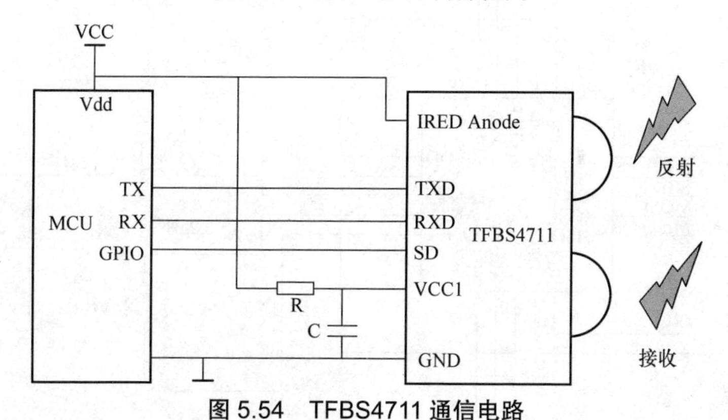

图 5.54　TFBS4711 通信电路

5.3.2 “白菜价”的无线通信芯片

nRF24L01 是一款新型单片射频收发器件，工作于 2.4~2.5 GHz ISM 频段。其内置频率合成器、功率放大器、晶体振荡器、调制器等功能模块，并融合了增强型 ShockBurst 技术，其中输出功率和通信频道可通过程序进行配置。nRF24L01 功耗低，在以 −6dBm 的功率发射时，工作电流也只有 9 mA; 接收时，工作电流只有 12.3mA，多种低功率工作模式，工作在 100mW 时电流为 160mA，它可以工作在掉电模式和空闲模式，便于节能设计。

nRF24L01 的特点如下：

1）GFSK 调制。

2）硬件集成 OSI 链路层。

3）具有自动应答和自动再发射功能。

4）片内自动生成报头和 CRC 校验码。

5）数据传输率为 lMbit/s 或 2Mbit/s。

6）SPI 速率为 0Mbit/s~10Mbit/s。

7）125 个频道。

8）供电电压为 1.9~3.6V。

9）传输距离小于 5m。

nRF24L01 的典型应用电路如图 5.55 所示。按照元器件的参数，只要是正品的元器件，通过好的 PCB 设计，都能正常工作。PCB 布板需要考究，特别是使用 PCB 天线更应注意布板工艺，否则距离会大打折扣。PCB 布板如图 5.56 所示。

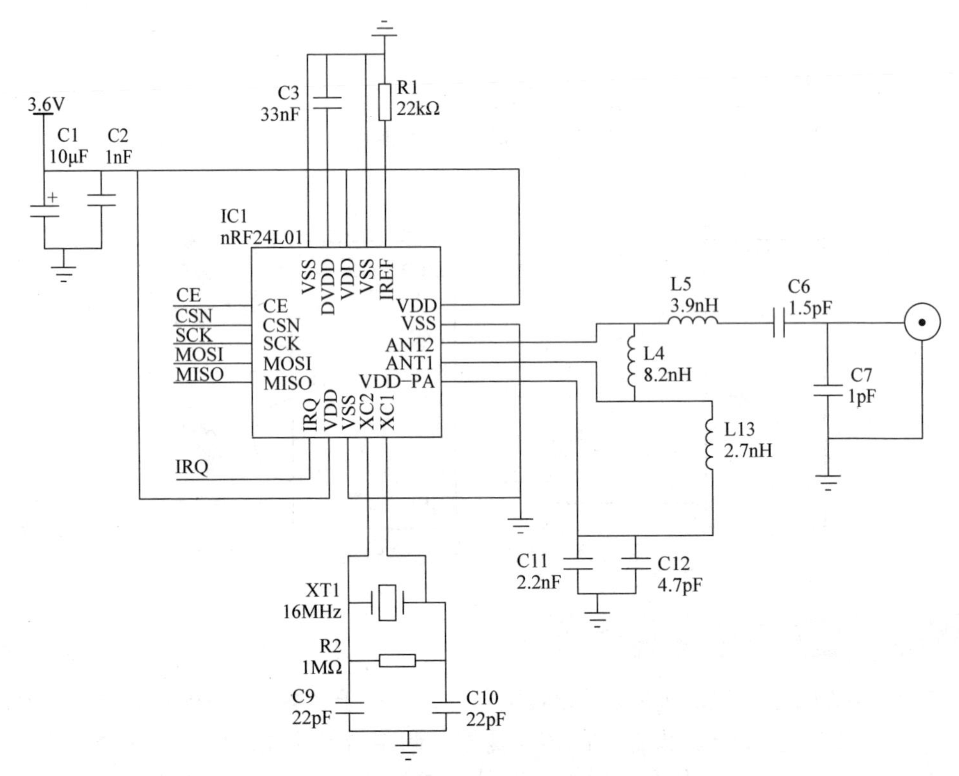

图 5.55　nRF24L01 电路图

图 5.56　nRF24L01 电路板

5.3.3　经典无线通信芯片 nRF905 及其应用

记得还是在 2005 年的时候，为了开发一款无线控制的路灯节电器的通信装置，采用了 nRF905 无线通信芯片，虽然时过境迁，但它还是经得起时间的考验，可以说是一款经典的无线通信芯片了，现在仍然还有人在用。

nRF905 无线芯片是由挪威 NORDIC 公司出品的低于 1GHz 无线数传芯片，主要工作于 433MHz、868MHz 和 915MHz 的 ISM 频段。芯片内置频率合成器、功率放大器、晶体振荡器和调制器等功能模块，输出功率和通信频道可通过程序进行配置。非常适合于低功耗、低成本的系统设计。由于采用集成化的芯片，才将普通工程师从高频无线通信的门外带到屋内，否则，要做成高频通信设备实在是困难。

nRF905 电路如图 5.57 所示。这个电路基本都是从官方的文档上来的，没有特殊的用途就直接按官方文档来做，一般不会有太大问题。在电路板布板上要下够功夫，千万不要打自动布线的主意，得用手工一点一点绘制，即便如此，也不排除做出的板只有几米远的通信距离。无线通信的布板是个大学问，得多学习有关方面的知识。其次就是元器件的选择，一定要选用真正的高频元器件，不要听不良商家说是高频就信以为真，最好到正规公司购买。只要把电路板布好，元器件选好，距离功就不遥远了。建议没有特殊要求时最好采用鞭状天线，比 PCB 天线有优势，更易成功。一个现成的电路板板如图 5.58 所示。

除了 PCB 布板和选择好的高频元器件外，程序还是一个大事情。起初资料很少，没有参考的东西，编程还真的下了不少功夫。虽然现在网上容易找到，但是不是真的能用，那还得试一试了。

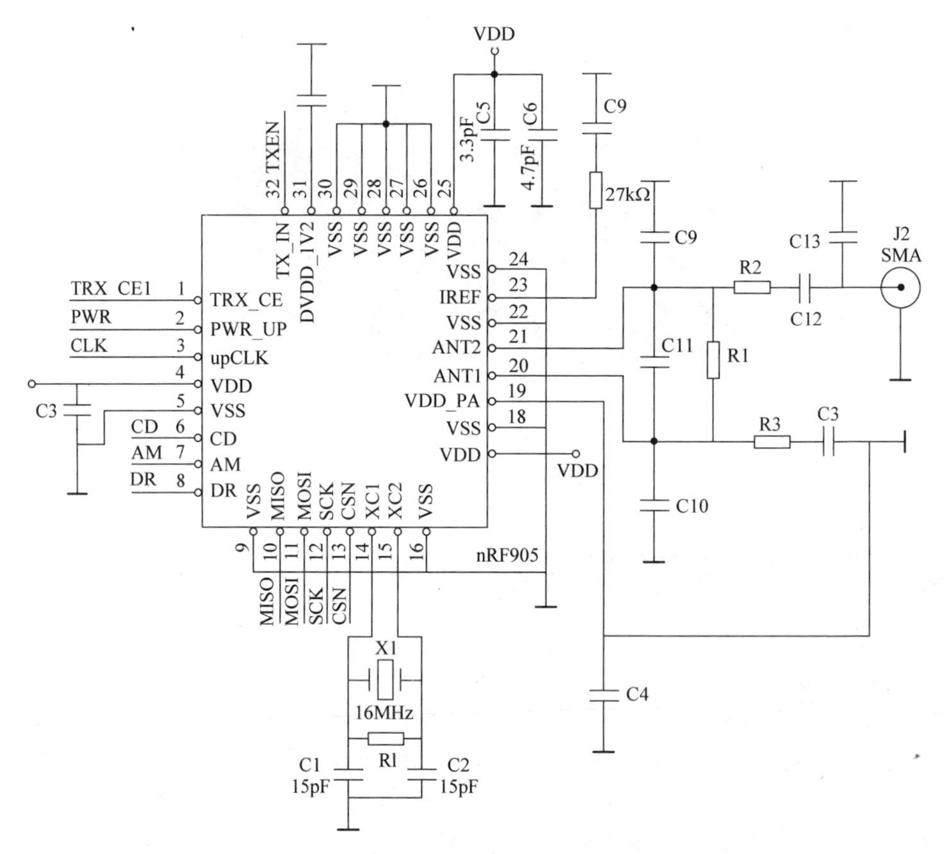

图 5.57　nRF905 无线通信电路

图 5.58　nRF905 电路板

5.3.4　诱人的 LoRa WAN 通信

随着物联网技术的发展，传统的传输技术已经不能满足实际应用的需求了。传统的局域网技术，如 WiFi、蓝牙、ZigBee 等，以及传统广域网技术 2G/3G/4G 等无线技术，都得到了很好的应用。随着对传输距离与低功耗的更高要求，距离与功耗的矛盾日益突出，能在保证更远距离的通信传输的同时，最大限度地降低功耗，节约传输成本，就显得特别的重要。这也就催生了 LoRa 以及 NB-IoT 一类远距离、低功耗通信技术。

LoRa 只能算 LPWAN 通信技术中的一种，是一个物理层或无线调制用于建立长距离通信的链路，是美国 Semtech 公司采用和推广的一种基于扩频技术的超远距离无线传输方案。这一方案改变了以往关于传输距离与功耗的折中考虑方式，为用户提供了一种简单的能实现远距离、长电池使用寿命、大容量的系统，进而扩展传感网络。它主要采用 433MHz、868MHz、915MHz 等，在 ISM 频段上运行。

LoRaWAN 是 LoRa 联盟发布的一个基于开源 MAC 层协议的低功耗广域网通信协议，主要为电池供电的无线设备提供局域、全国或全球的网络通信协议。

LoRaWAN 网络拓扑：LoRaWAN 网络是一个典型的 Mesh 网络拓扑，在这个网络架构中，LoRa 网关负责数据汇总，连接终端设备和后端云端数据服务器。网关与服务器间用 TCP/IP 网络进行连接。所有的节点与网关间均是双向通信，考虑到电池供电的场合，终端节点一般是休眠，当有数据要发送时唤醒，然后进行数据发送。相对于 NB-IoT，LoRa 是当前最成熟、稳定的窄带物联网通信技术，其自由组网的私有网络远优于运营商持续不断收费的 NB 网络，且 LoRa 一次组网终身不需缴费。但是应用 LoRa 进行物联网通信开发难度大、周期长、进入门槛高。

LoRa 能够以低发射功率获得更远的传输距离。它在智能农业、智慧城市、物流、智能家居等行业都有广阔的市场。

5.3.5　ZigBee 自组网无线通信

ZigBee 是基于 IEEE 802.15.4 标准的低功耗局域网协议。根据国际标准规定，ZigBee 技术是一种短距离、低功耗的无线通信技术。这一名称（又称紫蜂协议）来源于蜜蜂的八字舞，由于蜜蜂（bee）是靠飞翔和“嗡嗡”（zig）地抖动翅膀的“舞蹈”来与同伴传递花粉所在方位信息，也就是说蜜蜂依靠这样的方式构成了群体中的通信网络。其特点是近距离、低复杂度、自组织、低功耗、低数据速率，主要适合用于自动控制和远程控制领域，可以嵌入各种设备。简而言之，ZigBee 就是一种便宜的、低功耗的近距离无线组网通信技术。ZigBee 是一种低速短距离传输的无线网络协议。ZigBee 协议从下到上分别为物理层（PHY）、媒体访问控制层（MAC）、传输层（TL）、网络层（NWK）、应用层（APL）等。其中，物理层和媒体访问控制层遵循 IEEE 802.15.4 标准的规定。

有资料常把 ZigBee 和 WiFi、蓝牙等技术做比较，就 ZigBee 的组网特性和移动特性是其他通信方式无法取代的，真要比较的话，只能从功耗、距离等相同的部分来比，而其组网的特性则是“无与伦比”的。

最后说一句，要把 ZigBee 的协议栈弄清楚，真正用起来，对初学者来说有一定的难度，真要用的话，最好先买本 ZigBee 方面的书看看再下手。

5.3.6 常用的 GPRS DTU

GPRS DTU 是常用于一种物联网无线数据终端，利用公用运营商 GPRS 网络，为用户提供无线长距离数据传输功能。GPRS 数传单元，可以通过 RS232 或 RS485 接口，与带有同样接口的设备设备连接，实现数据透明传输功能。

GPRS DTU 已广泛应用于物联网产业链中的 M2M 行业，如智能电网、智能交通、智能家居、金融、工业自动化、智能建筑、消防、公共安全、环境保护、气象、数字化医疗、农业、林业、水务等领域。

1. GPRS DTU 通信原理

DTU 与服务器之间的通信是由 GPRS DTU 端（客户端）发起的，服务器端通过发回反馈或接受通信来对 DTU 端做出响应。DTU 端与服务器端共同组成了基于 GPRS 和 Internet 网络通信的应用系统。服务器接收任何 DTU 端发起的通信请求，能检测链路中的通信状态，实现实时数据的采集、完成远端复杂的功能，如计算、存储、控制、数据库服务等功能。

由于 IP 地址是有限的，如果长期被占用，最终地址会枯竭，所以采用临时分配的方法，不用时收回，以此来解决地址有限的问题。所以，DTU 在每一次登录时都会有不同的 IP 地址，而服务器无法得到这个地址，无法主动向 GPRS DTU 发起请求。由于服务器的 IP 和端口号是预先知道的，所以只有 DTU 主动发起连接，一旦建立起连接，服务端就可以和客户端双向通信了。DTU 端要和服务器通信，必须知道服务器端的 IP 地址和端口号，固定的或域名解析方式都可以“殊途同归”。

服务器的 IP 地址可以是公网 IP（固定 IP），但由于 IP 地址很有限，申请固定 IP 需要一定费用。服务器也可以是动态 IP，比如家用网络都没有固定的 IP 地址，而是动态的。也就是每次登录都会分配一个没有被占用的 IP 地址，而且每次还不一定相同。像这种情况，就要使用动态域名，通过域名解析服务器获得动态域名对应的 IP 地址。动态域名是 DTU 必须知道的，按照动态域名在域名解析服务器上获取需要登录服务器的 IP，前提是需要登录的服务器必须运行有域名解析软件，将本地 IP 地址提交给域名解析服务器，供 DTU 去提取。

服务器的端口号通常对应于服务器中运行的特定应用程序，这样数据才可以定点发给指定的运行程序，否则数据就成了“迷途的羔羊”，到了路由器就不知“去向”。GPRS DTU 端与服务器端的通信过程如图 5.59 所示。顺着图中箭头所指的方向，就可以看出数据的流动路径，从哪一站转哪一站然后“到家”。

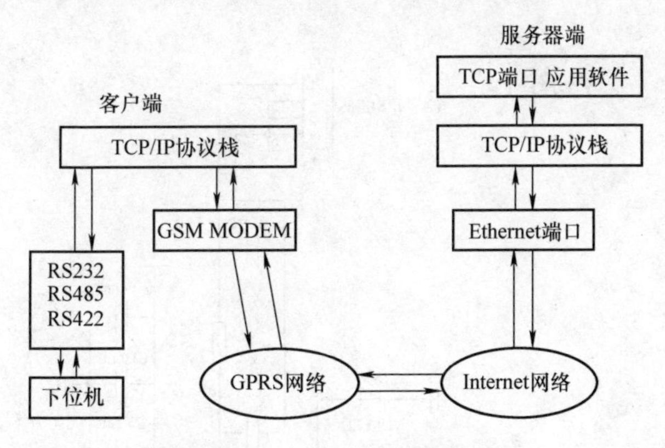

图 5.59　GPRS DTU 通信过程

图 5.60 为 DTU 建立通信的两种方式。如果服务器采用固定的 IP 地址，DTU 通过网关直接就可以与服务器通信，当然还是得由 DTU 主动发起通信。如果采用的是动态 IP，要在服务器上运行域名软件（图 5.61 就是一种解析软件），将本地 IP 保存在域名解析服务器上，一旦有变就会自动重存。这样 DTU 就可以通过域名到域名解析服务器上去取得服务器的当前 IP。DTU 根据取回来的 IP，向服务器发起连接，连接成功后，就可以通信了，这个前提条件是 GPRS 模块支持对域名的解析，早期的一些 GPRS 模块不具有域名解析功能，那问题就不那么简单了。

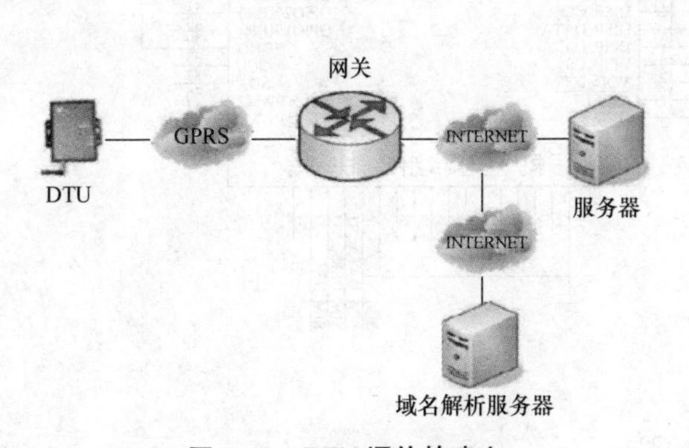

图 5.60　DTU 通信的建立

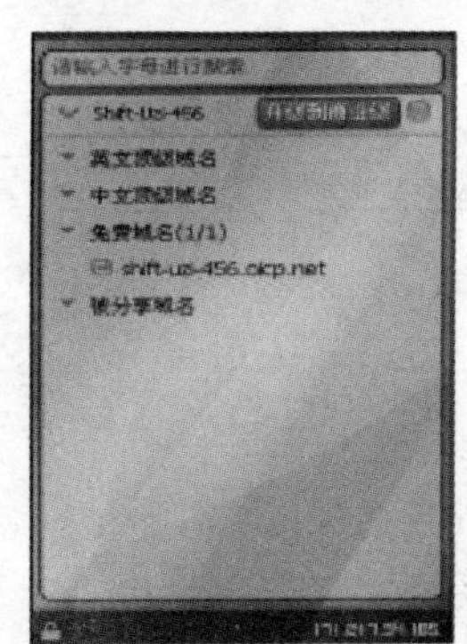

图 5.61　域名软件

所谓域名，就是起了一个 DTU 和服务器都知道的名字，如 yang.com 等。服务器将 yang.com 的 IP 存到域名解析服务器，DTU 根据域名 yang.com 到域名解析服务器获取服务器的 IP，根据取得的 IP 发起通信后就可以使用了。申请域名需要一定费用，但比固定 IP 要便宜一些，在比较复杂的系统里，最好还是用固定 IP。

2. DTU 的电路设计

DTU 的电路设计如图 5.62 所示。这里采用的 GPRS 模块为 SIM900A，R4、R5、R10、VL2、VT1 组成网络状态指示电路，显示注册、关机、GPRS 通信数

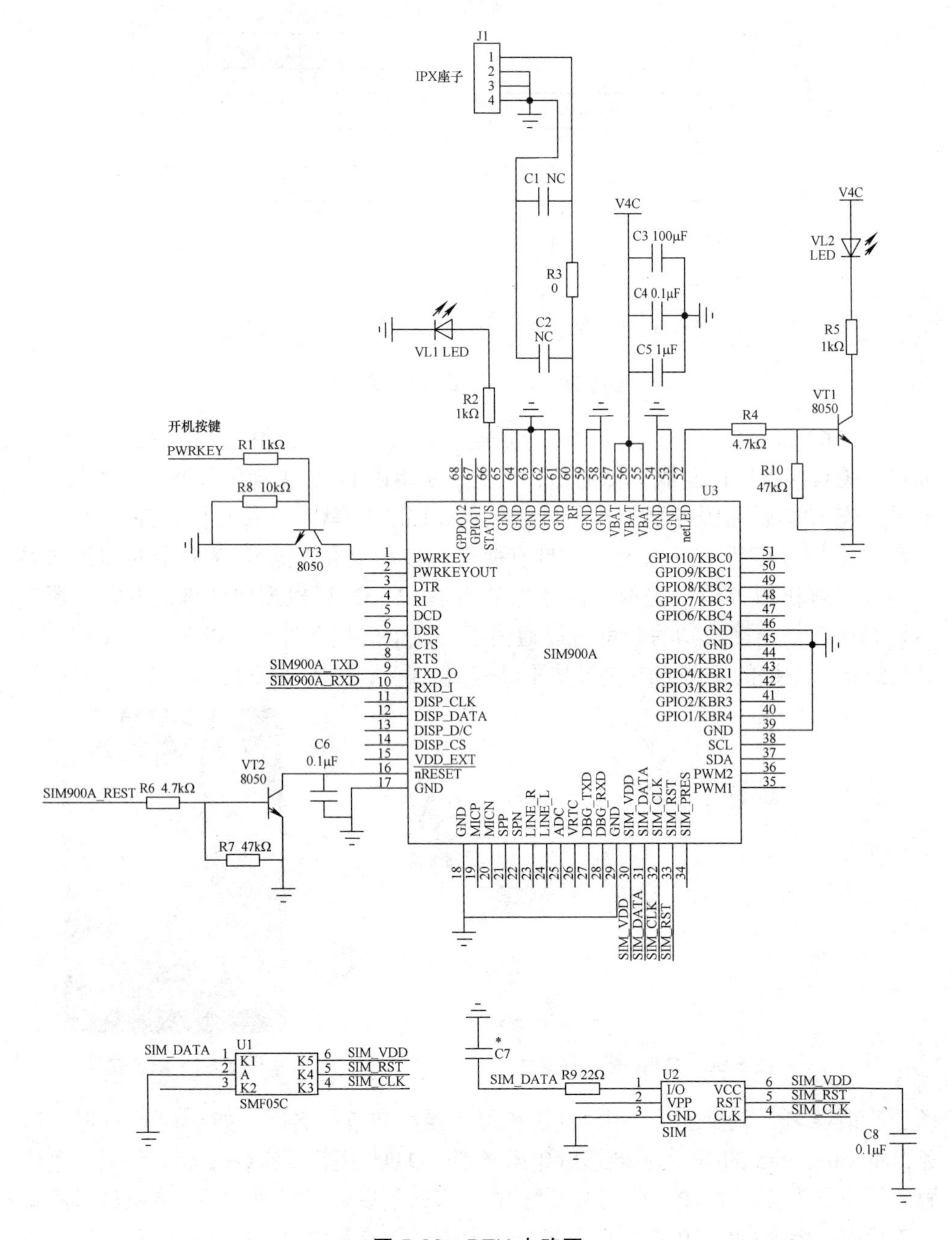

图 5.62　DTU 电路图

据流等信息。由 R1、R8、Q3 组成开机电路，由 R6、R7、VT2、C6 组成复位电路。U 为 SIM 卡 ESD 保护。U2 为 SIM 卡座，C1、C2、J1、R3 为天线电路部分，J1 是天线连接座子。D1、R1 是工作状态指示电路。SIM900A_TXD、SIM900A_RXD 分别与 MCU 的 RXD、TXD 连接。除上述外还有语音通话电路等，此处不再一一画出，可参考官方文档。

RS232 或 RS485 通信电路、电源电路，以及 MCU 部分也不在这里画出了。要特别说明的是，电源电路的设计要能提供足够的电流，不得小于 2A，否则会导致掉线等异常情况。此外天线也要用高增益的。这个系统不适合电池供电，如果要求低功耗，那可以选择 NB-IoT 通信。

软件设计是通过 MCU 与 GPRS 模块通信，采用 AT 指令就可以完成所需要的登录、数传、语音通话、收发短信等。

5.3.7　NB-IoT 新兴技术展望

物联网技术在一片欢呼声中突飞猛进，各大院校纷纷开设物联网专业，一片欣欣向荣的景象。通过数年的“征战”，最终还是回归了理性，一些院校已将物联网专业“下架”，工程师们也不再为了物联网而物联网。突飞猛进也罢，回归理性也罢，但物联网前进的脚步并没有停止，正朝着一条康庄大道迈进，而且在抄表、路灯、停车、家居、交通、农业等领域也得到了广泛的应用。

回过头来看，无论是 ZigBee，还是蓝牙、WiFi、短距离无线数据传输，都有它的存在空间，也各有优缺点，谁也取代不了谁。ZigBee 的网络功能，蓝牙和 WiFi 的速度、短距离无线通信的易用性，都有自己的一席之地。但是我们发现，要万物互联，还要有互联网。物联网接入互联网多采用 GPRS，使用过 GPRS 又会出现诸如费用高、覆盖有限、耗电大等诸多疑问。蓝牙和 WiFi 都被局限于家庭、室内等场合。介于此，蜂窝窄带物联网 NB-IoT 技术就“闪亮登场”了。

基于蜂窝的窄带物联网（Narrow Band Internet of Things，NB-IoT）成为万物互联网络的一个重要分支。NB-IoT 构建于蜂窝网络，只消耗大约 180kHz 的带宽，可直接部署于 GSM 网络、UMTS 网络或 LTE 网络，以降低部署成本、加大覆盖面。2017 年 12 月 21 日，中国移动新一代物联网——窄带物联网（NB-IoT）在山东全面商用，目前山东已建设超过 1 万个窄带物联网基站。

NB-IoT 的特点如下：

1）覆盖广：由于各种应用场景的不同，不能做到全覆盖，就限制了无线通信的应用，所以 NB-IoT 采用了覆盖增强技术，使得它可以在每一个角落使用。

2）连接多：NB-IoT 多连接也是一个重要特点，既然要万物互联，物联网的接入就得有“海量”的接入能力，NB-IoT 的接入能力可达 50000/ 区。

3）低功耗：使用过 GPRS 的人都知道，发射时最大功率可达 4W，要做到低功耗，那是困难重重。即使是使用 ZigBee 模块，供电也是一个大问题，一个好的电池的价格，比 ZigBee 模块的价格还高。在一些供电有限的场合，比如水库的水位测量，如果需要频繁的充电或更换电池，那将是一个极大的麻烦，人工费用都无法接受。由于 NB-IoT 采用了一系列的节能技术，简化了硬件，待机时关闭芯片，优化架构，关闭不工作的模块时钟，简化信令，使用低频晶振，无须复杂的操作系统支持，只需定时上报数据的设备，平时完全可以进入睡眠状态，定时唤醒后发送数据，发完数据又睡眠，节能手段几乎用到了极致！将功耗大大降低，甚至可以做成一次性的设备。

4）架构优化：优化的架构，使得成本降低、功耗减少，这也是 NB-IoT 一大特色。

5）低速率：实践证明，物联网都是小规模的数据传送，比如气象测温、水位等。虽说低速率，但 NB-IoT 下行速率大于 160kbit/s，小于 250kbit/s。上行速率大于 160kbit/s，小于 250kbit/s（Multi-tone）/200kbit/s（Single-tone）。我们不得小觑它的“本领”，支持语音是 NB-IoT 的目标。R14 版本还可以支持定位、多播、语音通话等。

6）低复杂度：NB-IoT 无须像 GPRS 那样，每次登录还要附着、上下文，复杂的信令“大牌”要够了才可以通信，特别是当你关闭 GPRS 后，再登录仍要耗费不少的资源，NB-IoT 则无须每次登录。用起来之方便，就像使用数传模块一样，所以它特别地像是一个广域的数传网络。

7）低成本：由于 NB-IoT 采用了一系列的措施，使得硬件便宜，使用费也很低。

我们在唱一阵赞歌之后，还得说点 NB-IoT 不足。NB-IoT 主要针对静止、低速情况使用，无法进行连接状态下的小区切换，由于它的移动性不好，不要将它像手机一样拿着到处“奔跑”，否则又得等到空闲时才能进行小区的重选。

如果要更详细地了解 NB-IoT 的知识，还需买一本专业的书籍，不要老是泡在网上“跪求这跪求那”，找一些支离破碎又不靠谱的东西，会“贻误战机”。

喜欢动手的，可以买个如图 5.63 所示的 NB-IoT 模块设计个电路，相信会有更大的收获。

图 5.63　NB-IoT 模块

5.4 网络通信

5.4.1 WiFi 通信

WiFi 属 IEEE 802.11 标准的 802.11b 子集，是一种无线传输分组数据的标准。它的传输速度较高，可以达到 11Mbit/s。WiFi 主要用于室内无线连接或室外热点覆盖，是当前最热门的短距离无线传输技术。

IEEE 802.11 第一个版本发表于 1997 年，其中定义了介质访问接入控制层和物理层。物理层定义了工作在 2.4GHz 的 ISM 频段上的两种无线调频方式和一种红外传输的方式，总数据传输速率设计为 2Mbit/s。

WiFi 属于短距离无线通信技术，是一种网络传输标准。在日常生活中，早已得到普遍应用，也很常见。现在吃个快餐都会问老板 WiFi 密码是多少，可见一斑。

在物联网的通信中，往往是数据量不大，但设备数量较多，所以总是用一些价格相对便宜，效果不错的 WiFi 芯片来实现。一款名为 ESP8266 的 WiFi 芯片在前几年以当时同类芯片最低价的$\frac{1}{4}$闪亮登场，让高贵的 WiFi 芯片厂商吃惊不小。这里还是以这个“厉害”的芯片为例来说说 WiFi 通信。

ESP8266 符合 IEEE802.11b/g/n 标准，内置 TCP/IP 协议栈，+19.5dbm 的输出功率，内置温度传感器，内置低功耗 32 位 CPU，SDIO2.0、SPI、UART，待机功耗小于 1mW。

对于与网络有关的设计，都必须过 TCP/IP 这一关。要完全弄懂 TCP/IP 不是件容易的事情，但对已经嵌入了 TCP/IP 协议栈的芯片，门槛大大降低，我们只需要懂一些基本的网络通信知识，就能实现网络通信。ESP8266 恰恰就将 TCP/IP 协议栈嵌入其中，只要用一些简单的 AT 指令就可以完成连接、收发数据等网络通信功能。

ESP8266 的具体应用不在这里详细说明，如果需要的话，买一块测试板，商家会提供相关的资料、网络调试助手、串口调试助手等非常全的资料。

无线 WiFi、NB-IoT、GPRS 等都是物联网中重要的通信方式。有一点我们必须要弄明白，那就是要实现物物相连的这些通信方式，能不能像打电话一样直接相连的问题。在网络通信中，如果不是在同一局域网下，是不能直接通信的，这是因为网络 IP 地址是不固定的，就像随时都会变化的电话号码，为了解决这个问题可采用固定 IP 的方式解决，但固定 IP 的服务器必须一直在线，不能停电、备份等，而且服务器的功能要齐全，有“服务”的本领，这些都会给单独搭建服务器带来挑战。为了很好地解决这些问题，最好的方法就是使用云平台服务。使用云平台服务就可以不用自己去买主机、硬盘、CPU、内存等设备，不需要复杂的程序，也不需要考虑设备之间能不能连接等问题。这里所说的云平台就是安装在看不到的机房里计算机上运行的服务程序，比如物联网云就能完成数据量不大的设备之间的数据转发、处理等。使用云平台可以减少开发的工作量，还有高可靠性的保障。

5.4.2　玩转低门槛的物联网专用以太网通信芯片

要在物联网产品上实现以太网通信，有两方面的问题。一是技术难度的问题，要熟悉 TCP/IP 协议栈，将其移植到自己的板子上，还要牵涉到操作系统，都不是一件容易的事。从事电子专业的要弄明白 TCP/IP 的诸多问题，不能只靠“愚公移山”的精神，需要的是“智慧”。二是成本的问题，物联网产品往往规模不大，体积要小，价格要低。基于此，一种内嵌 TCP/IP 协议，驱动简单的以太网通信芯片 W5100，为物联网应用应运而生了。

W5100 是一款多功能的单片网络接口芯片，内部集成 10/100Mbit/s 以太网控制器，主要应用于高集成、高稳定、高性能和低成本的嵌入式系统中。使用 W5100 可以实现没有操作系统的 Internet 连接。W5100 与 IEEE 802.3 10BASE-T 和 IEEE 802.3u 100BASE-TX 兼容。后来又有 W5200 等新的型号。这里还是以 W5100 来说明。

W5100 内部集成了全硬件的、成熟的 TCP/IP 协议栈，以太网介质传输层（MAC）和物理层（PHY）。全硬件 TCP/IP 协议栈支持 TCP、UDP、IPv4、ICMP、ARP、IGMP 和 PPPoE。使用 W5100 不需要考虑以太网的控制，只需要进行简单的端口编程，它在小到 51 单片机上都可以实现 TCP/IP 通信，这正是我们所想要的效果。

W5100 提供了 3 种接口：直接并行总线、间接并行总线和 SPI 总线。W5100 与 MCU 接口非常简单，就像访问外部存储器一样。可以买一个成品电路板，再索要相关驱动程序，理解清楚后，就可以移植到自己的板子上了。

能和单片机通过 SPI 等简单接口进行连接的以太网通信芯片还有 CH395 等，它们简单易用，特别适合在物联网上使用。

要能顺利实现 W5100 的网络通信，还得先把网络通信的基本过程给弄明白。

我们先来学会使用网络调试软件。可以到网上下载一个网络调试助手，安装在你的计算机上。下面以图 5.64 所示的网络调试软件为例来简单说明它的用途。

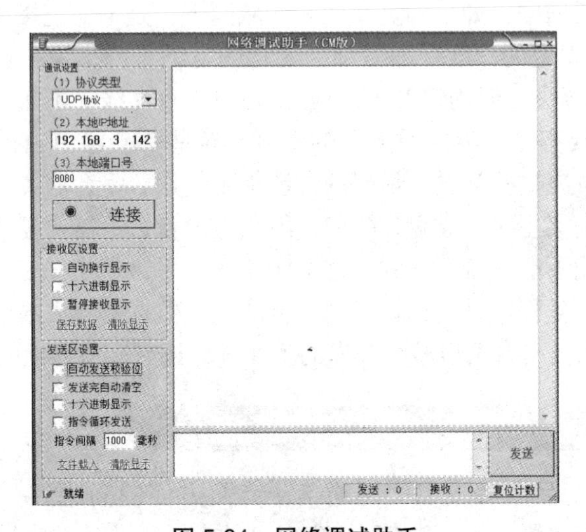

图 5.64　网络调试助手

“协议类型”一栏里有 3 个选项，UDP、TCP Client、TCP Server。UDP 是无连接的通信，它就像寄信一样，按照地址寄出去就算完成了，但是否能收到，地址对不对，都是未知的，所以是一种不可靠的连接。TCP Client、TCP Server 都属于 TCP 通信，是在建立连接的基础上的一种通信，就像打电话，要拨通电话后，才能通信，如果电话号码有误，那么连接无法建立，就更不可能通信了，但它是一种可靠的连接。TCP Client、TCP Server 的区别是：TCP Client 是客户端，TCP Server 是服务端。客户端会主动发起连接，也就相当于它永远都只有给别人打电话的命，而服务端只接收来自客户端发起的连接，相当于从不给别人打电话，因为它会有多个客户端向它发起连接，处理各种事情。也许有人会问，既然 UDP 不可靠，为何还要用呢？这是因为 UDP 虽不可靠，但它没有复杂的往返，可以提高速度，即使有数据丢失，也无大碍，重要的是要快。TCP 虽然要慢一些，但常用于可靠性要求高的场合。

“本地 IP”栏，就是计算机 IP，这个 IP 是连接路由器分配的内部 IP，而不是外网的 IP，这个 IP 有可能是自动获得的，有可能是设置成固定的形式，可以在计算机上查看，如图 5.65 所示。

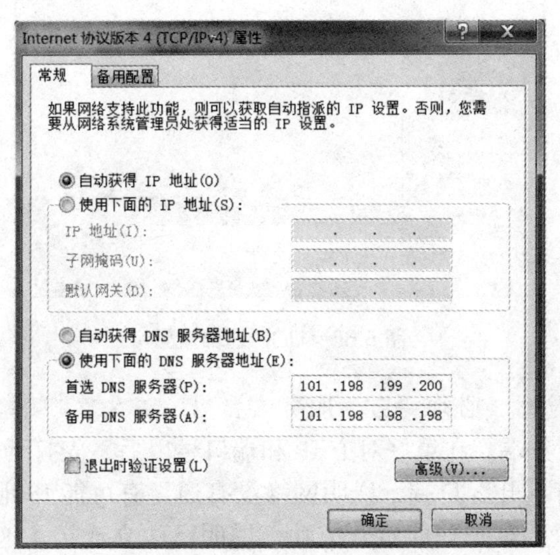

图 5.65　计算机 IP 设置

“端口号”一栏，端口号是除了 IP 地址外的一个重要设置，端口号是指定数据需要到达所运行的目标程序，当然运行的程序里会使用到这个端口，才有可去的“家”。不然，程序到达路由器后，不知道要到哪台计算机，要到哪个程序。端口号的范围从 0 到 65535，比如用于浏览网页服务的是 80 端口，用于 FTP 服务的是 21 端口等。在设置自己的端口时，可以设置在 3000 以上，并需要在路由器上设置对应的端口号映射。比如图 5.64 的端口号设置为 8080，那么数据到了指定的

IP 地址后，路由器就会指定它到这个映射的网络调试器。如果是你自己写的程序，那么也要在程序里指定器端口号。

“接收区设置”和“发射区设置”就比较简单了，收发双方要么都用十六进制，要么都用字符方式，不然看上去会是乱码。

如果只想用这个网络调试器来做网络通信实验，可以在两台计算机上都运行这个调试软件。使用 UDP 通信时，双方都用 UDP，填好己方端口号，单击连接后，在图 5.66 中“目标 IP”里填写对方计算机的 IP 地址以及对方端口号就可以了收发数据了。注意这里的 IP 地址是内网的 IP。这时可以试试看能不能收发数据。如不能，有可能设置不对，或网线故障或其他原因根本不能上网，检查好后再试。

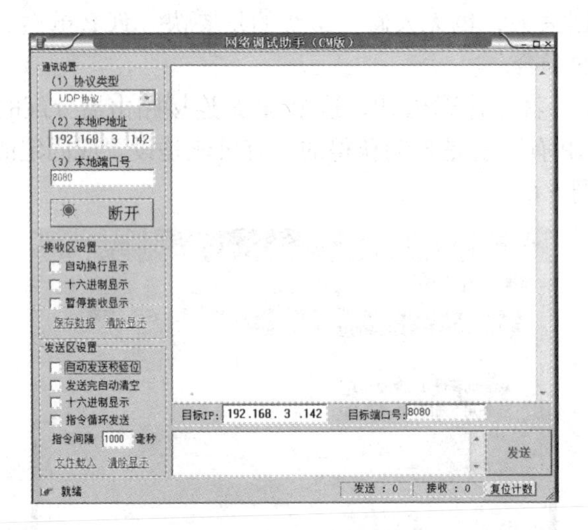

图 5.66　UDP 通信设置

在做 TCP 实验时，必须一方为服务端，另一方为客户端。不可以同为客户端，也不可同为服务端。在填好对方 IP 和端口号以后，先打开服务端。然后再打开客户端。如果打不开客户端，说明网络没有通，有可能 IP 地址、端口号错误，或无法上网等。只要客户端能打开成功，说明已建立连接，这时就可以通信了，如图 5.67 所示。

W5100 的硬件设计其实并不复杂，根据官方文档的内容就可以很容易设计成功。但需要注意的是，网络接口 HR911105A 不要弄错。

图 5.68 是 W5100 主电路，图 5.69 是与单片机连接的做座子，图 5.70 是 HR911105A 的连接图，图 5.71 是电源与指示灯图，图 5.72 是 RJ45 外形与内部电路图，图 5.73 是 RJ45 引脚图。

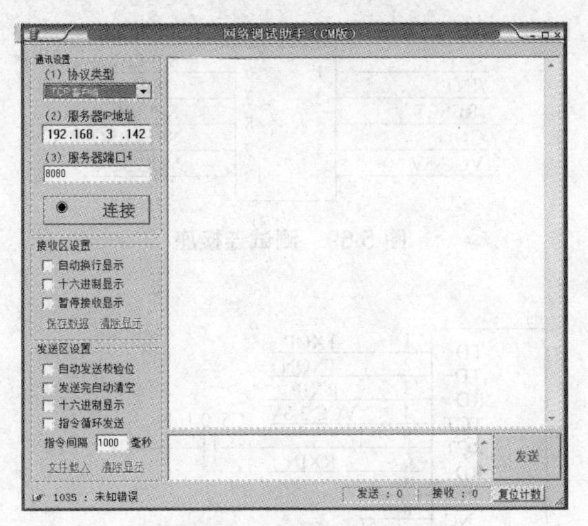

图 5.67　TCP 通信实验

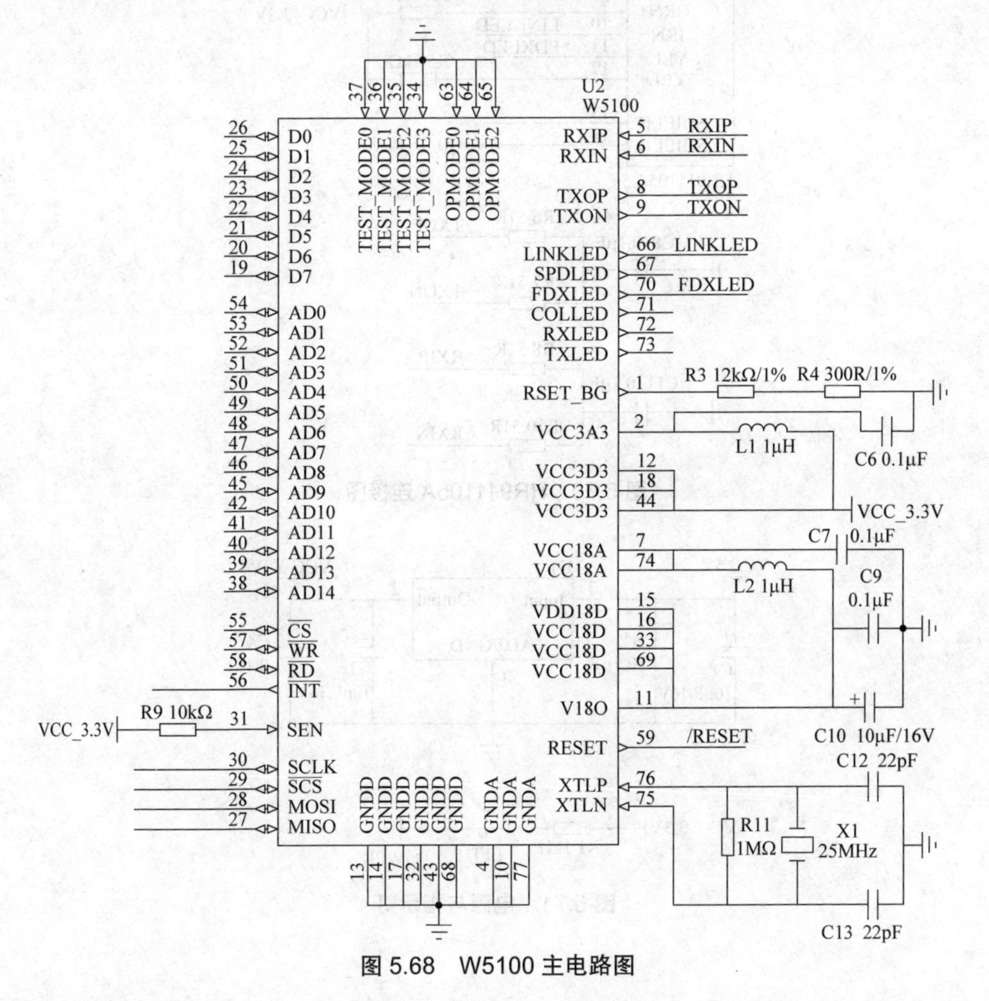

图 5.68　W5100 主电路图

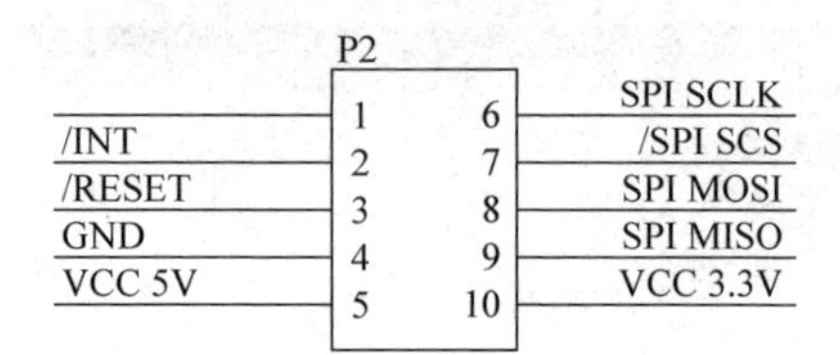

图 5.69　测试连接座

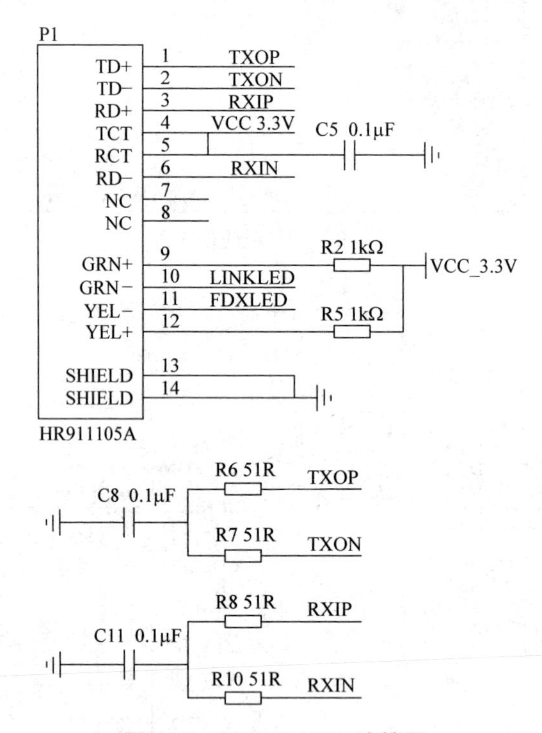

图 5.70　HR911105A 连接图

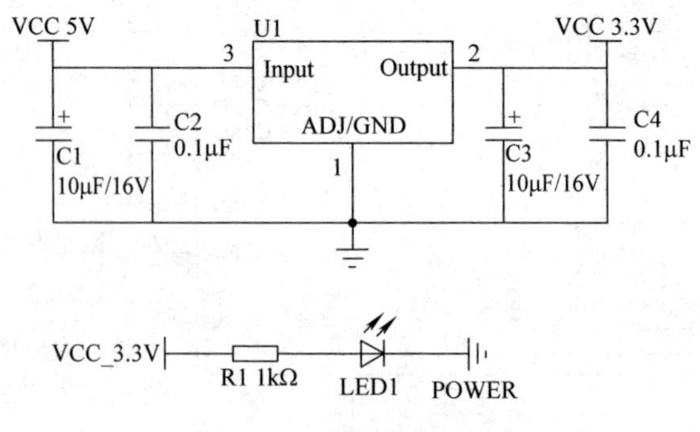

图 5.71　电源与指示灯

图 5.72　带变压器的 RJ45 网络插座及内部电路

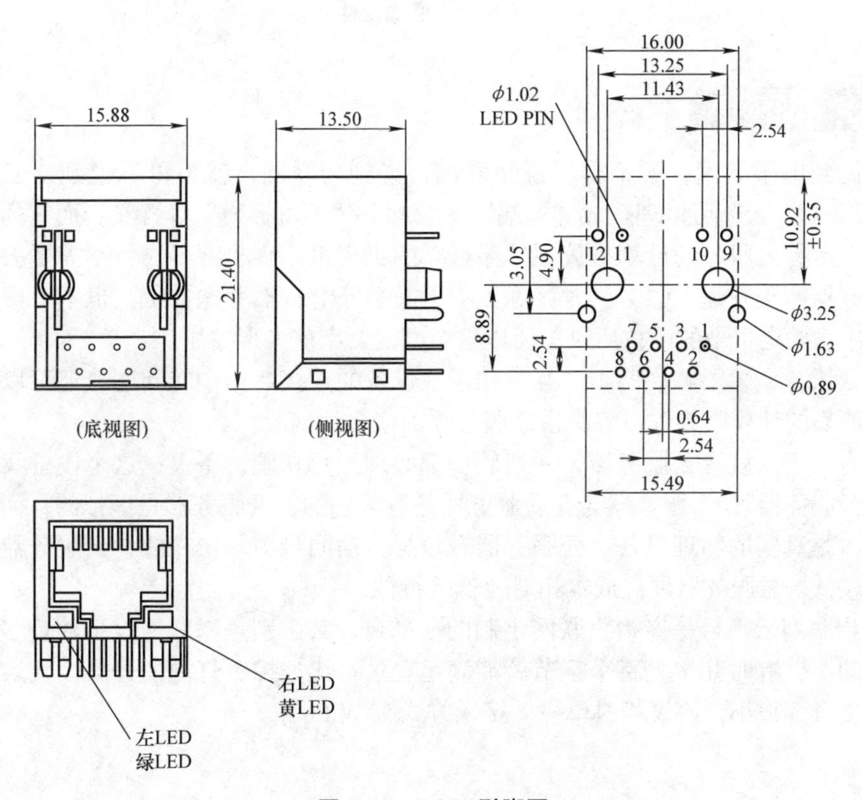

图 5.73　RJ45 引脚图

如果需要自己做软件接收来自 TCP/IP 的数据，在用 VB6.0 写的程序中，使用 Winsock 控件时，记得要在“部件”里将 Microsoft Winsock Control 6.0（SP6）勾选，如图 5.74 所示。

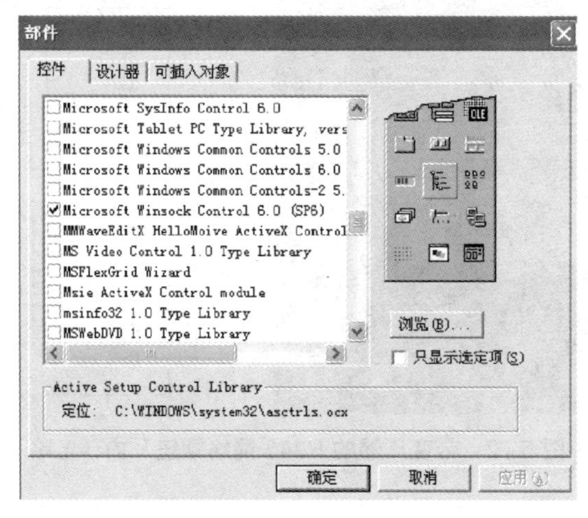

图 5.74　添加控件

5.4.3　物联网云

说到电子技术，就不得不说物联网，说到物联网，就不得不说到“云”与“云服务”。“云”可以理解成“远端”、“云端”、“不可捉摸”等含义，而它的实质就是把运行云服务的计算机放在“遥远”的机房里，它非常可靠，不需要去为架设服务器购买硬盘、CPU、内存等，不用操心停电，不考虑备份，也不考虑会不会被小偷搬走带来的严重后果，所以这个“云”字就太形象了。

云服务，除了解决两个“互不相识”设备的连接数据中转问题，还可以通过稳定可靠的计算服务等，解决搭建服务器的诸多烦恼。

有“云”就有云服务器，一切软件都必须运行在硬设备上，这个设备我们称为“云服务器”，云服务器与普通服务器是有区别的，云服务器是虚拟的，而普通服务器是真实的物理设备。云服务器有数据自动同步与备份功能，云服务器带宽相对较低，云服务器硬件成本相对较低等特性。

物联网云平台是专为物联网定制的云平台，其区别是物联网设备数量多，数据量却小，有时几十上百个字节就能满足要求，比如控制灯泡的开关，气表抄表等数据量都很小，协议相对单一。接入方式有 WiFi 等。

5.5 通信协议

5.5.1 Modbus 通信协议

Modbus 是由 Modicon 在 1979 年发明的，是全球第一个真正用于工业现场的总线协议。

Modbus 网络是一个工业通信系统，由智能终端和计算机通过公用线路或局部专用线路连接而成。其系统结构既包括硬件也包括软件，可应用于各种数据采集和过程监控。

Modbus 网络只有一个主机，所有通信都由它发出，这也就决定了它只能采用轮询的方式进行通信，从机不得主动向主机发数据，哪怕是报警也得由主机询问。其可支持 247 个的远程从属控制器，但实际所支持的从机数量要根据所用通信设备和实际情况而定。

1. Modbus 的特点

Modbus 具有以下几个特点：

1）标准、开放，用户可以免费、放心地使用 Modbus 协议。

2）Modbus 可以支持多种通信接口，如 RS232、RS485 等，还可以在多种介质上传送，如双绞线、光纤、无线数传等。

3）Modbus 的帧格式简单、紧凑，通俗易懂。它是一个制定的比较完善的公共格式。这就避免了五花八门的自定义格式，具有很好的通用性。

2. Modbus 的传输模式

其具有两种传输模式：ASCII 或 RTU，其中的任何一种都可以在标准的 Modbus 网络通信。

ASCII 模式：ASCII 即美国标准信息交换代码，比如数字“23”的 ASCII 码为“0x32”与“0x33”占用两个 8bit 才能完成。它的好处是在实际使用时在程序中方便处理，其“可恶”之处在于数据会比 RTU 长一倍。

RTU 模式：在消息中的每个 8bit 字节按照原值传送，采用十六进制数 0~9，A~F 传送，如数字“23”用 8bit 就可以完成，数据量比 ASCII 少，但程序处理起来比较麻烦。到底是用 ASCII 还是用 RTU 应根据情况权衡。

数据在传输过程中难免会出错，如果不加校验，可能会出现不可预料的后果。比较完善的校验是 CRC（循环冗余校验），还有 LRC（纵向冗余校验）。ASCII 采用 LRC 校验，RTU 采用 CRC 校验。

3. 数据帧格式（帧格式见表 5.4）。

表 5.4　数据帧格式

Address	Function	Data	Check
8-bits	8-bits	N x 8-bits	16-bits

1）地址（Address）域:地址域在帧的最前面，它由一个字节（8 位二进制码）组成，用十进制理解就是 0~255，在我们的系统中只用到 1~247，其他地址保留，也可以扩充为一些其他用途。在系统中，终端设备的地址不得重复，每个设备有独立的地址，接收数据时每个设备都能收到，只是被询问的地址才作应答而已。主设备是广播的方式向从设备发送数据。这个很像老师在课堂上提问，被点名的才回答，大家都能听到。

2）功能（Function）域：功能域代码告诉了被寻址到的终端执行何种功能。表 5.5 列出了该系列仪表用到的功能码，以及它们的意义和功能。

表 5.5　功能域意义

代码	意义	行为
03	读数据寄存器	获得一个或多个寄存器的当前二进制值
16	预置多寄存器	设定二进制值到一系列多寄存器中

3）数据（Data）域：数据域包含了终端执行特定功能所需要的数据或者终端响应查询时采集到的数据。这些数据的内容可能是数值、参考地址或者设定值。例如，功能域码告诉终端读取一个寄存器，数据域则需要指明从哪个寄存器开始及读取多少个数据，内嵌的地址和数据依照类型和从机之间的不同，内容也会有所不同。

4）错误校验（Check）域：该域允许主机和终端检查传输过程中的错误。有时，由于电噪声和其他干扰，一组数据在从一个设备传输到另一个设备时，在线路上可能会发生一些改变，出错校验能够保证主机或者终端不去响应那些传输过程中发生了改变的数据，这就提高了系统的安全性和效率，RTU 错误校验使用了 16 位循环冗余的方法（CRC16）。测试时可以下载一个 CRC 计算器（见图 5.75），但实际使用时需要用程序完成。

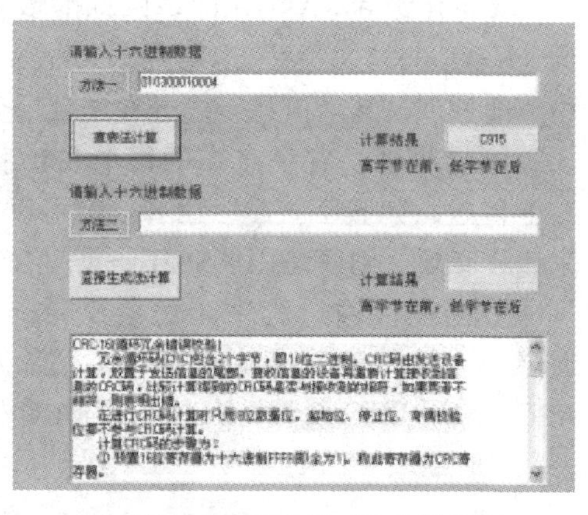

图 5.75　MODBUS　CRC 计算器

下面给出 CRC 校验程序，供参考。

```
//.........................................................
 CRC 程序：
//.........................................................
//crc: 校验子程序
// 开始地址指针 ADRS，需校验字节数量 SUM
// 校验结果：高位 CRCH，低位 CRCL
//.........................................................
void CCRC (unsigned char *ADRS, unsigned char SUM)
{
        unsigned int   CRC;                                   // 校验码
        unsigned char  i, j;
        CRC=0xFFFF;
        for (i=0;i<SUM;i++)
        {
                CRC^=*ADRS;
                for (j=0;j<8;j++)
                {
                        if ((CRC & 1)==1)
                        {
                         CRC>>=1;
                         CRC^=0xA001;
                        }
                        else
                        {
                         CRC>>=1;
                        }
                }
                ADRS++;
        }
        CRCL=CRC&0xFF;           //CRC 低位
        CRCH=CRC>>8;             //CRC 高位
}
```

LRC 校验 : 纵向冗余校验（Longitudinal Redundancy Check，LRC）是通信中常用的一种校验形式，也称 LRC 校验或纵向校验。它是一种从纵向通道上的特定比特串产生校验比特的错误检测方法。在工业领域 Modbus 协议 ASCII 模式采用该算法。实验的时候，可以在网上在线计算，计算器如图 5.76 所示。

具体算法如下 :

1）对需要校验的数据（2*n* 个字符）两两组成一个 16 进制的数值求和。

2）将求和结果与 256 求模。

3）用 256 减去所得模值得到校验结果（另一种方法：将模值按位取反然后

加 1)。

例如，16 进制数据：01 A0 7C FF 02

（16 进制计算） 求和：01 + A0 + 7C + FF + 02 = 21E　取模：21E % 100 = 1E　计算：100−1E = E2

（10 进制计算） 求和：01 + 160 + 124 + 255 + 02 = 542　取模：542 % 256 = 30　计算：256−30 = 226

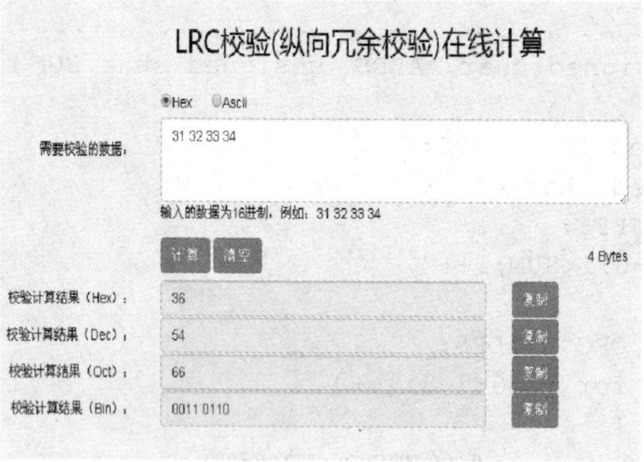

图 5.76　LRC 校验计算器

下面给出一段 LRC 校验代码供参考：

```
LRC 校验程序（C 语言）

#include <stdio.h>
#include <stdlib.h>
int main ( )
{
      char i;
      char  byte[5] = { 0x01 , 0xA0 , 0x7C , 0xFF , 0x02 };
      int sum =0;
      for (i=0;i<5;i++)
      {
      sum += byte[i] ;
      }
      sum =sum % 256;          //模 FF
      //sum = ~sum + 1;        //取反 +1
      printf ("%-2d ", sum);
      system ("pause");
      //return 0;
      }
```

4. 通信应用详解

采用 16 进制数据，数据格式见表 5.6。以 RTU 为例，地址为 01H，功能码为 03H，数据起始地址 0001H，读取数据个数 0004H，CRC 校验为 15C9H。这里的意思是要在地址 01H 的设备里读取数据，读取数据的起始地址是 0001H，要读的数据个数为 0004H。需要特别注意的是，读取数据的地址 0001H，与其说是地址，还不如说是暗示需要的数据是哪一种，比如读温度的地址是 0001H，这个 0001H 就暗示是温度的意思，至于这个数据是不是真的就放在 0001H 里，那是另外一回事。最后面是 CRC 校验。

表 5.6　数据格式

Addr	Fun	Data start reg hi	Data start reg lo	Data #of regs hi	Data #of regs lo	CRC16 lo	CRC16 hi
01H	03H	00H	01H	00H	04H	15H	C9H

注：表中，Addr：从机地址；Fun：功能码；Data start reg hi：数据起始地址寄存器高字节；Data start reg lo：数据起始地址寄存器低字节；Data #of regs hi：数据读取个数寄存器高字节；Data #of regs lo：数据读取个数寄存器低字节；CRC16 lo：循环冗余校验低字节；CRC16 hi：循环冗余校验高字节。

1）读取数据帧：读数据（功能码 03），此功能允许用户获得设备采集与记录的数据及系统参数。主机一次请求的数据个数没有限制，但不能超出定义的地址范围。下面的例子是从 01 号从机读 3 个采集到的基本数据，数据帧中每个地址占用 2 个字节，起始地址为 0025H，要读 3 个数据，紧接着的地址为 0026H，接下来的地址为 0027H，见表 5.7。

表 5.7　数据格式（一）

Addr	Fun	Data start Addr hi	Data start Addr lo	Data#of regs hi	Data #of regs lo	CRC16 lo	CRC16 hi
01H	03H	00H	25H	00H	03H	14H	00H

2）应答数据帧：应答包含从机地址 01H、功能码 03H、数据的个数 06H 和 CRC 校验。下面是读取 0025H、0026H、0027H 的应答，应答数据高位在前，低位在后，见表 5.8。

表 5.8　数据格式（二）

Addr	Fun	Byte count	Data1 hi	Data1 lo	Data2 hi	Data2 lo	Data3 hi	Data3 lo	CRC16 lo	CRC16 hi
01H	03H	06H	08H	2CH	08H	2AH	08H	2CH	94H	4EH

错误指示码：如果主机请求的地址不存在则返回错误指示码：FFH。

3）查询数据帧：功能码 16 允许用户改变多个寄存器的内容，该仪表中系统参数、开关量输出状态等可用此功能号写入。主机一次最多可以写入 16 个（32 字节）数据。

下面的例子是预置 ACR220EK、ACR320EFK 及 ACR420EK 地址都为 1 时同时输出开关量 Do1 和 Do2，见表 5.9。

表 5.9 数据格式（三）

ACR220EK：

Addr	Fun	Data start reg hi	Data start reg lo	Data #of regs hi	Data #of regs lo	Bytecount	Value hi	Value lo	CRC lo	CRC hi
01H	10H	00H	22H	00H	01H	02 H	30H	00H	B4H	D2H

ACR420EK：

Addr	Fun	Data start reg hi	Data start reg lo	Data #of regs hi	Data #of regs lo	Bytecount	Value hi	Value lo	CRC lo	CRC hi
01H	10H	00H	22H	00H	01H	02 H	C0H	00H	F0H	D2H

ACR320EFK：

Addr	Fun	Data start reg hi	Data start reg lo	Data #of regs hi	Data #of regs lo	Value hi	Value lo	CRC lo	CRC hi
01H	10H	00H	05H	00H	01H	00H	C0H	0DH	96H

应答数据帧：对于预置单寄存器请求的正常响应是在寄存器值改变以后回应机器地址、功能号、数据起始地址、数据个数（ACR320EFK 为数据字节数）、CRC 校验码，见表 5.10。

表 5.10 数据格式（四）

ACR220EK 和 ACR420EK：

Addr	Fun	Data start reg hi	Data start reg lo	Data #of regs hi	Data #of regs lo	CRC16 lo	CRC16 hi
01H	10H	00H	22H	00H	01H	A1H	C3H

ACR320EFK：

Addr	Fun	Data start reg hi	Data start reg lo	Bytecount	CRC16 lo	CRC16 hi
01H	10H	00H	05H	02H	9FH	91H

5.5.2 调光通信协议 DMX512

DMX512 是多路数字传输的协议。它是由美国剧场技术协会制定的数字多路复用协议，是一种用于发送器和调光设备之间的调光协议，是灯光行业数字化设备的通用信号控制协议。DMX512 协议是目前应用最广泛的一个数字调光协议。其规定主机和子机的互联方式采用总线型的网络结构，DMX512 是典型的一主多从方式的通信协议。

与传统的模拟调光系统相比，基于 DMX512 控制协议的数字灯光系统，以其强大的控制功能，给大、中型影视演播室和综艺舞台的灯光效果带来了翻天覆地的变化。但是 DMX512 灯光控制标准也有一些不足，比如速度还不够快，传输距离还不够远，布线与初始设置随系统规模的变大而变得过于烦琐等。另外，控制数据只能由控制端向受控单元单向传输，不能检测灯具的工作情况和在线状态，容易出现传输错误。后来经过修订完善的 DMX512-A 标准支持双向传输，可以回传灯具的错误诊断报告等信息，并兼容所有符合 DMX512 标准的灯光设备。另外，有些灯光设备的解码电路支持 12 位及 12 位数据扩展模式，可以获得更为精确地控制。

一个 DMX 控制字节叫作一个指令帧，也称为一个控制通道，可以控制灯光设备的一个或几个功能。一个 DMX 指令帧由 1 位开始位、8 位数据位和 2 位结束位共 11 位构成，采用单向异步串行传输，如图 5.77 所示。

图 5.77 中虚线内控制指令中的 S 为起始位，宽度为 1bit，是受控灯具准备接收并解码控制数据的开始标志;E 为结束位，宽度为 2bit，表示一个指令帧的结束；D0~D7 为 8 位控制数据，其电平组合从 0x00~0xFF 共有 256 个状态，它对应的十进制数是 0~255，控制灯光的亮度时，可产生 256 个亮度等级，0 最暗，255 最亮。DMX512 指令的位宽，也就是 1bit 宽度是 4μs，每帧宽度为 44μs，传输速率为 250kbit/s。

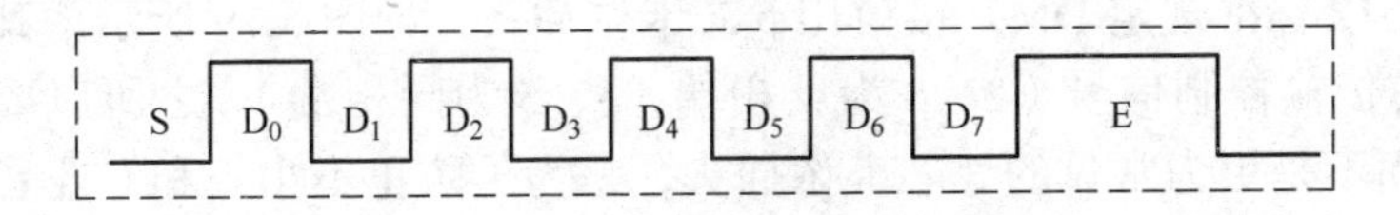

图 5.77　DMX512 定时程序的帧结构

一个完整的 DMX512 信息包（Packet）由一个 MTBP 位、一个 Break 位、一个 MAB 位、一个 SC 和 512 个数据帧构成，见表 5.11。MTBP（Mark TIme Between Packets）标志着一个完整的信息包发送完毕，是下一个信息包即将开始的“空闲位”，高电平有效。Break 为中断位，对应一个信息包结束后的程序复位阶段，宽度不少于两个帧（22bit）。程序复位结束后应发送控制数据，但由于每一个数据帧的第一位（即开始位）为低电平，所以必须用一个高电平脉冲间隔前后两个低电平脉冲，这个起间隔、分离作用的高电平脉冲为 MAB（Mark After Break），此脉冲一到，意味着“新一轮”的控制又开始了。SC（STart Code）意为开始代码帧（图 5.78 中的第 0 帧）与此后到来的数据帧一样，也是由 11 位构成，除两个高电平的结束位之外，其他 9 位全部是低电平，通常将其称为第 0 帧或第 0 通道，可理解为一个不存在的通道。

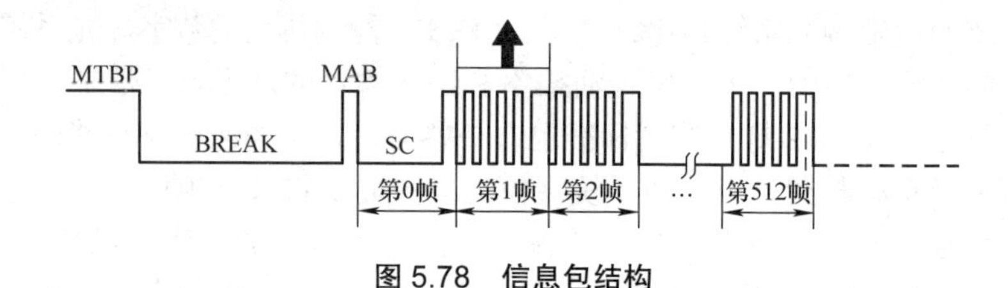

图 5.78　信息包结构

表 5.11　DMX512 信息包定时表

描述	最小值	典型值	最大值	单位
Break	88	88	1000000	μs
MAB	4	8	12	μs
指令帧		44		μs
开始位		4		μs
停止位		8		μs
数据位		4		μs
MTBP	0	NS	1000000	μs

1. DMX 接口的应用特点

DMX512 标准规定 DMX 接口用 5 芯卡侬插头，如图 5.79 所示。其中 1 芯接地，2~5 芯传输控制信号（2，4 为反相端，3，5 为同相端）。之所以要求用 5 芯卡侬插头而不是更为常见的 3 芯卡侬插头，是为了防止不小心和专业音响上常用的 3 芯卡侬插头产生误连接，因为音响设备上连接电容话筒的 3 芯卡侬插头可对外提供 48V 的幻象电压，这种错误连接，极易烧坏内部电路。尽管如此，很多计算机灯还是采用了 3 芯卡侬插头，如出现两种卡侬插头并存的情况，要用转接器予以正确转接。

所有数字化灯光设备均有一个 DMX 输入接口和一个 DMX 输出接口。DMX512 控制协议允许各种灯光设备混合连接，在使用中可直接将上一台设备的 DMX 输出接口和下一台设备的输入接口连接起来。不过需要清楚的是，这种看似串联的链路架构，对 DMX 控制信号而言其实是并联的。因为 DMX 控制信号进入灯光设备后“兵分两路”（见图 5.79）：一路经运放电路进行电压比较并放大、整形后，对指令脉冲解码，然后经驱动电路控制步进电动机完成各种控制动作；另一路则经过缓冲、隔离后，直接输送到下一台灯光设备。另外，从图 5.79 中运放所具有的电压比较作用不难得出这样一个结论：利用运放电路很高的共模抑制能力，可以极大地提高 DMX 控制信号的抗干扰能力，这就是为什么 DMX512 控制信号采用平衡传输的原因。

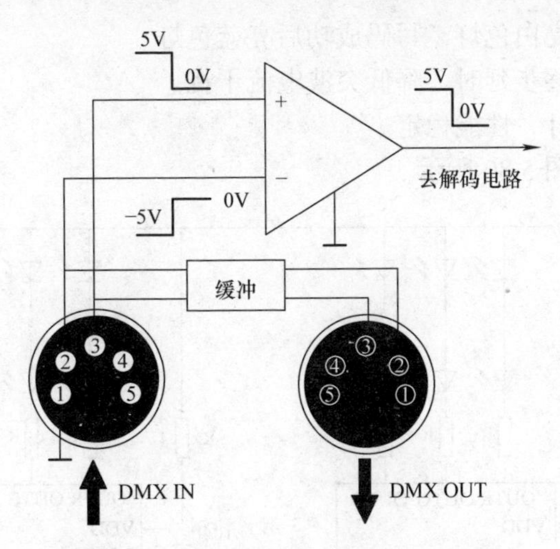

图 5.79 灯光设备 DMX 接口简化电路

2. 灯光驱动芯片 CX512

CX512 是 DMX512 差分并联协议 LED 驱动芯片。CX512 解码技术精准解码 DMX512 信号，可兼容并拓展 DMX512 协议信号，CX512 对传输速率在 200kbit/s~500kbit/s 以内的 DMX512 信号完全自适应解码，无须进行速率设置，寻址可达 4096 通道。CX512 内置 E^2PROM，无须外接，同时支持在线写码，芯片提供 3 个耐压 30V 可达 60mA 的高精度恒流输出通道，并且通过 1 个外接电阻来设定电流的输出大小。高端口刷新率，大幅提高画面刷新率。

CX512 的功能特点如下：

1）兼容并扩展 DMX512（1990）信号协议。

2）控制方式：差分并联，最大支持 4096 通道地址。

3）对信号传输速率为 200~500kbit/s 的 DMX512 信号可完全自适应解码。

4）内置 E^2PROM，无须外接 E^2PROM。

5）单独的地址串联写码线，可一次性自动写码，支持先安装后写码方式。

6）E2 地址码双备份模式，部分 E2 损坏也不影响地址码读取。

7）PWM 选择端可选择反极性降频功能，降频后端口刷新率为 500Hz。

8）PWM256 级灰度控制。

9）画面刷新率在 2kHz 以上。

10）内置 5V 稳压管。

11）OUTR、OUTG、OUTB 输出耐压大于 30V。

12）OUTR、OUTG、OUTB 四位恒流输出通道。

13）外置输出恒流可调电阻，每通道电流范围 3~60mA。

14）± 3% 通道间电流差异值，± 3% 芯片间电流差异值。

15）上电自检亮白色灯，写码成功后亮蓝色灯。

16）输出通道逐步延时，降低突波电流干扰。

17）工业级设计，性能稳定。

其应用电路如图 5.80 所示。

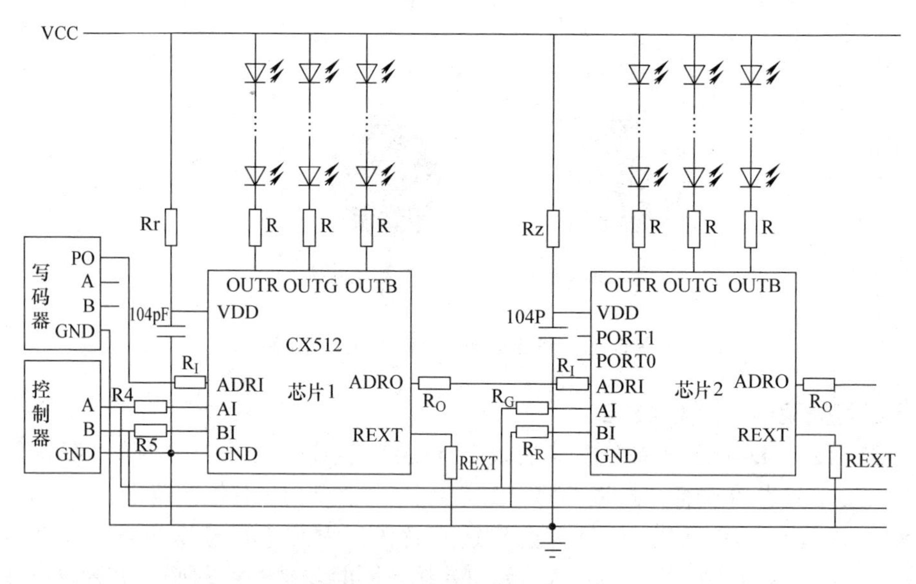

图 5.80　CX512 应用电路图

5.5.3　常用通信协议的制定方法

虽然说已有一些成形的通信协议，但在有些时候，工程师们喜欢根据自己产品的特点自己制定通信协议。

通信协议虽然可以根据自己的需要制定，但还是要具备基本的协议特征，比如报头、地址、命令、数据、校验报尾等。

下面以自助洗车通信协议的制定说明如下：

1. 接口方式

1）具备标准 RS232，RS485 接口、可配无线方式，GPRS 方式。

2）采用 4800bit/s/19200bit/s 传输速率。

3）与管理中心软件用 TCP 方式通信。

4）网络通信采用固定 IP（XXX.XXX.XXX.XXX）与端口号 XXX。

5）管理中心为服务端，洗车终端为客户端。

6）数据以十六进制传输，即 Hex。

2. 支付

支付采用投币、刷卡、微信方式，或选其一，或选其 N。

名称：A：管理中心，B：洗车终端。

按以下协议方式进行通信接口：

通信传输的指令格式如下：(Hex)

报头	设备地址	命令字	命令长	命令参数（数据字段）	CRC 效验（高位在前、低位在后）	报尾
2 字节	2 字节	1 字节	1 字节	N 字节	2 字节	1 字节
FD AA					含报头	FFH

A → B 管理中心到洗车终端。

B → A 洗车终端到管理中心。

3. 通信协议命令

（1）查询功能

1.0 查询当前时钟（A → B）

命令字：　01H

命令长度：0

如：FD AA　XXXX　01　00　XXXX　FF

　报头　地址　命令字　命令长　CRC 效验　报尾

1.1 应答当前时钟查询（B → A）

命令字：A1H

命令长：3

命令参数格式：

当前时钟 BCD 码	
3 字节	
XX（时）XX（分）XX（秒）	

例：FD AA　XXXX　A1　03　XXXXXX　XXXX　FF

　报头　地址　命令字　命令长　命令参数　CRC 效验　报尾

2.0 查询广告开关时间（A → B）

命令字：　02H

命令长度：0

如：FD　AA　XXXX　02　00　XXXX　FF

　报头　地址　命令字　命令长　CRC 效验　报尾

2.1 应答当前时钟查询（B → A）

命令字：A2H

命令长：6

命令参数格式：

当前时钟 BCD 码	
6 字节	
开：XX（时）XX（分）XX（秒）关：XX（时）XX（分）XX（秒）	

例：FD　AA　XXXX　A2　03　XXXXXX　XXXX　FF
报头　地址　命令字　命令长　命令参数　CRC 效验　报尾

3.0 水位查询（A→B）
命令字：　03H
命令长度：0
FD　AA　XXXX　03　00　XXXX　FF
报头　地址　命令字　命令长　CRC 效验　报尾
3.1 应答水位查询：（B→A）
命令字：　A3H
命令长度：01
命令参数格式：00H　（表示正常）
　　　　　　　01H　（表示异常）
例：
FD　AA　XXXX　A3　01H　XX　XXXX　FF
报头　地址　命令字　命令长　状态　CRC 校验　报尾

4.0 泡沫查询：（A→B）
命令字：04H
命令长：0
FD　AA　XXXX　04H　00　XXXX　FF
报头　地址　命令字　命令长　和校验　报尾
4.1 应答泡沫查询：（B→A）
命令字：A4H
命令长：01H
命令参数格式：00H　（表示正常）
　　　　　　　01H　（表示异常）
例：
FD　AA　XXXX　A4H　01　XX　XXXX　FF
报头　地址　命令字　命令长　命令参数　CRC 校验　报尾

5.0 漏水查询：（A→B）

命令字：05H

命令长：0

FD　AA　XXXX　05H　00　XXXX　FF

报头　地址　命令字　命令长　和校验　报尾

5.1 应答漏水查询：（B → A）

命令字：A5H

命令长：01H

命令参数格式：00H （表示正常）

01H （表示异常）

例：

FD　AA　XXXX　A5H　01　XX　XXXX　FF

报头　地址　命令字　命令长　命令参数　CRC 校验　报尾

6.0 门状态查询（A → B）

命令字：06H

命令长：00

命令参数格式：FD　AA　XXXX　06H　00　XXXX　FF

报头　地址　命令字　命令长　CRC 校验　报尾

6.1 应答门状态查询（B → A）

命令字：A6H

命令长：01H

命令参数格式：00H （表示开）

01H （表示关）

命令参数格式：FD　AA　XX　A6　01　XX　XXXX　FF

报头　地址　命令字　命令长　命令参数　CRC校验　报尾

7.0 洗车终端工作状态查询（A → B）

命令字：07H

命令长：00

命令参数格式：FD　AA　XXXX　07H　00　XXXX　FF

报头　地址　命令字　命令长　CRC 校验　报尾

7.1 应答洗车终端工作状态查询（B → A）

命令字：A7H

命令长：01H

命令参数格式：00H （表示开启）

01H （表示关闭）

命令参数格式：FD AA XXXX A7 01 XX XXXX FF

报头 地址 命令字 命令长 命令参数 CRC 校验 报尾

8.0 洗车终端费率查询（A→B）

命令字：08H

命令长：00

命令参数格式：FD AA XXXX 08H 00 XXXX FF

报头 地址 命令字 命令长 CRC 校验 报尾

8.1 应答洗车终端费率查询（B→A）

命令字：A8H

命令长：01H

命令参数格式：XX（0~99 扩大 100 倍后传回）

命令参数格式：FD AA XXXX A8 01 XX XXXX FF

报头 地址 命令字 命令长 命令参数 CRC 校验 报尾

9.0 用水量查询（A→B）

命令字：09H

命令长：00

命令参数格式：FD AA XXXX 09H 00 XXXX FF

报头 地址 命令字 命令长 CRC 校验 报尾

9.1 应答用水量查询（B→A）

命令字：A9H

命令长：02H

命令参数格式：XXXX

命令参数格式：FD AA XXXX A9 02 XXXX XXXX FF

报头 地址 命令字 命令长 命令参数 CRC 校验 报尾

（2）设置命令

1.0 时钟设置：（A→B）

命令字：21H

命令长：3

命令参数格式：

时间（BCD 码）
3 字节（时分秒）

FD AA XXXX 21H 03 XXXXXX XXXX FF
报头 地址 命令字 命令长 命令参数 CRC 校验 报尾

1.1 时钟设置应答：（B → A）

命令字：B1H

命令长：1

命令参数格式：00H （表示设置成功）

01H （表示设置失败）

FD AA XXXX B1H 01 XX XXXX FF
报头 地址 命令字 命令长 命令参数 CRC 校验 报尾

2.0 广告灯开关时间设置：（A → B）

命令字：22H

命令长：6

命令参数格式：

时间（BCD 码）
6 字节（开：时分秒 关：时分秒）

FD AA XXXX 22H 06 XXXXXX XXXX FF
报头 地址 命令字 命令长 命令参数 CRC 校验 报尾

2.1 广告灯开关时间设置应答：（B → A）

命令字：B2H

命令长：1

命令参数格式：00H （表示设置成功）

01H （表示设置失败）

FD AA XXXX B2H 01 XX XXXX FF
报头 地址 命令字 命令长 命令参数 CRC 校验 报尾

3.0 洗车时间设置：（A → B）

命令字：23H

命令长：3

命令参数格式：

时间（BCD 码）
3 字节（时分秒）

FD AA XXXX 23H 03 XXXXXX XXXX FF
报头 地址 命令字 命令长 命令参数 CRC 校验 报尾

3.1 洗车时间设置应答：（B → A）
命令字：B3H
命令长：1
命令参数格式：00H （表示设置成功）
01H （表示设置失败）
FD AA XXXX B3H 01 XX XXXX FF
报头 地址 命令字 命令长 命令参数 CRC 校验 报尾

4.0 强制洗车设置：（A → B）
命令字：24H
命令长：1
命令参数格式：00H （表示设置强洗）
01H （表示设置取消强洗）
FD AA XXXX 24H 01 XX XXXX FF
报头 地址 命令字 命令长 命令参数 CRC 校验 报尾
4.1 洗车时间设置应答：（B → A）
命令字：B4H
命令长：1
命令参数格式：00H （表示设置成功）
01H （表示设置失败）
FD AA XXXX B4H 01 XX XXXX FF
报头 地址 命令字 命令长 命令参数 CRC 校验 报尾

5.0 费率设置：（A → B）
命令字：25H
命令长：1
命令参数格式：XX （0~0.99 扩大 100 倍）
FD AA XXXX 25H 01 XX XXXX FF
报头 地址 命令字 命令长 命令参数 CRC 校验 报尾
5.1 费率设置应答：（B → A）
命令字：B4H
命令长：1
命令参数格式：00H （表示设置成功）
01H （表示设置失败）
FD AA XXXX B5H 01 XX XXXX FF
报头 地址 命令字 命令长 命令参数 CRC 校验 报尾

6.0 语音播放设置：(A→B)

命令字：26H

命令长：N（字数）

命令参数格式：N*4（汉字 GBK 编码）

FD　AA　XXXX　26H　N*4　N*4　XXXX　FF

报头　地址　命令字　命令长　命令参数　CRC 校验　报尾

6.1 费率设置应答：(B→A)

命令字：B4H

命令长：1

命令参数格式：00H　（表示设置成功）

01H　（表示设置失败）

FD　AA　XXXX　B6H　01　XX　XXXX　FF

报头　地址　命令字　命令长　命令参数　CRC 校验　报尾

（3）报警功能：

1.0 报警查询（B→A）

命令字：D1H

命令字长：1

命令参数格式：

报警种类	
00H	非法开门报警
01H	过温报警
02H	线路故障
03H	水箱故障
04H	广告灯故障
05H	微信号码遮挡
06H	泡沫故障
07H	缺水报警
08H	广告故障
09H	主板故障
0AH	泵故障
1AH	机器缺电报警
1BH	键盘卡键故障
1CH	投币故障
1DH	刷卡故障
2AH	漏水故障

FD AA XXXX D1 01 00 XXXX FF

报头 地址 命令字 命令长 命令参数 CRC 校验 报尾

2.0 报警应答（A → B）

命令字：41H

命令字长：1

命令参数格式：00H （表示报警成功）

01H （表示报警失败）

FD AA XXXX 34 01 00 XXXX FF

报头 地址 命令字 命令长 命令参数 CRC 校验 报尾

（4）心跳包：洗车终端 5min 内发一次，超过即为异常

报警（B → A）

命令字：D2H

FD AA XXXX D2 01 00 XXXX FF

报头 地址 命令字 命令长 命令参数 CRC 校验 报尾

报警应答（A → B）

命令字：D2

命令字长：1

命令参数格式：00H

（5）CRC 校验例程

CRC 例程：C 语言例程，校验结果以此为准。

```
void CCRC(uint8 *ADRS, uint8 SUM)
{
    uint16  CRC;                                    // 校验码
    uint8  i;
    uint8  j;
    CRC=0xFFFF;
    for(i=0;i<SUM;i++)
    {
        CRC^=*ADRS;
        for(j=0;j<8;j++)
        {
            if((CRC & 1)==1)
            {
             CRC>>=1;
             CRC^=0xA001;
            }
            else
```

```
            {
             CRC>>=1;
            }
        }
        ADRS++;
    }
    CRCH=CRC&0xFF;         //高位
    CRCL=CRC>>8;            //低位
}
```

第6章

电路设计

本章以“电路设计”为标题，显得并不“专业”，因为电路设计牵涉的面太广，可以说“博大精深”，不是几页、十几页就能说明白的，这里只不过是笔者在设计时的“一孔之见”而已，希望通过这些内容能够起到“抛砖引玉”的目的。

6.1 设计思路

6.1.1 摆脱“三板斧”的设计模式

在做电子产品研发时，拿到一个项目，你是不是做了这三件事：模块＋显示与按键＋单片机。比如，买个GPS模块、蓝牙模块、无线收发模块、功放模块等，加上数码管、液晶屏，再加几个按键与单片机拼起来就可以了呢？如果是，这就是我们叫的“三板斧”设计。

“三板斧”的设计有很多问题：

1）对各个部件一知半解，只知道使用，不知道具体细节，比如用无线模块，知道从串口收发数据，不知无线收发是如何实现的。

2）各个模块与单片机连接不好分配，比如多个模块都使用串口，程序不好处理，单片机会有些资源闲置。

3）结构设计不方便，会增大体积，一个产品里东一块、西一块，显得很零乱，结构会复杂，稳定性也不好。

4）装调复杂，不易检修。

5）成本会增加。

6）后续配套难以得到保证。

当然不是说不可以买模块，相反，买模块恰恰是一个好的方法，买到模块可以根据厂商提供的程序、电路图尽快理解，将其变为自己的东西。在理解吃透的基础上，根据自己的实际情况进行取舍，最终完成设计。但不要指望买模块就能解决所有的事情，还得学一些常规的电路设计，比如运放、施密特触发电路等，多积累一些单元电路，学会把模块电路“粘贴”在一起的技巧，能在电路设计上有所创新，那才叫“完美”。

6.1.2 操作最简单的定时器

定时器可谓五花八门，无处不在，手机、手表、计算机中都有定时器的身影。但就定时器而言，除了像秒表一类需要很准确外，像加热器一类只需准确到秒已经够用了。其重要的是操作要简单。就现有的定时器看，操作都不简单，比如厨房用定时器，要设置好时间多则按几十下，少则按十来下，确实很麻烦，如果要频繁设置那就很郁闷了。

图 6.1　定时器

我们来设计一款定时器，如图6.1所示，采用有0~9、*、# 的键盘，在设置时，比如设置12分58秒，直接按“1”“2”“5”“8”这 4 个数即可完成定时设定，可以考虑下还有没有比这个操作更简单的定时器。也许你会问，按完这 4 个数字它还没有开始计时，没关系，我们在连续按完 4 个数字（按键间隔在 2s 内），2s 内没有按键，计数器就会开始计时。由于等待 2s，在计时的时候扣除这个 2s，实际计时为 12 分 56 秒，这样就和需要的时间一样了。如果中途需要提前结束，就按下 # 号键即可，这个电路和程序占篇幅太多，特别是程序，动则上百行，就不在这里写了，相信大家都有过雷同的电路设计，修改一下即可用之，这里只是想说明一下设计思路而已。

6.1.3　学习型功率负载保护装置

家用大功率负载在正常使用时，都有相关的保护功能，但在非正常情况下，就会出现问题，如在电炉上烧水，外出忘记关闭或发生故障后，就有可能长时间加热，轻则烧干，重则发生火灾。

介于此，我们设计一款具有学习功能的保护装置，把它做成像电源插板一样（或者就直接做在电源插板里）串联在电路中，实现对使用者的行为进行学习，如每次使用的时间、通电电流、季节等，在使用者忘记关闭或故障时，根据以往的习惯加以控制。比如用电炉烧水，使用者会在使用时，打开开关，结束后关闭开关，那么这个装置就会记下使用者的使用时间、使用的电流，下次使用者在开机后，如超过前次的使用时间或电流，控制器就会将电断掉，如果使用者比前次的时间短，那么控制器就将这个新的时间记录下来，下次再按这个时间控制通电时间。

在控制器上设计几个按键，还可以作为定时用，比如给手机充电，按下按钮就通电 2~3h 后切断电源，还可以给电瓶车定时充电等，可以尽量发挥想象，应用于各种场景。

我们来看图 6.2，它的特点是采用单电源供电的由运放组成的全波整流电路。T1 是电流互感器，R1 是电流互感器的负载电阻，保证互感器不处于开路状态，输入的电流信号加到 ICa 和 ICb，ICla 和 R2、R4 组成一个放大量为 −1 倍的反相放大器，ICb 和 R3、R5 组成电压跟随器。电流信号的负半周经 ICa 反相放大后变成正半周信号输出。电流信号的正半周经 ICb 作缓冲后输出，输出信号的波形不变，仍然是正半周信号。ICa 和 ICb 输出的输出信号经由二极管 VDl 和 VD2 组合后输出。其输出波形与用全波整流电路以及桥式整流电路得到的整流波形相同，输出仿真波形如图 6.3 所示，实际波形和仿真波形相同。仿真波形的下面是输入波形，上面是输出波形。由于二极管 VDl 和 VD2 在正向导通时存在有管压降，所以输出电压不会达到 5V。我们可以将 AD 电压压缩到 2.5V，这比 5V 好一些，因为如果电源电压不足 5V 时，即使是满摆幅运放，也无法输出最高 5V 电压，还有一个好处是可以不使用轨到轨运放。经 ICa 和 ICb 等电路组成整流电路整流后，通过 AD 与图 6.4 中的单片机 STC12C4052AD 连接进行 A-D 转换。

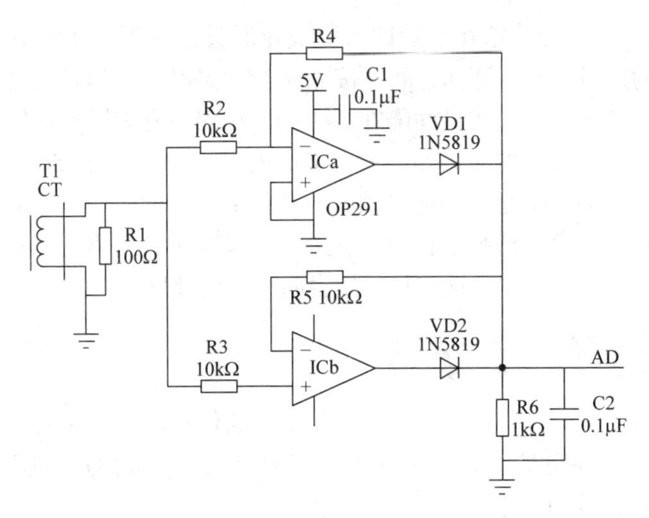

图 6.2 电流检测电路

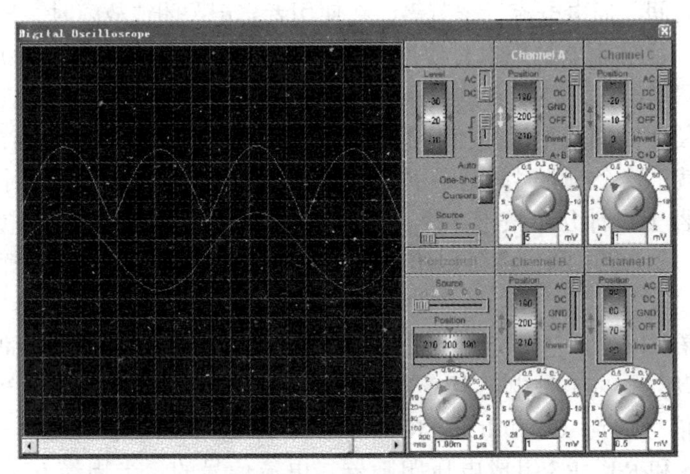

图 6.3 整流仿真图

图 6.4 中的 AD 与图 6.2 中的整流输出连接，可以得到负载电流，当电源接通后，开始计时，负载关闭后的时间写入 AT24C04 中，与前次通电时间作比较，并以此决定是否断电，同时监视电流的状况。继电器 J1 用于控制负载 RL 的通断。

6.1.4 电流互感器的开路、短路检测方法

在开发一款剩余电流式电气火灾监控探测器时，这款产品是有国标的，那就得按照国标的要求来设计，相关内容的局部如下所示：

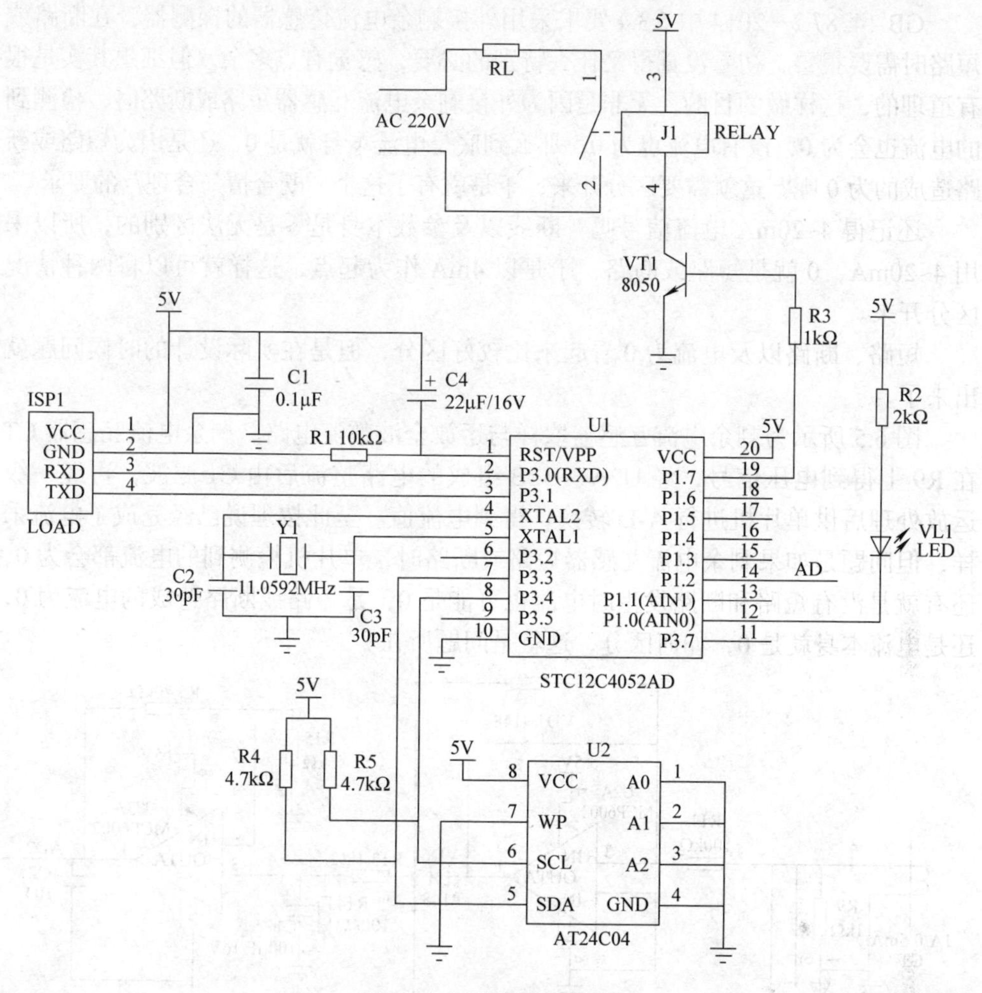

图 6.4 保护装置电路图

电气火灾监控系统 第 2 部分：剩余电流式电气火灾监控探测器

Electrical fire monitoring system—Part 2: Residual current electrical fire monitoring detectors

GB 14287.2—2014

5.3.4 采用外接剩余电流传感器的探测器，信号处理单元与其连接的剩余电流传感器间的连接线断路或短路时，探测器应能在 100s 内发出声、光故障信号；故障声信号与报警声信号应有明显区别；故障声信号应能手动消除；故障光信号应保持至故障状态恢复。

GB 14287.2—2014 中 5.3.4 要求采用外接剩余电流传感器的探测器，在断路或短路时需要报警，初看没觉得又什么特别的必要，感觉有点多余，但细想其实是很有道理的，这样做的目的，无非是因为外接剩余电流互感器短路或断路时，检测到的电流也会为 0，没有电流也为 0，那么到底是电流本身就是 0，还是因为短路或断路造成的为 0 呢？这就需要区分开来，于是就有了这个“既合情又合理”的要求。

还记得 4~20mA 电流信号吗？断线以及参数本身是零是无法区别的，所以采用 4~20mA，0 就是短路或断路，于是以 4mA 作为起点，这样就可以将两种情况区分开来。

短路、断路以及电流为 0 看起来比较好区分，但是在实际设计的时候问题就出来了。

图 6.5 所示为剩余电流互感器取样与运放全波整流电路。剩余电流互感器 CT 在 R9 上得到电压信号，经 U2A、U2B 组成的电路整流后由 C1 滤波，再经一级运放处理后供单片机进行 A-D 转换，得到电流值。至此按理说已经完成了电流采样，但问题是如果剩余电流互感器短路或断路时，单片机检测到的电流都会为 0，还有就是没有短路和断路发生时电流也可能是 0，是短路或断路造成的电流为 0，还是电流本身就是 0，如何区分，这就是问题所在。

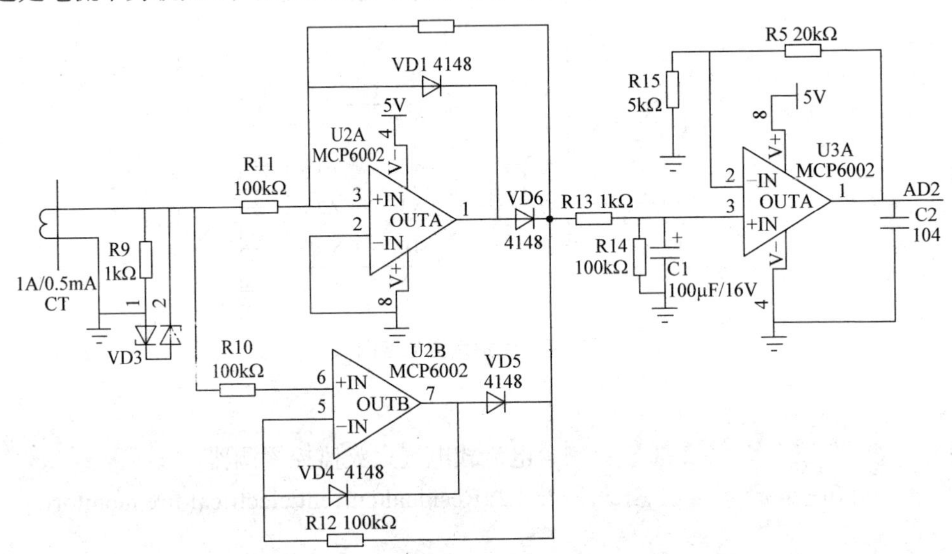

图 6.5　剩余电流互感器取样与运放全波整流电路（一）

查阅了相关资料，有解决这个问题的办法，但是别人的专利，不能使用，这就得自己设计。设计这个电路最困难的是，不能因为有其他电路的参与影响到对电流测量的准确性，因为国家标准里也有对电流准确性的要求，经过反复的实验，最终设计的电路如图 6.6 所示。

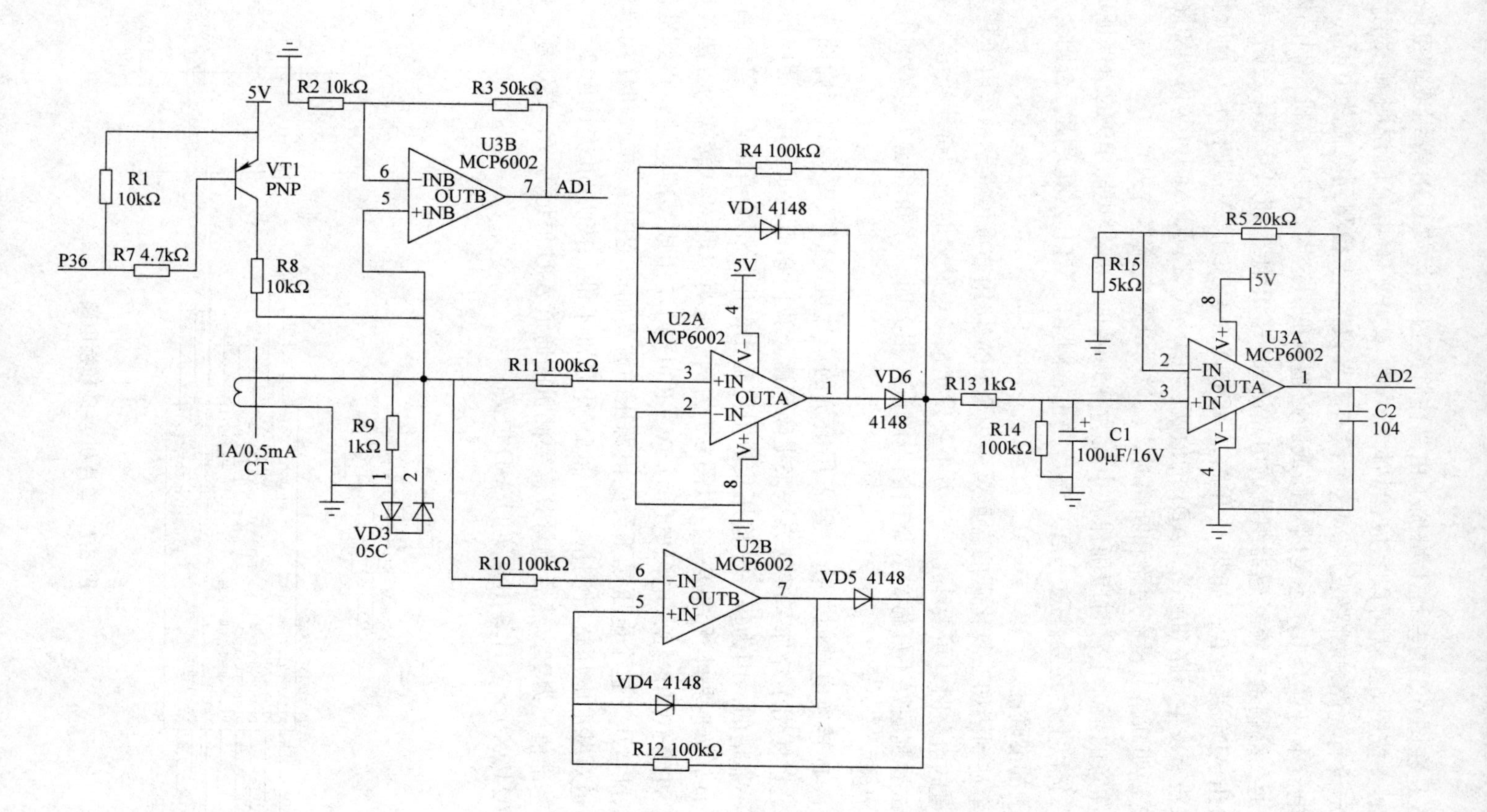

图 6.6　剩余电流互感器取样与运放全波整流电路（二）

图 6.6 是在图 6.5 的基础上增加了由晶体管 VT1 和运放 U3B 等组成的电路。正常测量时，按图 6.5 就可以完成，晶体管 VT1 截止，有电流时说明剩余电流互感器肯定没有短路和断路发生，这个没有“异议”。当检测到电流为 0 时，就要判断是电流本身就是 0，还是因短路或断路造成的。这时，由单片机控制晶体管 VT1 导通，给剩余电流互感器组成的电路施加一个电压，如果互感器短路，运放 U3B 输出 AD1 就是 0；如果是开路，AD1 就会有大于 2V 的电压（分压得到）；如果没有发生短路和断路，AD1 的值就会在 0~4V 之间，AD1=0V 说明短路，AD1>2.5V 说明断路。没有短路和断路时，就说明电路电流本身为 0。

需要注意的是，正常时应确保在电流为 0.5mA 时，取样电阻 R9 的值保证取样电压在 2V 以上。还要注意一点，就是在正常测量时 VT1 必须关闭，否则会影响电流检测的准确性。

凡是牵涉到诸如二氧化碳的含量是多少个 PPM，用称重传感器制作电子秤之类的带计量的电路时，可要小心，千万不要发出模拟电路过时的“奇谈怪论”，有脾气就试试看到底好不好做，等做出的电路误差很大时，才知道这个世界的本身就是“模拟的”。

在做 A-D 转换电路时，由于要采用廉价的单片机，但又要得到准确的 A-D 转换值，这里使用了外加基准的方法来提高精度。我们知道，如果用电源电压来做基准是不靠谱的，因为每一个稳压集成电路输出的电压都会有偏差，这个偏差在用于 A-D 转换时根本无法接受。以图 6.7 为例来说明实现 A-D 转换的方法。单片机采用 STC15W408AS，电源电压为 5V，R30 与 U7 组成基准电路，得到准确的 2.5V 基准电压（这个电压是不会受电源压的波动而改变的），单片机使用单独的一个通道对基准电压进行测量，不管 5V 电压准不准，按 10bit 先读出 2.5V 基准，这个基准值记为 X，然后测量其需要测量的通道 A-D 值记为 Y，然后就可以用 Z=（1024/2X）× Y 计算出真实的 A-D 值 Z。

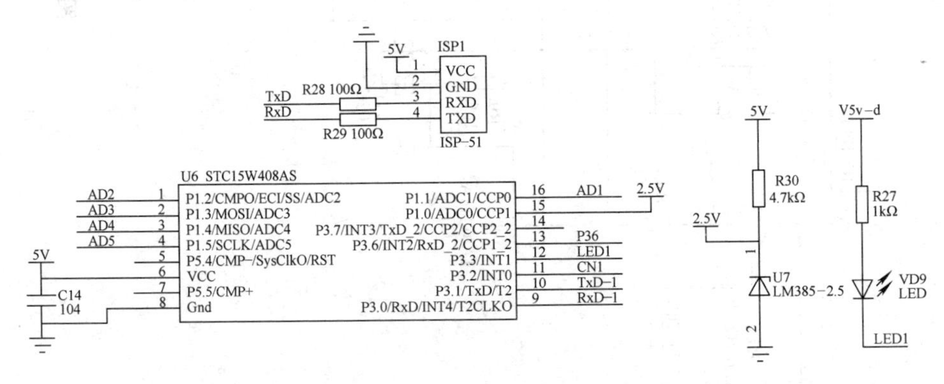

图 6.7　单片机 A-D 转换电路

6.1.5　既简单又实用的隔离型恒流电源电路

我们先来看图 6.8，这是一个基本的恒流源电路，根据运放的“虚断”与“虚短”分析方法，V+ 与 V−“短路”，有 V+ = V−，可得电阻 R1 上的电流 I_{R1}=V+/R1=IN/R1，这说明输出电流只与输入电压、电阻 R1 有关，却并不受电源电压的影响。

为什么恒流源常采用 4~20mA 呢？起点是 0mA 不好吗？假设用恒流源 0~20mA 来表示 0~100℃的温度，那么 0℃时电流就应该是 0mA，100℃对应 20mA。在这种情况下，假如传输线没有接好，处于断开或短路状态，电流也是 0，请问这时是不是就是 0℃呢？完全有可能不是，那么要区别是断线、短路、还是真的是 0℃，就抬高起点，将 4mA 对应为 0℃，20mA 对应 100℃，断线或短路时电流为 0，这样就可以区分是起点还是断线了。

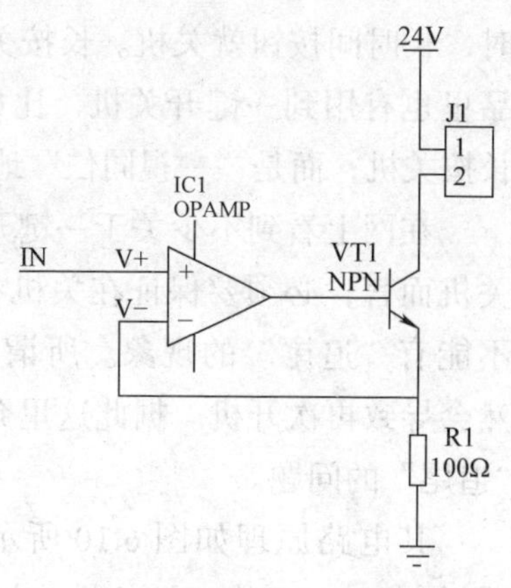

图 6.8　恒流源电路

在实际使用中，信号传输线会带来干扰等问题，这就需要采用隔离的方法来传输 4~20mA 电流信号。这时，可以采用图 6.9 所示的带隔离的电流信号传输方式。隔离电路采用 LOC110 线性光电耦合器来实现，在 DAC 端输入来自单片机或其他电路的 0.4~2V 的电压，就可以在 J3 处得到 4~20mA 的电流信号了。可以看出这个电路只要输入 0~2V 电压，也可以得到 0~20mA 的电流。恒流源电压要取得足够高，才能适应不同阻值的取样电阻。实际应用时，大多数情况下都采用 24V。

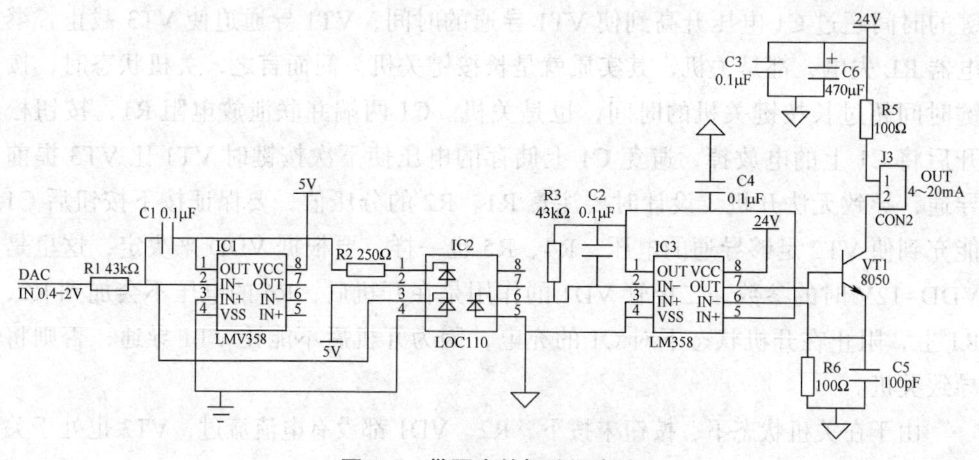

图 6.9　带隔离的恒流源电路

在使用恒流源时，最好能在电路里串联保护自恢复熔丝等，以防线路短路或取样电阻损坏导致恒流源的损坏。

6.1.6 新颖的静态零功耗一键开关机电路

所谓一键开关机，大家并不陌生，就是短时按一下按钮就开机，非软件关机时，长时间按钮就关机。长按关机是为了防止触碰导致的误关机。在一些电子产品里也有用到一键开关机，比如播放器就是一键开关机，但多数不是短按开机、长按关机，而是“一视同仁”地一按“开”，再按“关”。

在网上看到不少关于一键开关机的讨论，对此感兴趣的也不少。但就一键开关机而言，必须要保证在关机状态下的低功耗问题，还有就是短按开、长按关，不能有“追尾”的现象。所谓“追尾”就是长按关机后，要立即松开按钮，不然会导致再次开机。据此这里介绍一款一键开关机电路，可以实现低功耗，没有“追尾”的问题。

其电路原理如图 6.10 所示。按下按钮后，一路通过 R2 向 C1 充电，一路通过 VD1、R4 向 C2 充电，由于 C2 比 C1 小，R4 比 R2 小，C2 先充到 VT3 导通的电压，C1 比 C2 后充到 VT1 导通的电压。在充电电压还不足以使 VT3 导通前释放按钮，继电器 RL2 不会得电，这可以防止瞬间触碰按键误开机。按钮按下后，随着时间的推移 VT3 栅极电压逐渐上升使其导通后，继电器得电导通，负载 L3 得电。通过 R6、R4 使 VT3 一直导通自锁，实现开机。开机按键期间，通过 R2 向 C1 充电，在 C1 上电压通过 R3 还不能使 VT1 导通之前按钮必须松开，也就是短按，否则成为长按。无论是开机状态，还是关机状态，当按键的时间超过 C1 电压升高到使 VT1 导通的时间，VT1 导通迫使 VT3 截止，继电器 RL 失电，都是关机，其实质就是长按键关机。简而言之，关机状态时，按键时间超过长按键关机的时间，也是关机。C1 两端并联泄放电阻 R1，按钮松开后将 C1 上的电放掉，避免 C1 上储存的电压使下次按键时 VT1 比 VT3 提前导通，导致无法开机。设计时要注意 R1、R2 的分压值，要保证按下按钮后 C1 能充到使 VT2 足够导通的电压，R4、R5 也一样，要根据 VDD 来决定，这里是 VDD=12V 时的参数。二极管 VD1 的作用是在开机后，R6 的电压不会加到 R2、R1 上，阻止在开机状态下对 C1 的充电，因为开机后不能让 VT1 导通，否则将导致关机。

由于在关机状态下，按钮未按下，R2、VD1 都没有电流流过，VT3 也处于关闭状态，RL 上无电流流过，实现了关机后的“0”功耗。

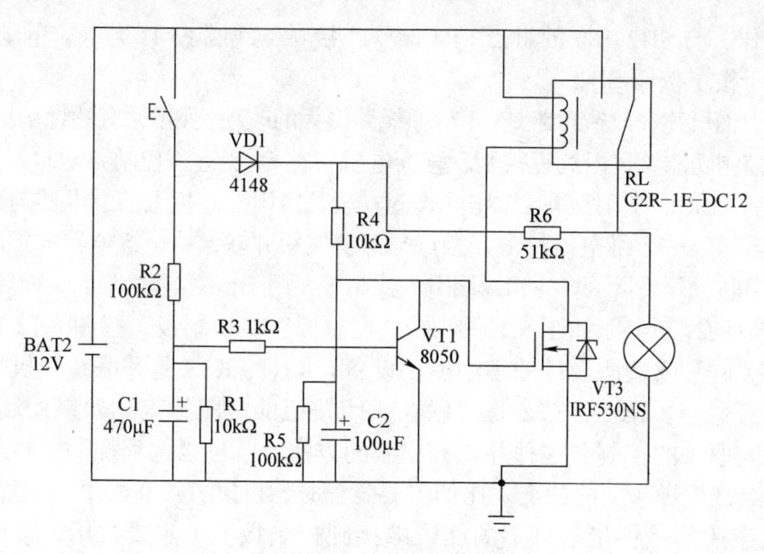

图 6.10　一键开关机电路

6.2 现场改制

6.2.1　普通控制柜改集中控制

一个垃圾处理厂，设备分散（如垃圾分选、干燥、磨粉、制肥等部分）都相距较远，要求将现有的控制改为集中控制。控制设备有电动机驱动的皮带传输机、增氧机、空气压缩机，以及温度测量装置等。现场控制设备有多台配电柜，每个控制柜控制的设备数量不等。

观察现有控制柜的控制方式，看上去很复杂，但基本是图 6.11 所示电路的重复。这是一个古老而常用的电动机控制电路。上电后，指示灯 HL1 亮，电动机没电不转动。按下 SB2 开机，指示灯 HL1 熄灭，接触器线包 KM1 得电，KM1 吸合，电动机得电运转，与 SB2 并联的触点自锁，与指示灯 HL2 串联的 KM1 辅助触点闭合，指示灯 HL2 亮。关机时，按下 SB1，接触器线圈 KM1 失电，电动机停转，与 SB2 并联的触点 KM1 断开解锁，与 HL2 串联的 KM1 断开，指示灯 HL2 熄灭，HL1 亮。在电动机起动时，如果电动机过载，热继电

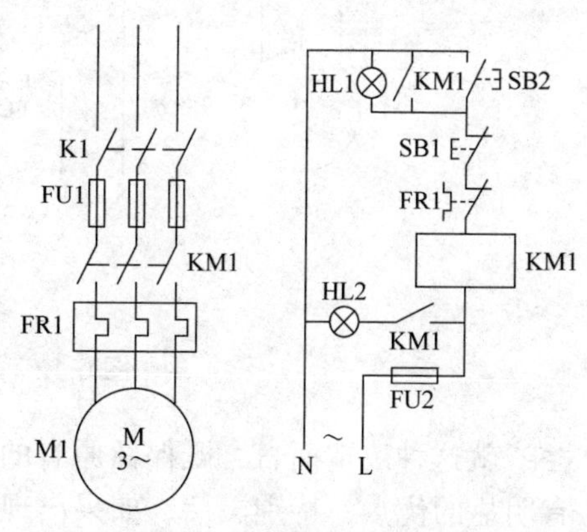

图 6.11　电动机控制电路图

器 FR1 动作，与 SB2 串联的触点 FR1 断开，接触器线圈 KM1 失电，电动机停止，这时相当于按了按钮 SB1。

根据上面所述，改造思路是：不对原线路做大的改动；保留原有的现场手动操作；增加远程控制功能（可以远程控制、查询电机状态等）；远程控制异常时，关闭新装控制设备后，原手动仍然可以操作。改造方法是，用控制板上的继电器与控制柜有关的开关连接，一个继电器的常开触点与开机按钮并联，一个继电器的常闭触点与关机按钮串联，开关指示灯的相线端引入控制板，用于检测电动机的工作状态。

改造后的控制电路如图 6.12 所示。“控制板”（“控制板”指图 6.12 右边方框内的部分）就是改造所设计的集中控制设备，K1O、K1Z 是并联在开机按钮上的继电器常开触点，K2C、K2Z 是串联在关闭按钮的常闭触点。如果控制板缺电，也不会影响原来的控制。这种并联和串联的方法，既可以远程控制，也可以现场操作，不会产生操作上的冲突，比如需要急停时，可以直接在配电柜上操作停机。电动机状态监测是将指示灯上的相线端接到控制板上（零线共用，接到控制板 COM 上），见图 6.12 中的 IN1、IN2。电动机的起、停、运行状态都通过 RS-484 通信方式与上位机通信，实现起、停与状态的检测。

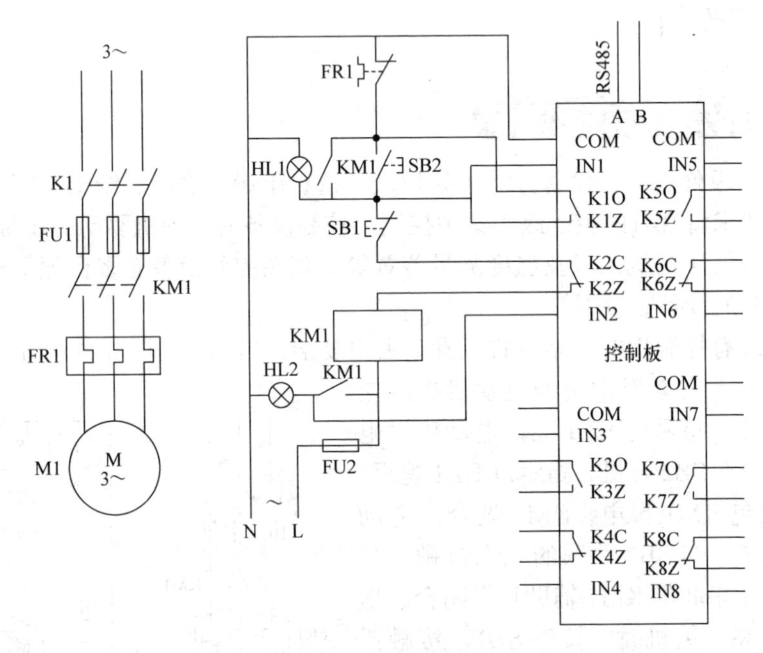

图 6.12　电动机控制电路图

就这种改造而言，既保留原有的操作方式，又可以远控，比单纯的远程控制有明显的优点，特别灵活，如果出现通信不畅或控制板故障等，直接手动控制一点也不误事。

控制板电路：电动机状态检测，是根据指示灯是否点亮来识别的，控制柜上的指示灯共用零线，图上用 COM 表示，将指示灯接到图 6.13 的 IN1 和 COM（零线）端，光电耦合器 NEC2505 的 4 脚就能反映其状态。当指示灯亮，IN1、COM 就有 220V 交流，U1 的 4 脚为低电平，否则为高电平，这个电平由控制板内的单片机检测。

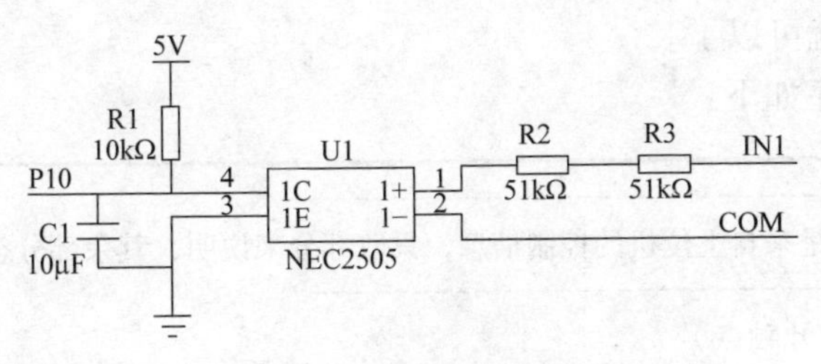

图 6.13　光电耦合器电路

需要说明的是，这里用的是 NEC2505，而不是 PC817，NEC2505 里面有两个不同方向的发光二极管（见图 6.14），能满足交流电的正负半周。如果用 PC817 那么输出就是间隔 10ms 的方波，势必要加大滤波电容 C1 才能得到较好的直流波形。

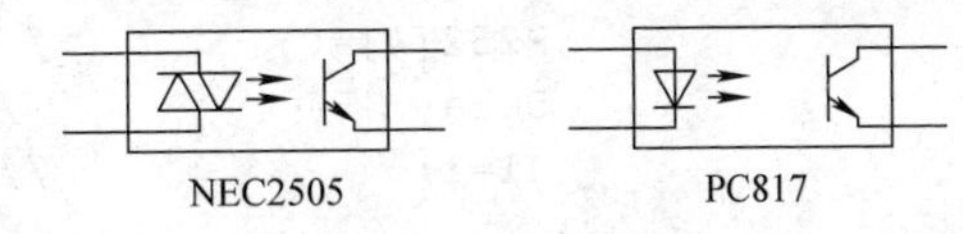

图 6.14　光电耦合器符号

控制板内的继电器电路：如图 6.15 所示，为了有好的抗干扰效果，用两组隔离的电源，12V 驱动继电器，5V 供单片机使用，U2 为隔离与驱动光电耦合器，VD1 为保护二极管，VD2、R3 指示继电器状态。需要说明的是，C1、C2 的使用对抗干扰非常有益，它们可以将接触器通、断产生的干扰消除。

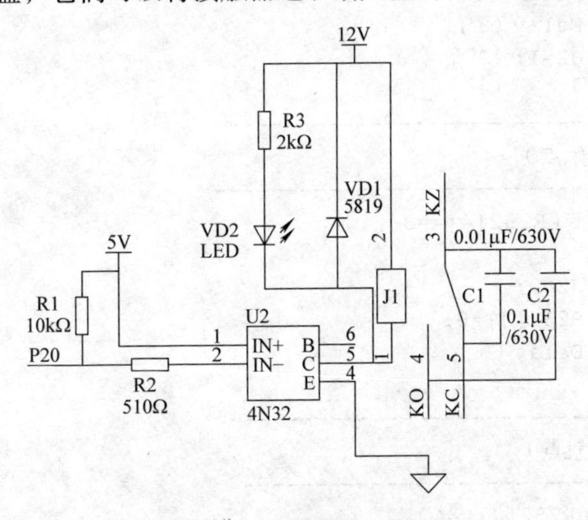

图 6.15　继电器驱动电路

上面只画出了部分电路，由于其他部分相同，就不一一画出。程序的编写，对并联与串联的继电器，不需要一直闭合或断开，只需要闭合、断开一个相当于手动操作按钮的时间就可以了，实际上就是用控制板的继电器代替了人员操作按钮的动作。现场有一些照明灯也需要控制，而它需要一直通或断，与电动机控制方式不同，但使用的控制板都是一样的，也用同样的电路板完成，只是在编写程序时，有所区别就可以了。

部分控制程序如下：

```
//------------------------------------
//  R232[4]是来自上位机的控制信息，只取部分来说明，其余部分忽略
//------------------------------------
起动电动机:(常开触点)
//------------------------------------
        if(R232[4]==1)
          {
           J1=0;                  //继电器吸合
           R232[4]=0;             //清0
           Delay(1);              //延时1s
           J1=1;                  //继电器断开
          }
//------------------------------------
   关闭电动机:(常闭触点)
//------------------------------------
        if(R232[4]==2)
          {
           J2=0;
           R232[4]=0;
           Delay(1);
           J2=1;
          }
//------------------------------------
   开灯:(常开触点)
//------------------------------------
          if(R232[4]==3)
          {
           J2=0;
           R232[4]=0;
           Delay(1);
          }
//------------------------------------
   关灯:(常开触点)
//------------------------------------
        if(R232[4]==4)
```

```
        {
         J2=1;
         R232[4]=0;
         Delay(1);
        }
//-------------------------------
```

现场除了电动机控制，还有温度、空气压缩机等设备，选用4~20mA的变送器，将它们与控制板相连。进行A-D转换后显示并与上位机通信。4~20mA电流检测电路，如图6.16所示。单片机用的是ADUC831，其具有A-D和D-A通道。

我们来个痛快一点的，就不纠结于是不是4~20mA一定对应0~5V电压了。来个“插专家”的做法，就是图6.16所示电路。输入4~20mA输出1~5V电压，在程序上作处理，把1~5V对应到4~20mA即可。这个电路如果用在0~20mA上，那就有0~5V的对应关系。

图6.16也没有特别的地方，说白了就是一个普通的同相放大电路，放大倍数为A=1+R4/R3，这样4~20mA电流在R1上的电压为0.8~4V，输出A-D值为1~5V。要注意R1要选精度高的电阻，并要保证有足够的功率。

如果觉得图6.16还是麻烦的话，可以来个更简单的方法，如图6.17所示。这个电路里的二极管VD1的作用是当输入电压高于5V+V_{VD1}（V_{VD1}为二极管的电压降）时就会限幅，从而起到保护作用。

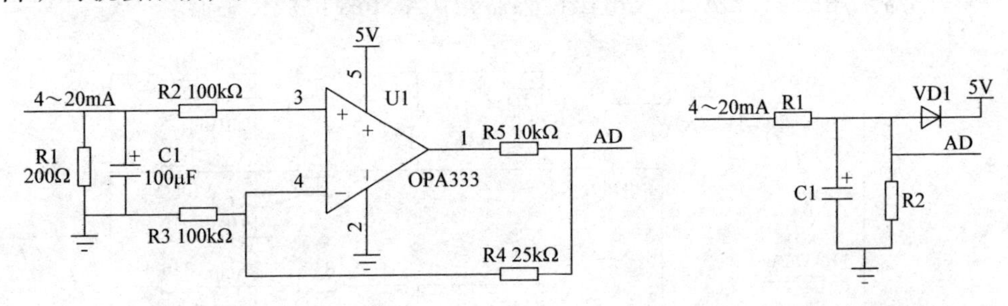

图6.16 I/V转换电路（一）　　图6.17 I/V转换电路（二）

6.2.2 磨机保护电路

还记得小时候，用石磨磨面粉，母亲总是提醒我，不要让磨空转，要随时注意把麦子推到磨孔里，我一直不解。后来才知道，磨如果空转，石头对石头很容易将磨磨平，还会把磨出的石粉混进面粉里，这几句话像是绕口令，注意这个“磨”字，一个是名词，一个是动词。

垃圾处理厂将垃圾分选、发酵、烘干后，还要将其磨粉。垃圾处理用的是钢磨，如果空转，那将会加快磨的磨损，同时会使电动机过载，严重时会烧毁电动机。为此，采用阻旋式料位传感器检测料斗里是否有料，但料斗里有料时，也未必然能确保钢磨里有料，因为有时会堵塞。所以，需要阻旋式料位传感器和电动机保护器同时使用，方能“肩此重任”。

物料检测采用阻旋式料位传感器，如图6.18所示。它的原理是：当有物料时，叶片受到阻力，使其不能转动（不要担心里面的转动机构会卡死），传感器就会给出一个触点开（或闭）信号，当没有物料时，叶片不会受阻，一直转动，传感器触点信号开（或闭）保持不变，这个开关信号供控制电路使用。

图 6.18　阻旋式料位传感器

电动机保护器采用一款比较经典的多功能电能表计量芯片 ATT7026A 实现，它可完成电压、电流、有功功率、无功功率、功率因数、电能等复杂的计量功能。

在这里我们只使用了 ATT7026A 的部分功能，所以就只针对这些功能进行描述。由于整个电路和程序太长，就不一一说道，只对其关键部分阐述。

电动机保护电路如图6.19~图6.23所示，图6.19、图6.20、图6.21基本上是厂商推荐的电路，这部分描述可以参考厂商提供的文档，这里就不再长篇大论地重复了。

传感器采用的是2mA/2mA电压传感器，10A/5mA电流传感器。

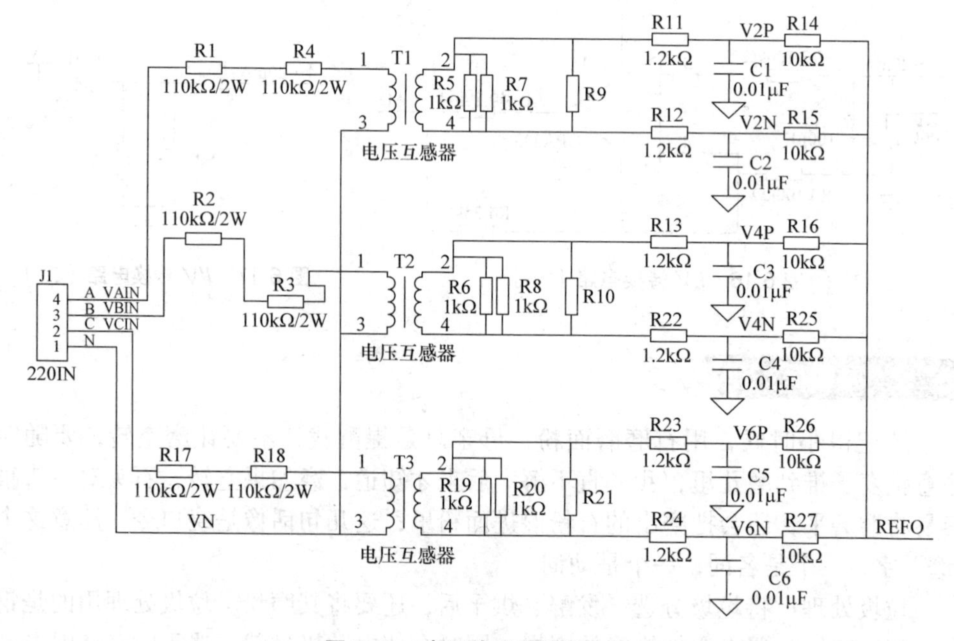

图 6.19　电压传感器连接电路

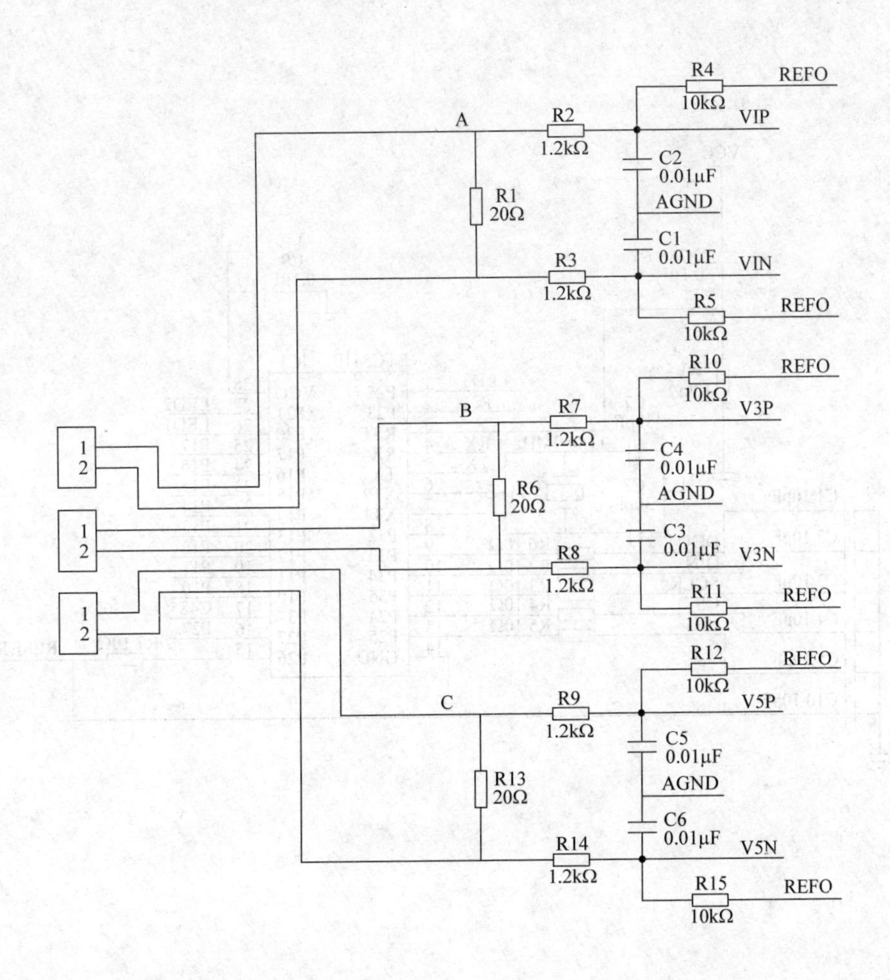

图 6.20　电流传感器连接电路

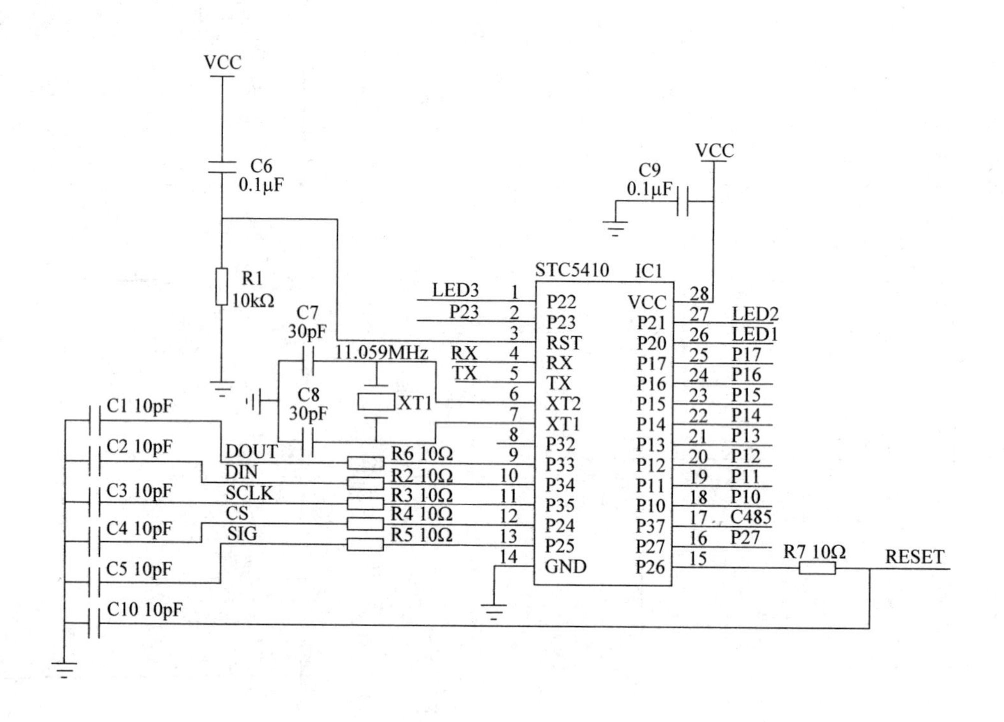

图 6.21　保护装置单片机控制电路

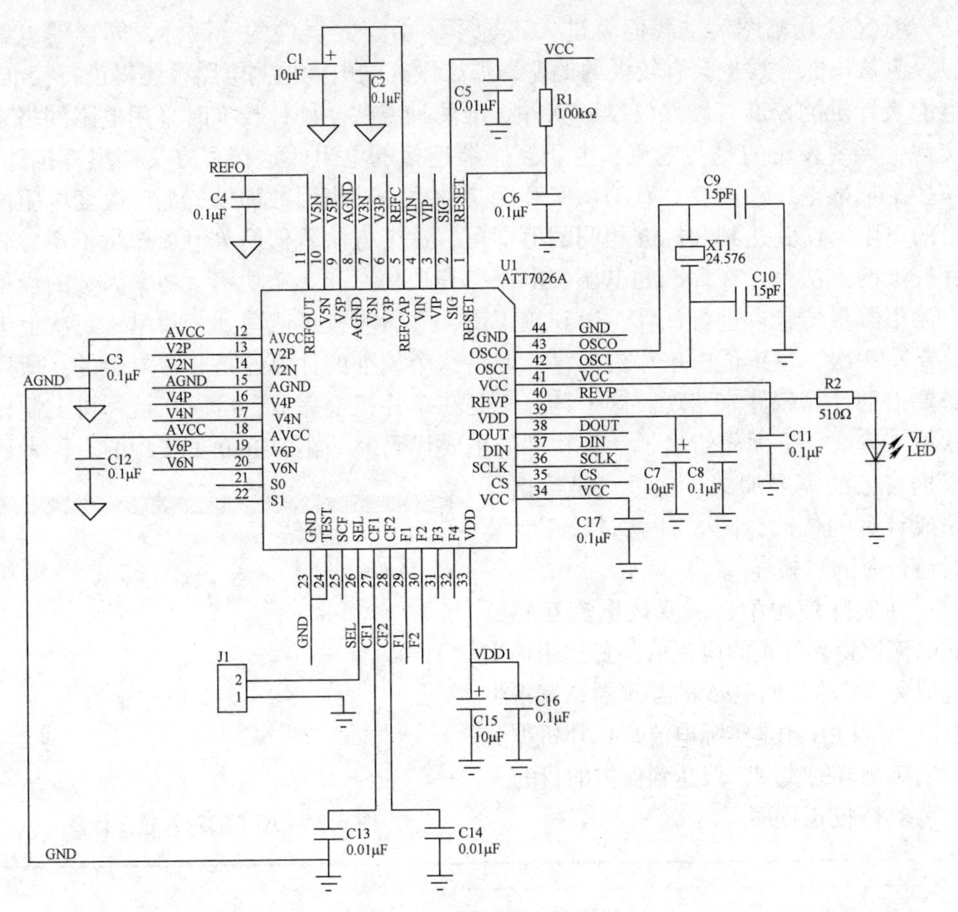

图 6.22　ATT7026A 主电路

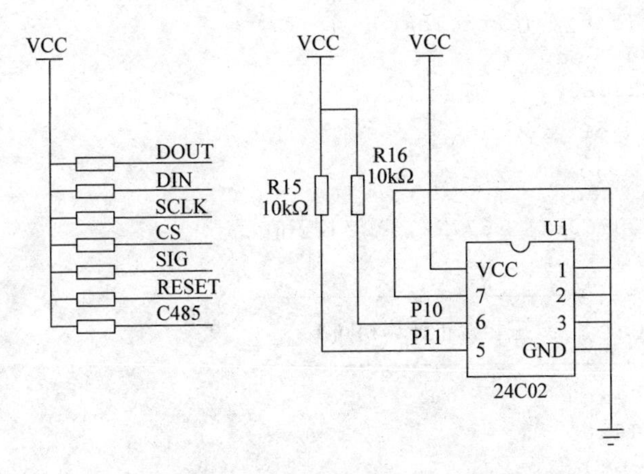

图 6.23　AT24C02 数据保存电路

看完这几幅图后，我们就进入正题了。由于元器件的分散性，同样的电路板，测量出的参数也会有较大的偏差，那么做好的电能检测电路板还得进行校准，电能表计量的校准有硬件校准和软件校准两种方法。硬件校准时采用电阻网络来实现，需要校正的是与电流、电压互感器连接的电阻，这在官方文档里有描述。在接上标准电压、电流、有功功率和无功功率、功率因数的设备上，改变电阻网络的电阻，使其达到和标准相同的值即可，这个方法看似简单但工作量不小。软件校准的方法是，在标准的电压、电流、有功功率和无功功率、功率因数的设备上读出测量值，再进行计算，得到校正值，之后将校正值写到芯片里，每次上电就要写一次，校正值由单片机保存，但是这个校准的计算还是非常复杂的。所以需要借助计算软件来实现。这个计算不是在单片机上完成，可以在计算机上制作软件来完成。下面先给出了计算软件的主要代码，是在 VB6.0 里实现的。读者可根据自己的需要加减，这里只是给出了完成计算的代码，图 6.24 就是校正计算器运行时的“模样”。

在实际使用中，需要按电流互感器的电流比得到真实的电流值，要选用输出电流为 5A 的，如 30/5 的互感器，就得将电流值乘以 6 才是实际电流，单片机据此控制接触器的线圈，以达到保护的目的。

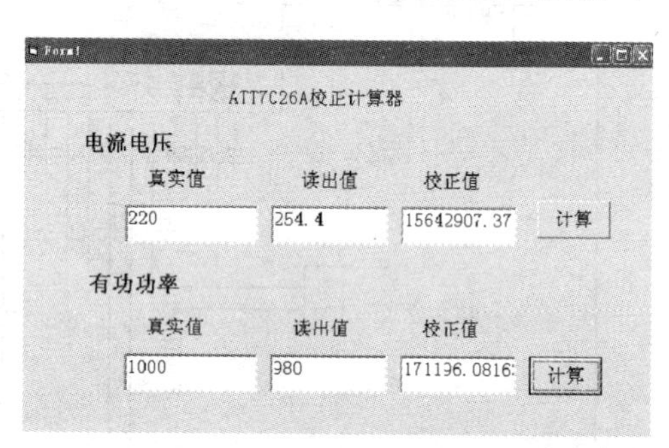

图 6.24　ATT7C26A 校正计算

具体校正程序：

```
--------------------------------------
电流、电压校正（A、B、C 三相校正计算相同）
--------------------------------------
x1 = Text1.Text / Text2.Text - 1
If (x1 >= 0) Then
x2 = x1 * 8388608
Text3.Text = x2
End If
If (x1 < 0) Then
x2 = x1 * 8388608 + 16777216'x2 校正值
End If
--------------------------------------
有功功率校正（A、B、C 三相校正计算相同）
--------------------------------------
pa = Text5.Text
pb = Text6.Text
err = (pb - pa) / pa
p = -err / (1 + err)
If (p >= 0) Then
```

```
y2 = p * 8388608
Text7.Text = y2
End If
If (p < 0) Then
y2 = p * 8388608 + 16777216'y2 校正值
End If
-----------------------------------------
相位校正（A、B、C 三相校正计算相同）
-----------------------------------------
F1 = Text10.Text
F2 = Text11.Text
ERRB = (F2 - F1) / F1
F3 = (1 + ERRB) * 0.5
F4 = Atn(-F3 / Sqr(-F3 * F3 + 1)) + 2 * Atn(1)
F5 = (F4 / 0.01745329222 - 60) * 0.01745329222
If F5 >= 0 Then
Text12.Text = F5 * 8388608
End If
If F5 < 0 Then
z2 = F5 * 8388608 + 16777216'z2 校正值
End If
//-----------------------------------------
```

6.2.3 生化仓测温电路

垃圾处理厂的生化仓（垃圾发酵）原来采用人工测温的方法，每天需要测量两次温度。由于垃圾发酵仓里很臭，人去也不方便，而且每隔大约两个月的时间，就要对发酵好的垃圾进行处理，不能安装固定的测温设备。所以只能做成可移动的无线测温装置，使用时放在垃圾上面，将探针插入垃圾里面，通过无线发射和接收，连接到计算机上，实现实时监测。

无线收发采用 nRF24L01 集成芯片。无线收发芯片 nRF24L01 是一款新型单片射频收发器件，工作于 2.4 GHz~2.5 GHz ISM 频段。其内置频率合成器、功率放大器、晶体振荡器、调制器等功能模块，并融合了增强型 ShockBurst 技术，其输出功率和通信频道可通过程序进行配置。nRF24L01 功耗低，在以 −6dBm 的功率发射时，其工作电流也只有 9mA；接收时，工作电流只有 12.3mA。其具有的多种低功率工作模式（掉电模式和空闲模式）使节能设计更方便。采用集成无线芯片使得技术难度大大降低，也将普通工程师从复杂的高频技术中解放出来。

图 6.25 是 nRF24L01 典型应用电路。在制作时，高频部分一定要使用高频器件，否则不会成功。PCB 布线也很考究，要采用高频板，电路的布板可以参照图 6.26。虽然集成无线收发芯片的使用降低了无线通信难度，但是设计出的产品可

能与预想的相差甚远，同样的电路，同样的元件，不同的板子，效果迥然不同，那也是常有的事，毕竟是高频。

图 6.27 是收发控制电路图，可以直接与图 6.25 所示电路连接，如果可以将 nRF24L01 收发部分单独做一块电路板会更为方便（图 6.26）。在图 6.27 中，U1 为 STC 单片机，J4 为 DS18B20 测温传感器，其他部分都比较简单，不再赘述了。

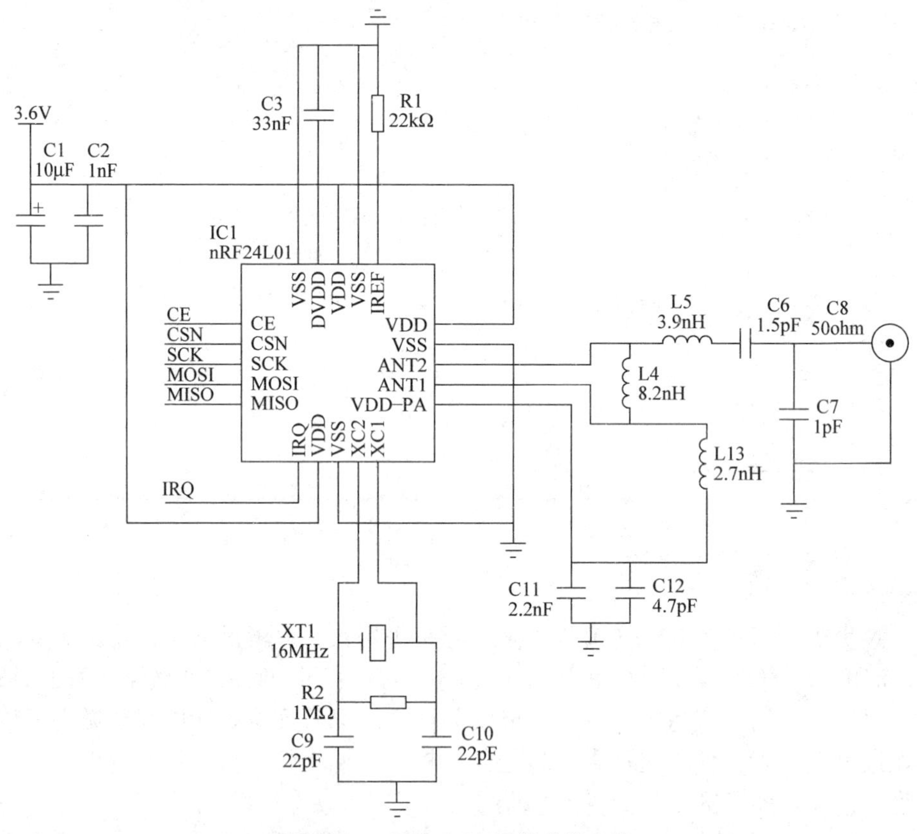

图 6.25　nRF24L01 无线收发电路

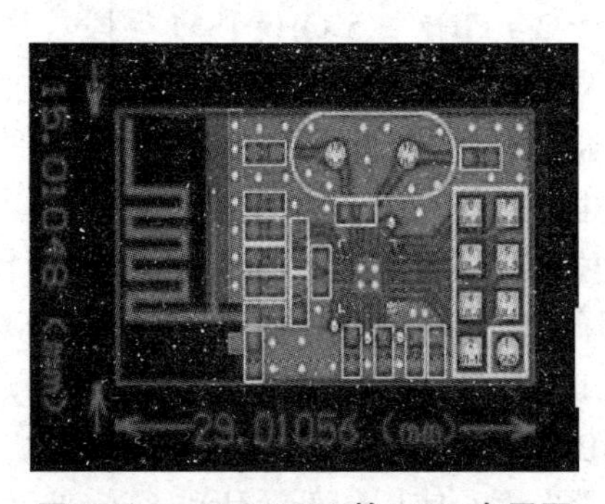

图 6.26　nRF24L01 的 PCB 布局图

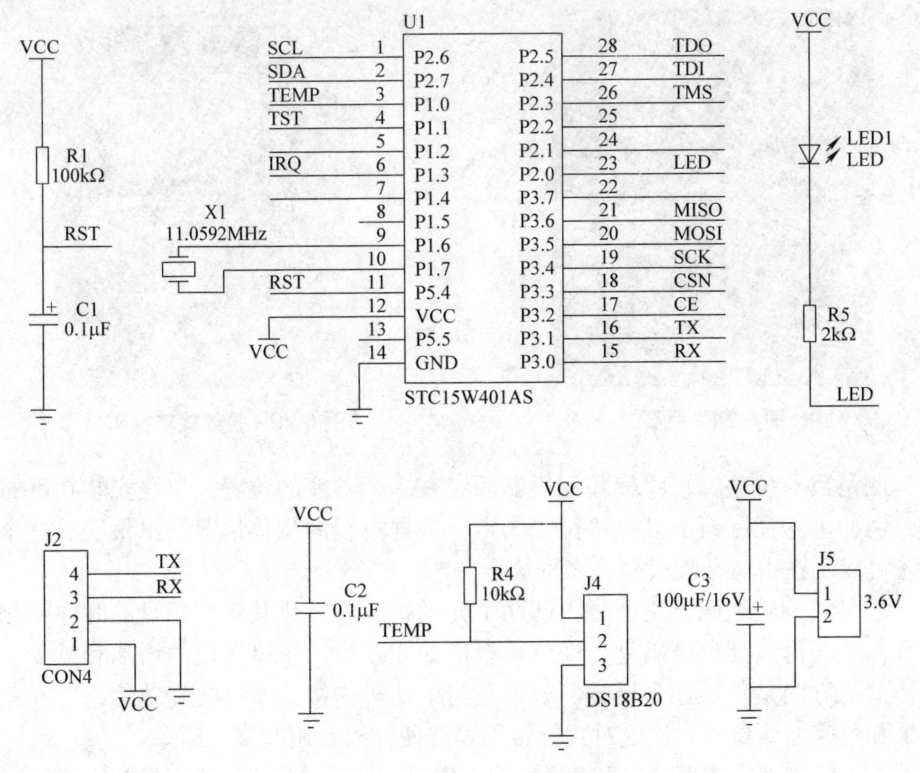

图 6.27　无线收发控制电路图

6.3 产品设计

6.3.1　巨石位移预警

一段公路在山脚下，山上有一块巨石随时都有可能滚落下来。初期确实无碍，但天长日久，日晒雨淋，巨石越来越不稳，感觉每年都有移动，着实让人提心吊胆。就是类似图 6.28 所示的情况。为了监测巨石的移动情况，采用拉线式旋转编码器测量巨石的位移，取得了满意效果。

旋转编码器是一种将旋转位移转换成一串数字脉冲信号的旋转式传感器，这些脉冲能用来测量角位移，如果将编码器与齿轮条或螺旋丝杠结合在一起，也能够用于测量直线位移。图 6.29 就是一种拉线式的旋转编码器。它的结构是在旋转编码器上增加了拉线制成的，拉线部分和钢卷尺原理一样，除了拉线外，还有可自动归位的弹簧，可以随意伸缩，拉线带动旋转编码器旋转，将拉线拉出的长度换算成旋转编码器转动的角度，由单片机检测就可以计算出拉出的长度。旋转编码器还可以根据输出波形判断转动的方向，使用很方便。

图 6.28　巨石

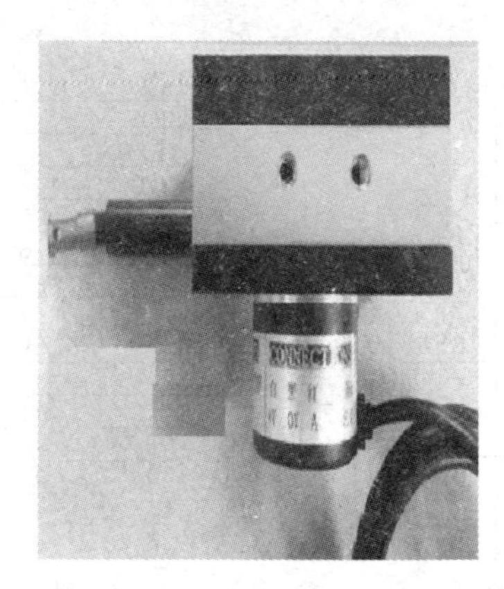

图 6.29　拉线旋转编码器

测量巨石位移，可将旋转编码器固定在一个不变的位置，拉线安装在巨石上面，用冲击钻在巨石上打孔将拉线固定，根据拉线的位移情况给出报警。这个方法还可以用在山体开裂报警等多种场合。

增量式旋转编码器是通过内部两个光敏接收管转化其角度码盘的时序和相位关系，从而得到其角度码盘角度位移量增加或减少。这里所说的增加和减少，是指转动的方向是正转还是反转。如果是与单片机连接，增量式旋转编码器在角度测量和角速度测量时，比绝对式旋转编码器便宜而且用起来还简单。

旋转编码器的物理过程很像鼠标的工作原理，通过发光与光电接收完成计数。

我们来看看旋转编码器的输出波形，如图 6.30 所示。A，B 两点对应两个光敏接收管，A，B 两点间距为 S2，角度码盘的光栅间距分别为 S0 和 S1。当角度码盘以某个速度匀速转动时，那么可知输出波形图中的 S0 : S1 : S2 比值与实际图的 S0 : S1 : S2 比值相同，同理角度码盘以其他的速度匀速转动时，输出波形图中的 S0 : S1 : S2 比值与实际图的 S0 : S1 : S2 比值仍相同。如果角度码盘做变速运动，把它看成为多个运动周期（在下面定义）的组合，那么每个运动周期中输出波形图中的 S0 : S1 : S2 比值与实际图的 S0 : S1 : S2 比值仍相同。

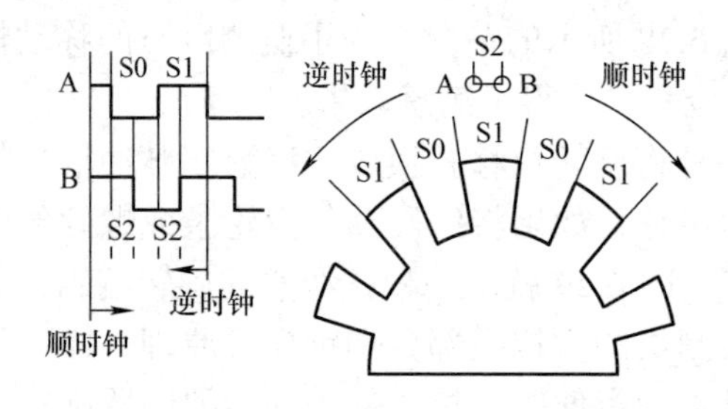

图 6.30　旋转编码器输出波形

如果没能理解上面这些话也没关系，问题的重点在于表 6.1 所示输出逻辑关系，这才是“主角”。有此关系就可以判断编码器的转动方向与转动的角度。注意这里的 AB 就是编码器的输出脚，0 和 1 就是对应的电平，除此外还有两根电源线。

表 6.1 旋转编码器输出逻辑关系

顺时针方向	反时针方向
AB	AB
11	11
01	10
00	00
10	01

只要把当前输出的 A、B 值保存起来，与下一个 A、B 输出值做比较，就可以判断出转动的角度和运动方向。

硬件连接需要注意，应在输出脚并联电容，如图 6.31 所示。电容 C1、C2 既有抗干扰的作用，又可以把波形变得很“漂亮”，平滑无毛刺。

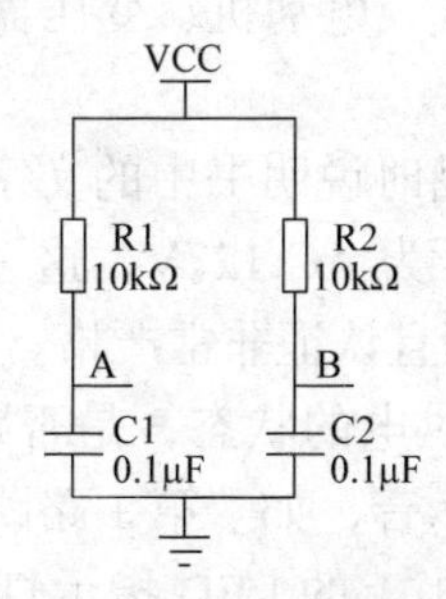

图 6.31 编码器输出脚并联电容

现在来看程序设计。编码器转动的脉冲个数是容易得到的，问题集中在编码器转动的方向。我们不要弯弯绕的说法，来点最直接、最简单的方法解决问题。仔细观察表 6.1，可以得出，A 由高变低这个下降沿后，B 对应的电平是关键，如果 B 的电平是高，那就是正转，反之是反转。只要抓住了这个关键点，程序就好办了。当然，也可以用测量上升沿的办法来实现正反转的测量。

为了看起来简单明了，就按表 6.1 来编写程序，A 为一个引脚，B 为另一引脚，程序里就用 A、B 表示。

关键程序如下：

```
if (old_bit==1 && A==0) // 前一状态 (Old_bit) 与现在 A 状态比较，看是否发生
                           了下降沿。
{
```

```
    if (B==1)     // 判断另一相电平
    {
    NUM++;      // 计数加，为高，正转
    }
    else
    {
    NUM--;    // 计数减，为低，反转
    }
    Old_bit=A;      // 保存当前 A 引脚的值，便于判断是否发生下降沿
}
```

旋转编码器可以用于很多场合，比如电梯、机器人等。

这里的设计只讲了巨石位移的检测方法，同时给出了主要的代码，单片机等其他设计比较容易，在这里已经不是重点，就不再“画蛇添足”了。

6.3.2 实用的供电监视设计

供电监视用于具有爆炸性气体（甲烷）及煤尘的煤矿井下，用于对架空线路、电缆线路、馈电开关、母线、电动机、变压器等设备的供电状态进行集中监视，并予以报警，进行记录。

上面这段话是开发这个产品时说明书中的文字，根据这些文字，基本可以知道其用途。煤矿使用的电源电压为 AC 127V，这一点需要引起注意。煤矿产品必须要经过认证才能下井使用，而且认证非常严格。

供电监视就是检测每一路供电的状态，是否跳闸，以及合闸的提示、报警、记录等。在状态改变时给出提示音，如“第 1 路跳闸”，“第 5 路合闸”等。要不然就需要人员死死地盯着配电柜上的 LED 指示灯，稍有不注意就会错过灯的变化，这个监视器就是为解决这个问题而产生的。它的意义还在于像煤矿不能停止通风的场合，如果跳闸后不及时合闸通风换气，可能导致瓦斯爆炸等严重后果。

图 6.32 所示为监测电路，IN1、IN2 并联在供电电路上，当有电时，会使光电耦合器 IC1 内的发光二极管发光，在光电耦合器的另一边 INA 处就会得到低电平，供单片机检测。光电耦合器 IC1 主要起隔离的作用，还可以起到抗干扰的作用。这个检测电路可以做 8 路、16 路等，都与单片机相连。

图 6.33 是时钟电路，采用最常用的时钟芯片 DS1302，配 3V 电池，采用精度为 5×10^{-6} 的晶体振荡器，负载电容 C1、C2 按晶体振荡器要求的容量配置，一般都采用 12.5pF 的电容。记住，在 DS1302 里已有两只 6pF 的电容了，所以只需另外加两只，补够 12.5pF 就可以了。由于 12.5pF 的电容不太好买，可以用6pF 的。IC1 的 5、6、7 脚与单片机相连。

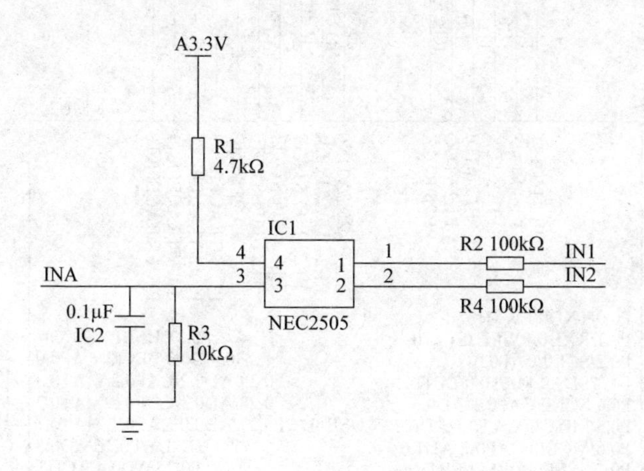

图 6.32　监测电路

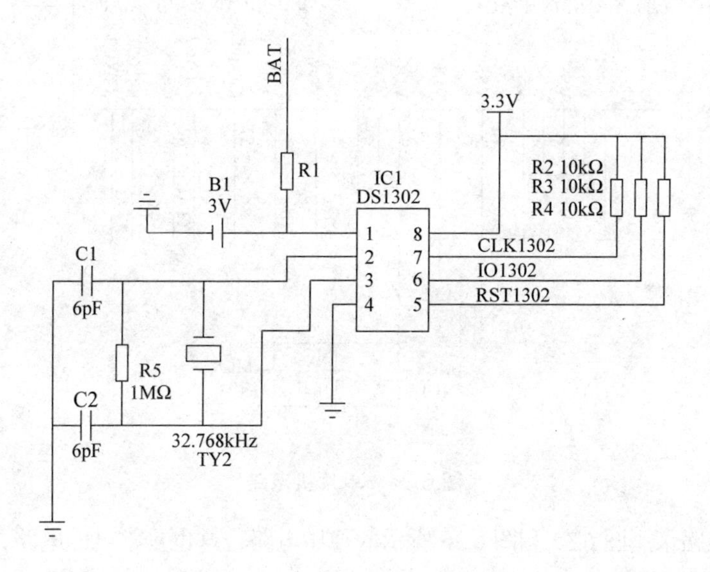

图 6.33　时钟电路

控制电路如图 6.34 所示，单片机采用 LPC2136，可以接多个图 6.32 那样的监测电路。

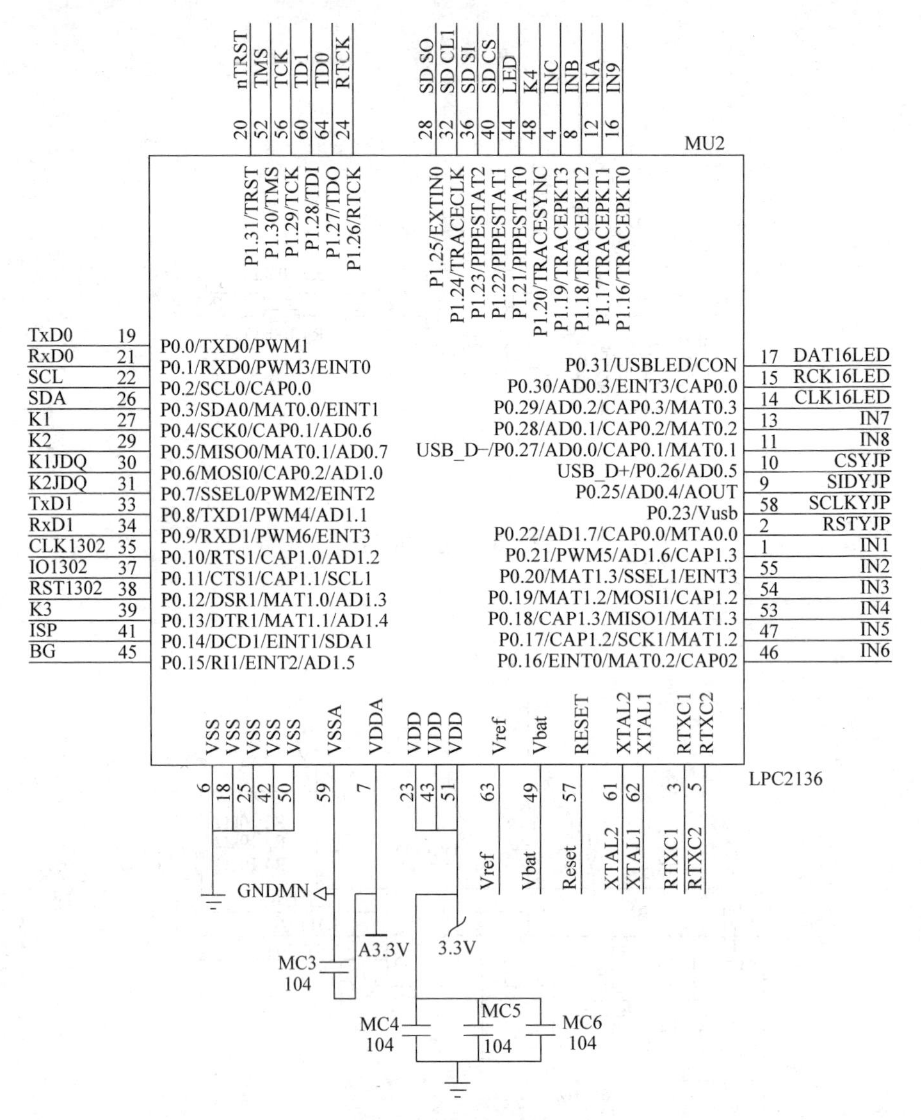

图 6.34　单片机电路

供电电路采用图 6.35 和图 6.36 所示的稳压电路，这也是常见的电路，不再赘述。

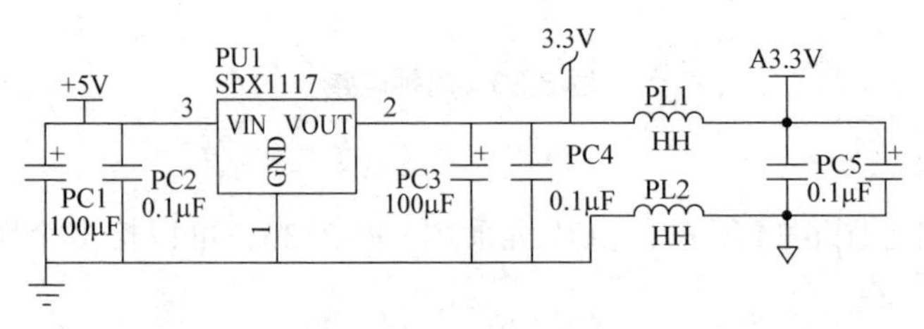

图 6.35　稳压电路

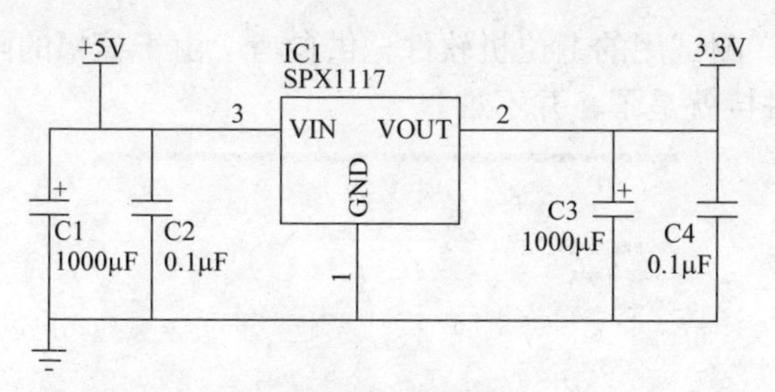

图 6.36　稳压电路

与上位机的通信电路如图 6.37 所示。采用 RS485 通信方式与上位机通信，这个电路可以实现收发自动转换，由晶体管 VT1，电阻 R8、R9、R10 完成转换，无须单片机进行收发转换控制。节约了一个 I/O 接口，同时使程序更加简洁。

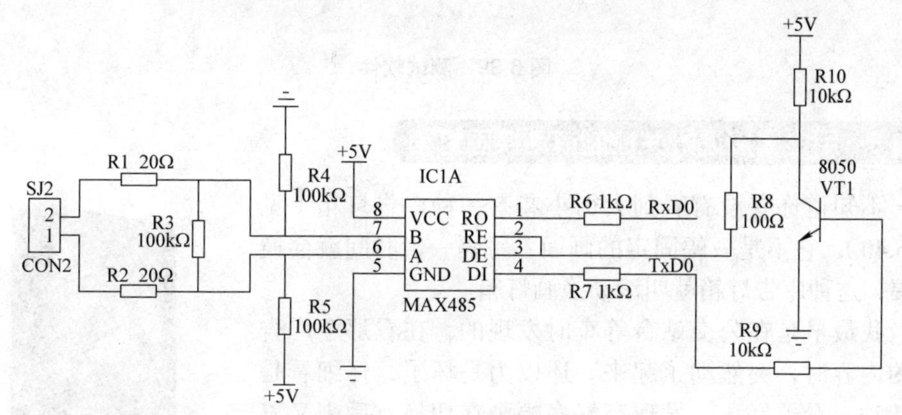

图 6.37　RS485 通信电路

语音合成电路如图 6.38 所示。采用 XFS5152 语音合成芯片，这个电路不需要专门的录音，只要从单片机将汉字编码以一定的格式发给模块，即可播放，还可以选择英文、方言、报警声一应俱全。

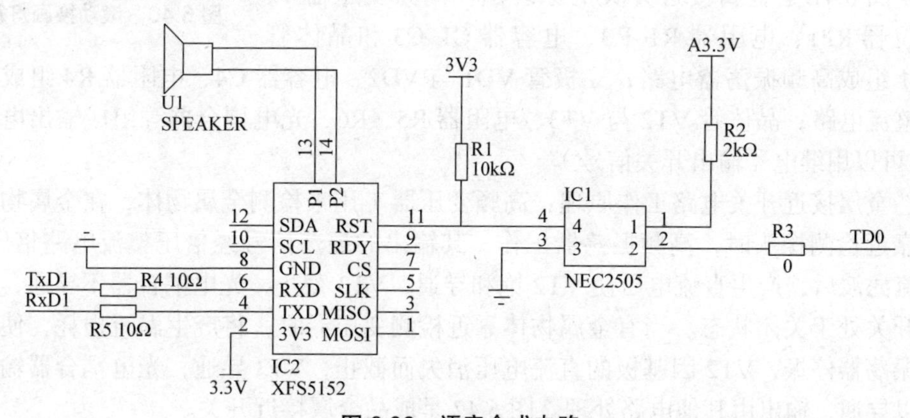

图 6.38　语音合成电路

图 6.39 是生产测试用的上位机软件，供参考。由于篇幅的限制，无法给出全图，需要时自行拼接就是了，并不难。

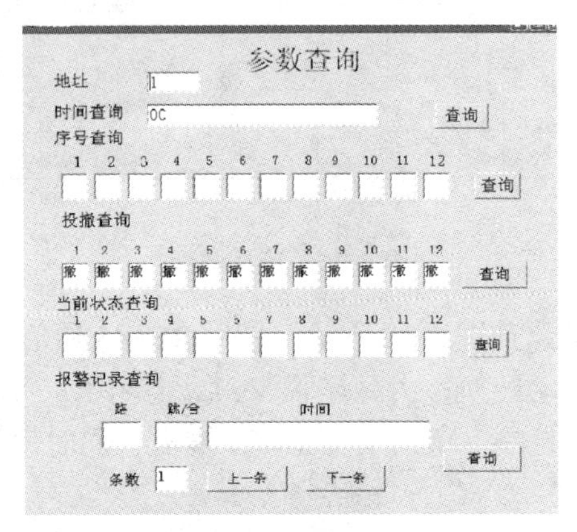

图 6.39　测试软件

6.3.3　用金属接近开关控制滚动换画灯箱

不知道你有没有看到大街小巷有一种广告灯箱（见图 6.40），它不是一幅固定的画面，每隔一段时间就会换一幅，这种广告灯箱就叫滚动换画灯箱。

图 6.40　滚动换画灯箱

我最早是在公交站台等车时发现的，在看那个广告上的内容时，突然动了起来，还以为是坏了，仔细看是在转动，看了好久，发现有好多幅画在切换。后来又鬼使神差地开发过这个产品，还到那个公交站台来了个偷眼学艺，居然还真的从缝隙里看到里面用的接近开关，以及上面的轴、电动机等“五脏六腑”。

图 6.41 是金属接近开关的原理图。高频变压器 T、电位器 RP1、电阻器 R1~R3、电容器 C1~C3 和晶体管 VT1 组成高频振荡器电路；二极管 VD1 与 VD2、电容器 C4、电阻器 R4 组成倍压整流电路；晶体管 VT2 与 VT3、电阻器 R5、R6、光电耦合器等组成输出电路（也可以用继电器输出开关信号）。

金属接近开关电路工作原理：高频变压器 T 用来检测金属物体，在金属物体未靠近检测探头时，高频振荡器工作，其输出的振荡信号经倍压整流电路倍压、整流滤波后，产生直流电压使 VT2 饱和导通，VT3 截止，光电耦合器不导通，电子开关处于关闭状态。当有金属物体靠近检测变压器时，将产生涡流损耗，使高频振荡器停振，VT2 因基极的直流电压消失而截止，VT3 导通，光电耦合器输出可以导通，输出由其他电路处理。图 6.42 是成品金属接近开关。

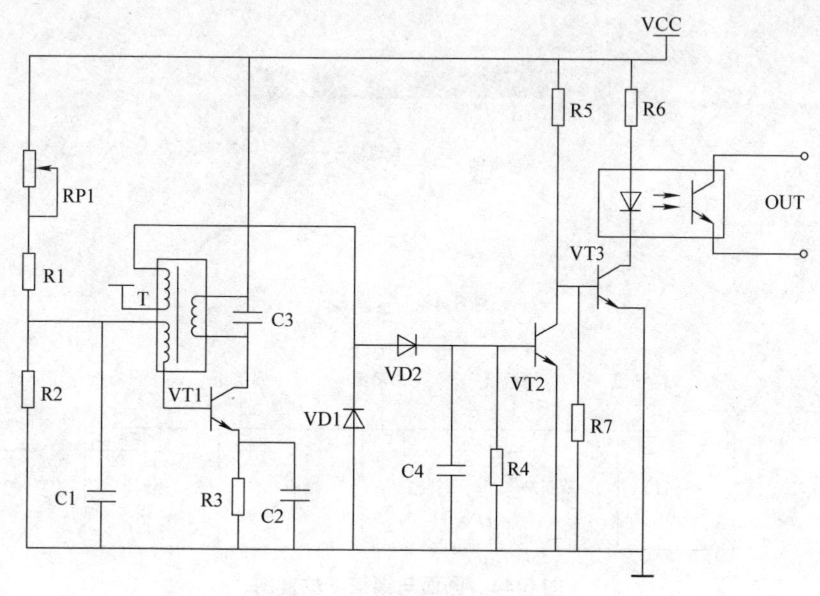

图 6.41　金属接近开关电路图

图 6.42　金属接近开关

灯箱的组成：灯箱内上、下各有一个卷画轴（见图 6.43），连接变速机构和直流电动机，由直流电动机控制卷画，只在卷的时候电动机通电。另一端卷画时，它不需用电路控制反转，而是自由反转。每一幅画的边沿贴有带不干胶的锡箔纸，这个锡箔纸可以被金属接近开关检测到，当画转到锡箔纸的位置时，金属接近开关就会有输出信号，由此判断画的位置，当一幅画到位后，就控制停止，延时后，再换下一幅，在最末一幅的锡箔纸的附近，再贴一块锡箔纸，由于这两个锡箔纸靠得较近，再卷时就可以立即检测到，由此就可以判断画已卷完，并可由另一端卷画了，如此循环，就样就可实现滚动换画了。图 6.44 是画面与锡箔纸位置图。

起初是用定时器控制整个灯箱的电源实现夜间停止换画的，实际应用时发现有些时候还没将一幅画卷到位就关闭了，出现了两幅画各显示一部分的现象，很不好看。后来就改为由控制器控制停止换画，时间到后，总是会将一幅画卷完再停止，而不是“迫不及待”地将其停在中途。

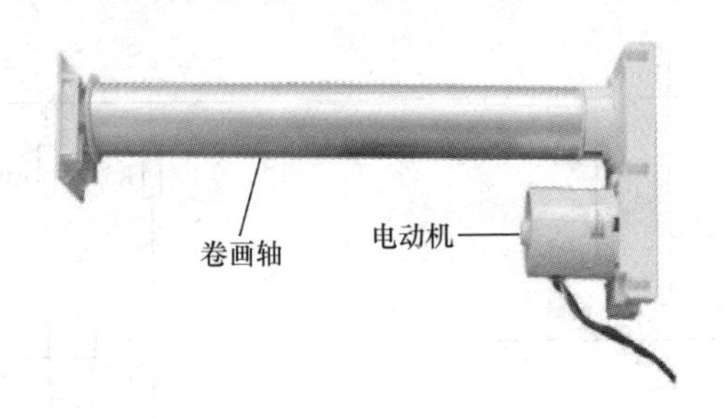

图 6.43　卷画轴

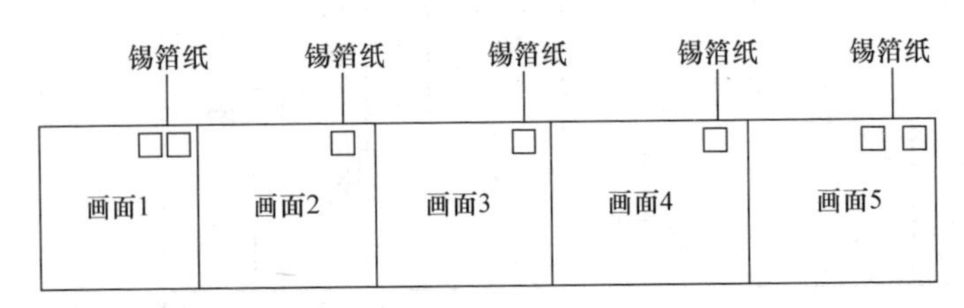

图 6.44　画面与锡箔纸位置图

制作灯箱时需要注意，两个卷画轴应尽量平行，不然长时间转动会导致跑偏，将画拉得“面目全非”。

6.3.4　自助洗车机电路设计详解

随着汽车的大量普及，各种问题凸显，交通拥挤，停车难，洗车难等。就洗车而言，由于场地、人工工资等原因，洗车难、洗车贵的问题越来越突出。介于此，自助洗车机就应运而生了，它有效解决了洗车难的问题。不用排队，不用等待，花钱少，也可以锻炼身体、活动筋骨。

1. 自助洗车机功能特点

出水系统：实现了一枪出泡沫、清水功能，方便操作。

计费方式：感应 IC 卡、硬币投币器、微信支付等方式。使用非接触 IC 卡反应速度快、故障率低。

故障自检系统：当机器在运转过程中，出现故障时，可通过控制系统对机器进行故障自检，并将检验的结果转换为相应的故障代码，显示在控制面板上，便于维修。

防冻系统：可以控制水温，避免温度过低造成的冻结现象。

防盗系统：由于采用了 GPRS 通信模块，可以及时检测机器的状态，完成防盗报警功能。

显示系统：采用三位数码管显功能，时间、金额双显示。图 6.45 是自助洗车机的现场安装图。

图 6.45　自助洗车

罗列这些特点，不是介绍产品，而是我们的研发必须围绕这些特点进行。

2. 自助洗车机的电路设计

由于篇幅的限制，在这里无法将洗车机电路全部画出来，只有分为各个部分单独绘制，各个部分由网络标号连接。

图 6.46 为锂电池管理电路。TP4056 的 1 脚为温度检测 NTC 连接端，这里接地就是取消温度检测功能；2 脚为充电电流设定；6 脚充电结束指示灯；充满灯亮；7 脚为正在充电指示灯，灯亮表示正在充电；8 脚为选择端，低电平工作，高电平不工作；5 脚为 4.2V 电池连接，充满时为 4.2V；4 脚为电源正极；3 脚为电源负极。锂电池以及管理电路组成了 GPRS 供电系统，保持在交流停电时的通信畅通。

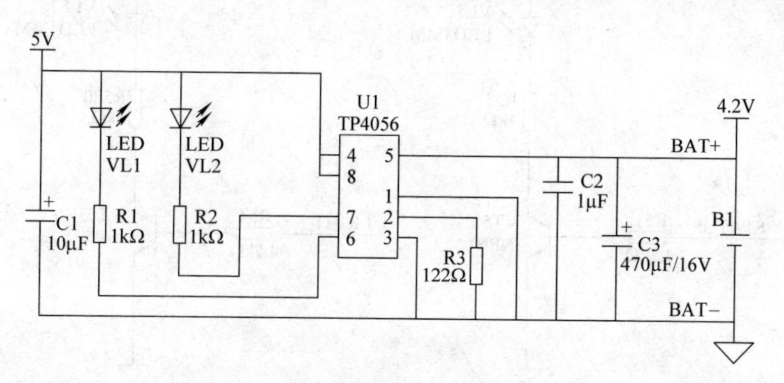

图 6.46　锂电池管理电路

图 6.47 为通信模块 M35 的 SIM 卡连接座电路与 ESD 保护电路。ESD 保护电路采用 SMF05C。J1 为 SIM 卡座连接电路。图 6.48 为通信指示灯电路。

图 6.49 为输入、测温、投币以及 DC/DC 隔离电路。由于输入部分有多路，这些输入电路都是相同的，所以在这里只画出部分电路。输入都通过光电耦合器 PC817 隔离，并在每一路输入都接有 LED 作为指示，采用 DC/CD 模块作电源的隔离，增强抗干扰的能力。

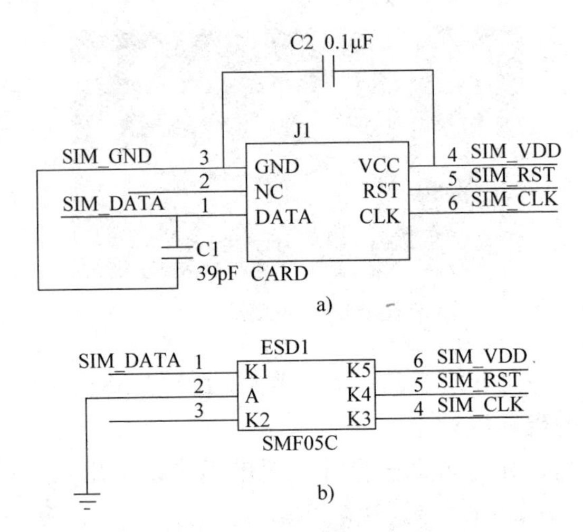

图 6.47 SIM 卡连接座电路与 ESD 保护电路

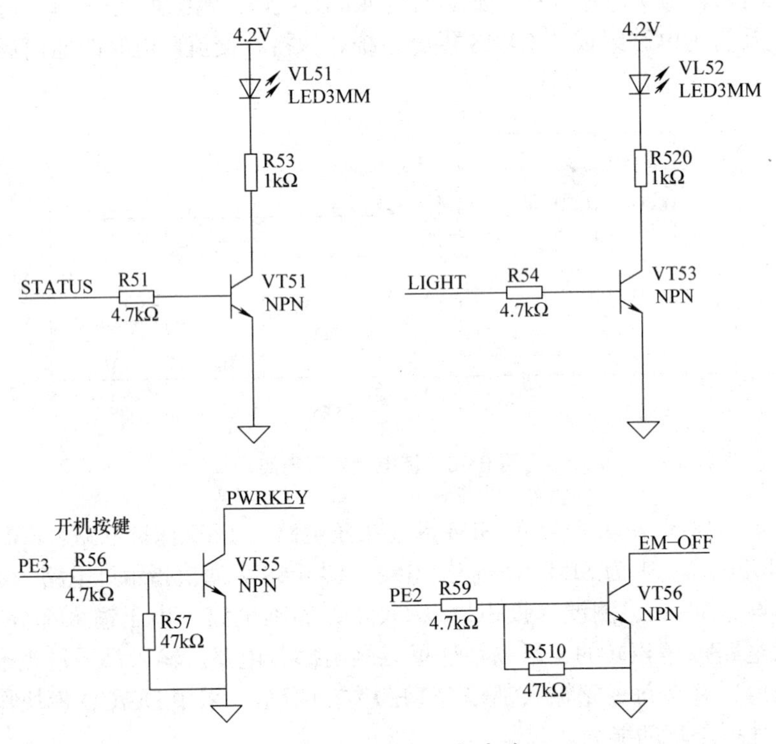

图 6.48 通信指示灯电路

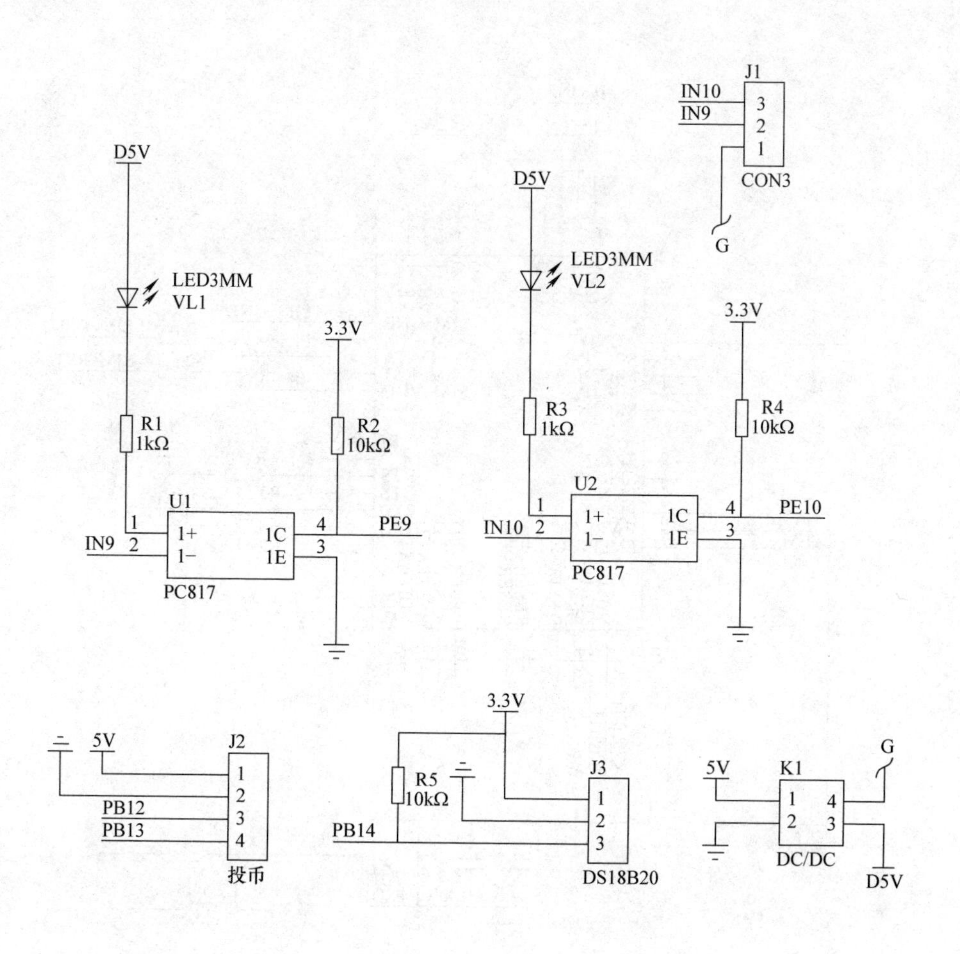

图 6.49　输入、测温、投币、DC/DC 隔离电路

图 6.50 为 M35 通信电路，它可以完成 GPRS 通信和语音传输，也可以发送短信。U1 为 M35 通信模块，音频部分采用 CS8508E 放大芯片，R7 音量调节，音频从 J2 输出，L1、L2 为抗干扰电感。图 6.48、图 6.49 是与图 6.50 连接的，可以从网络标号看出。音频部分在布板时应与 M35 分开，避免受到干扰。

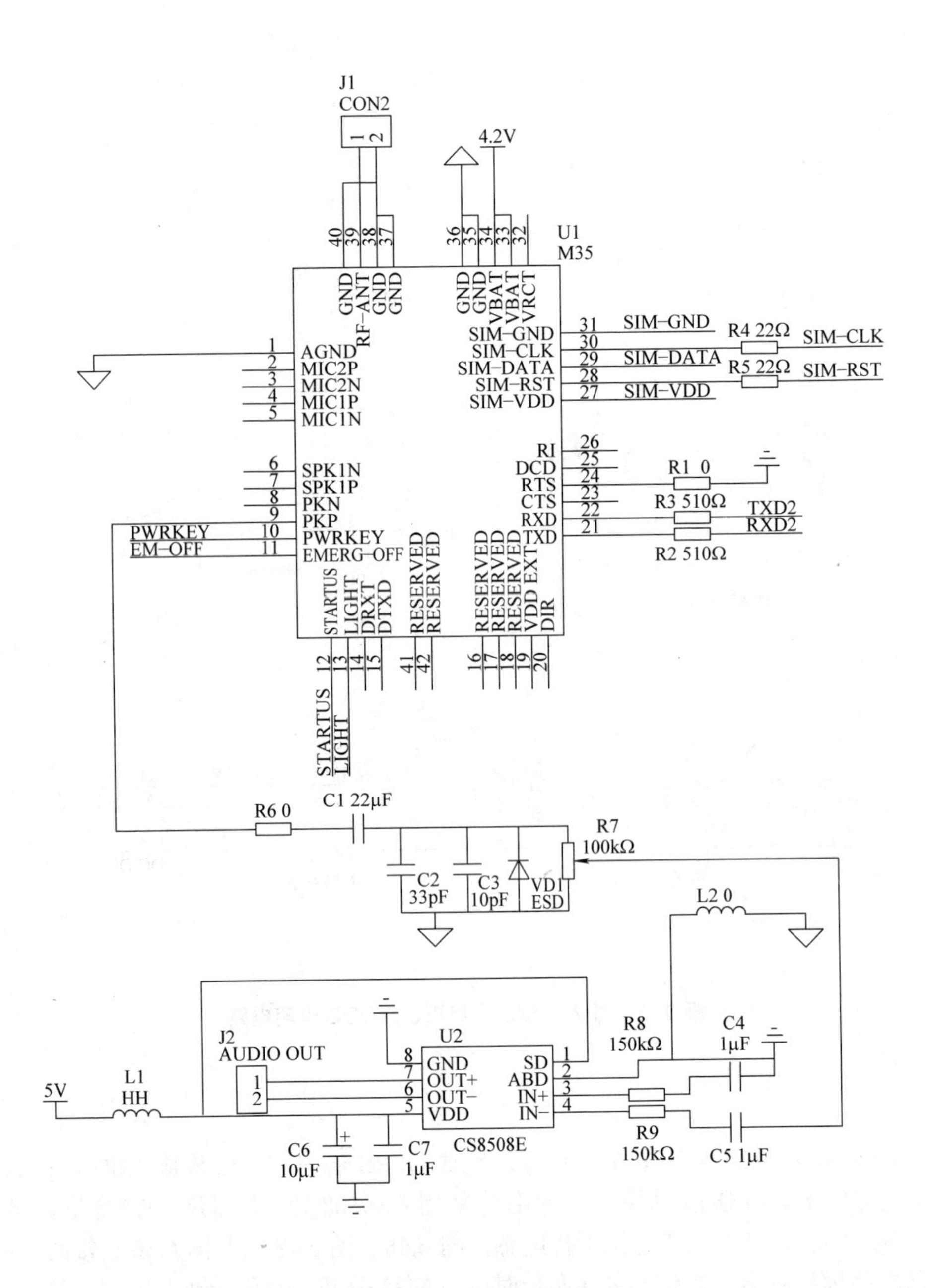

图 6.50 M35 通信电路

图 6.51 为主控电路，MCU 采用 STM32F103VCT。U2 为 24C02，用于数据保存。U3 为复位电路 SP706SE，其阈值电压为 2.93V。其余电路是晶体振荡器电路、程序下载电路、LED 指示电路等。

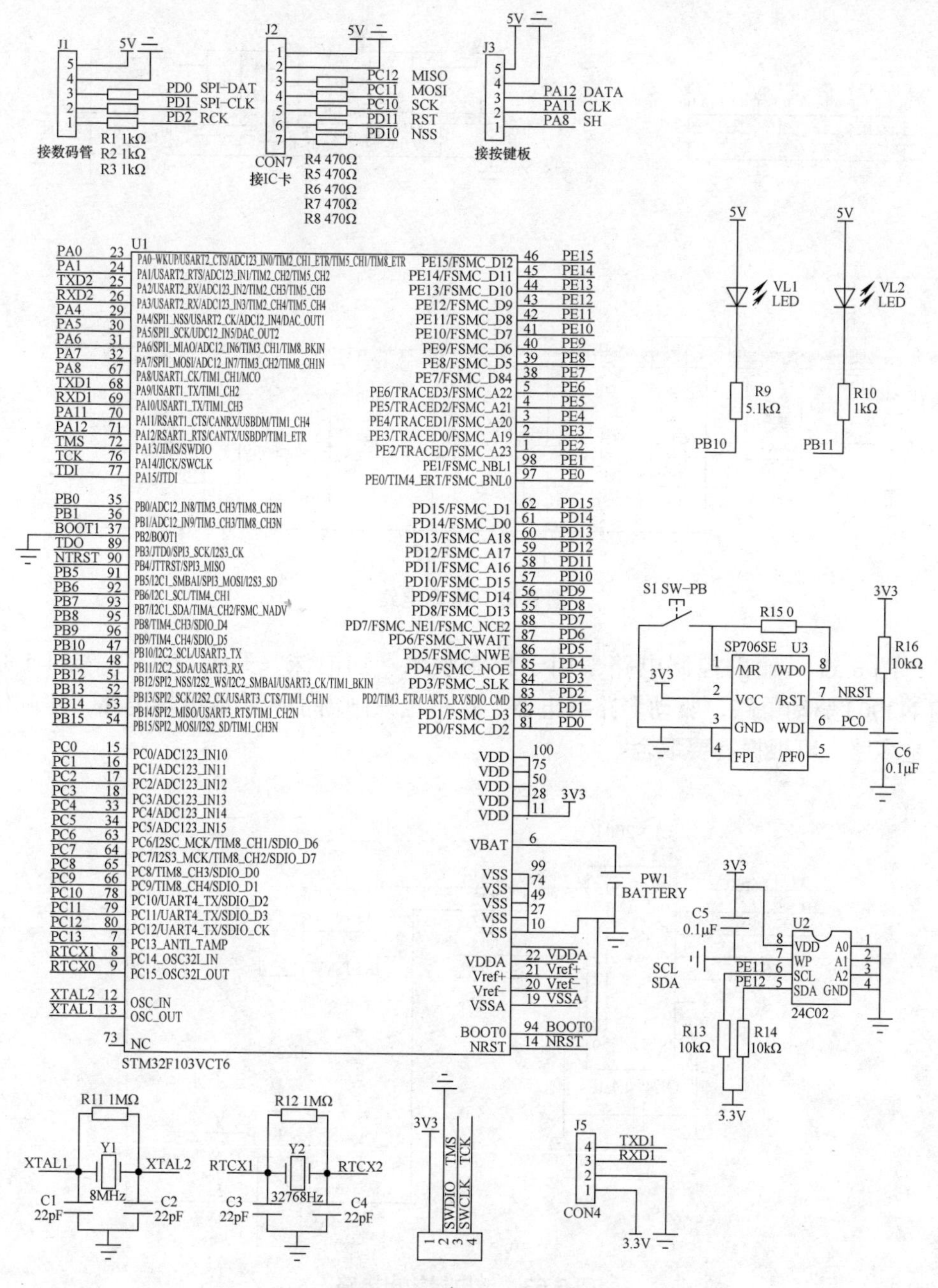

图 6.51　MCU 主控电路

图 6.52 为电源电路，U2 为 SGM2019，提供电路需要的 3.3V 电压，EN 端为使能，高电平时其处于工作状态，L2、L3 为滤波电感。U1 为 5V 电压的电源电路，采用常见的 LM2576-5V 做 DC/DC 转换。

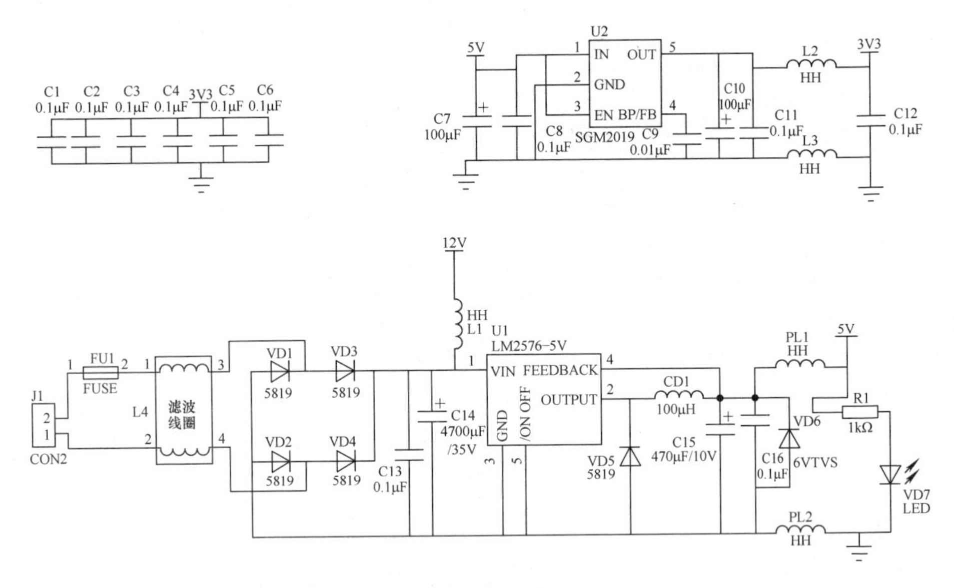

图 6.52　电源电路

图 6.53 是输出控制电路，用于控制喷水、加泡沫、开关广告灯等。U1 是 ULN2003 驱动电路，驱动多路继电器，这里也只画出了两路继电器电路，实际使用是多路，可根据需要取舍。

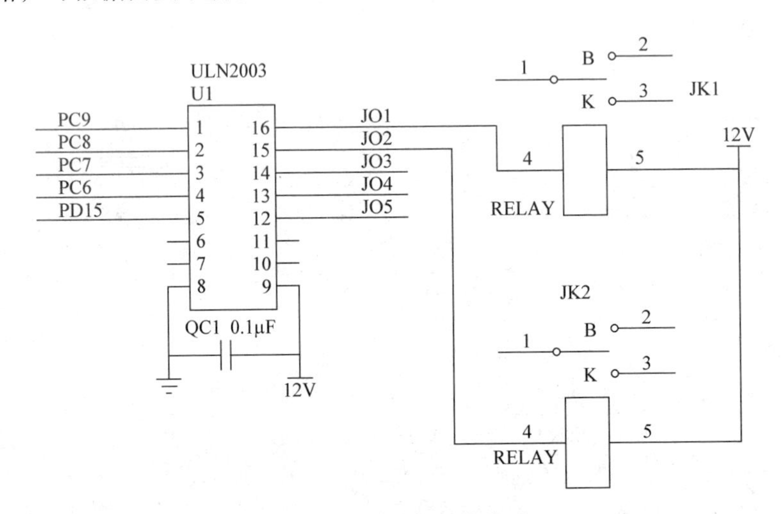

图 6.53　继电器输出电路

图 6.54 是 IC 卡电路，采用 FM1702SL 芯片，这个采用官方提供的典型应用电路即可完成 IC 卡的读写。

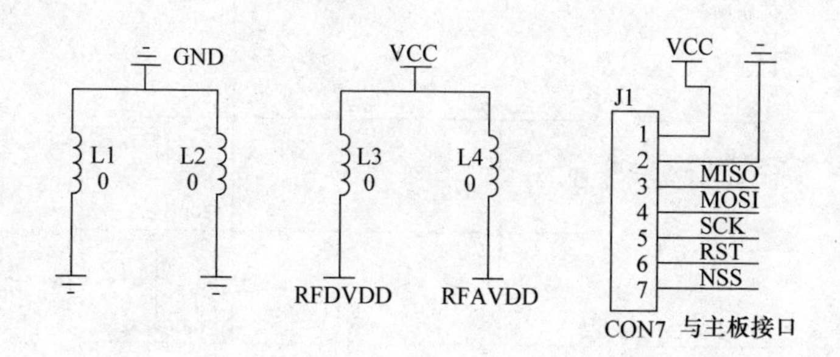

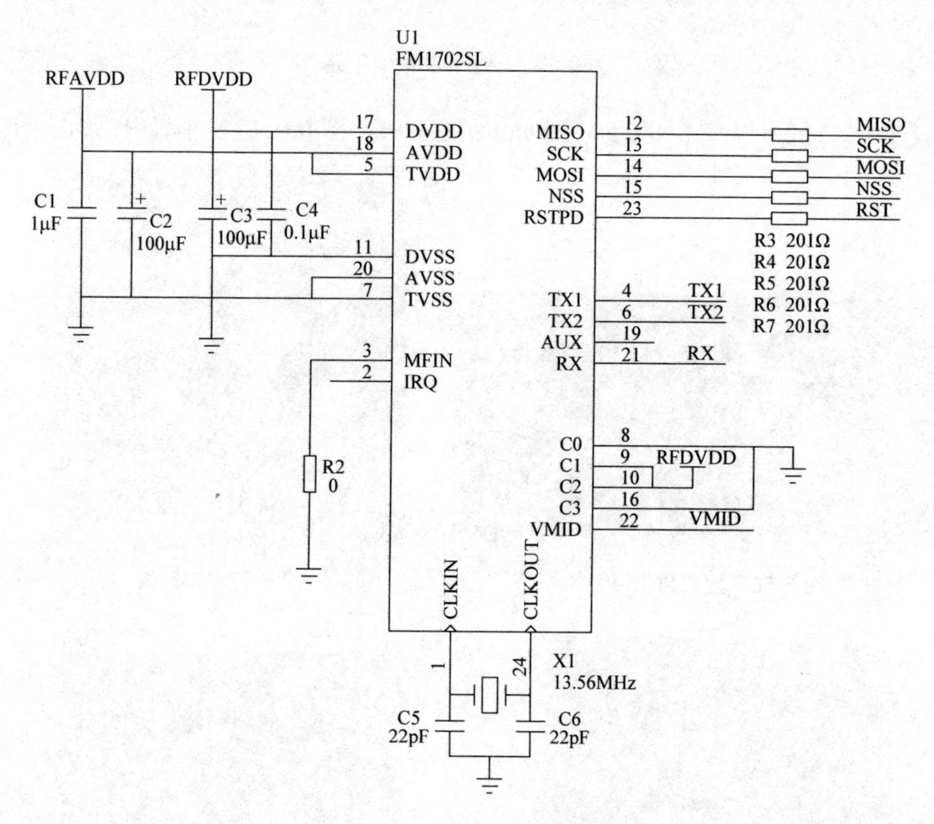

图 6.54　FM1702 电路

图 6.55 是 IC 卡的天线部分电路。这部分电路虽简单，但 PCB 布板应该好好考虑。

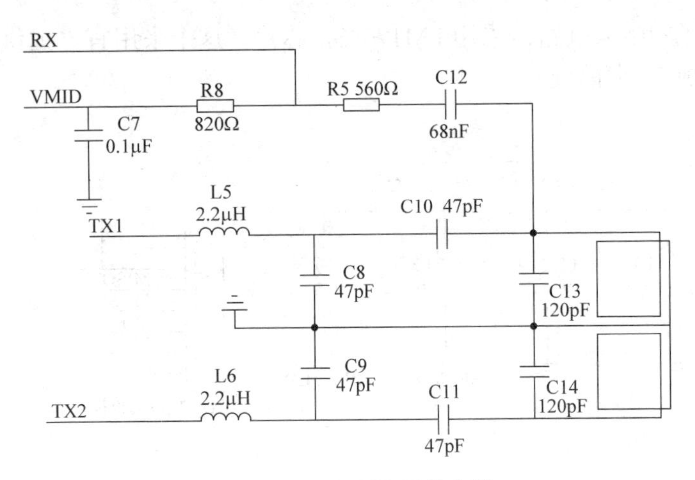

图 6.55　FM1702 天线电路

PCB 布线可以参考图 6.56~ 图 6.60。图 6.61、图 6.62 是洗车机内部结构图。

图 6.56　数码显示板

图 6.57　按键板

图 6.58　IC 卡电路板

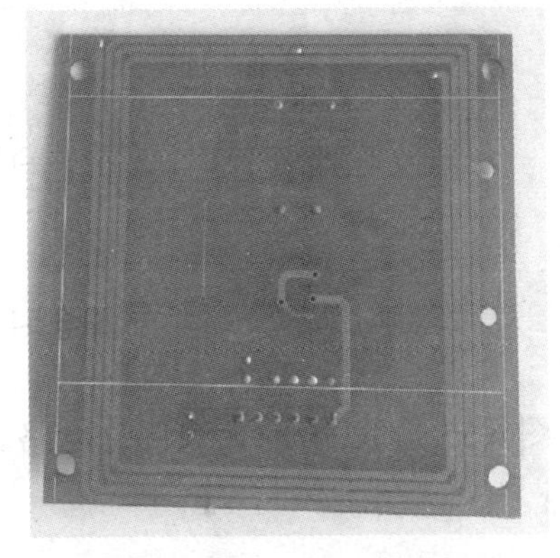

图 6.59　IC 卡电路板（背面）

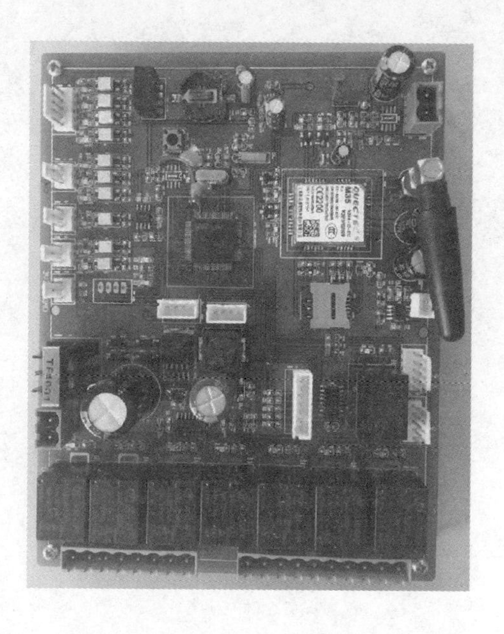

图 6.60　自助洗车机主板

图 6.61　洗车机内部结构图

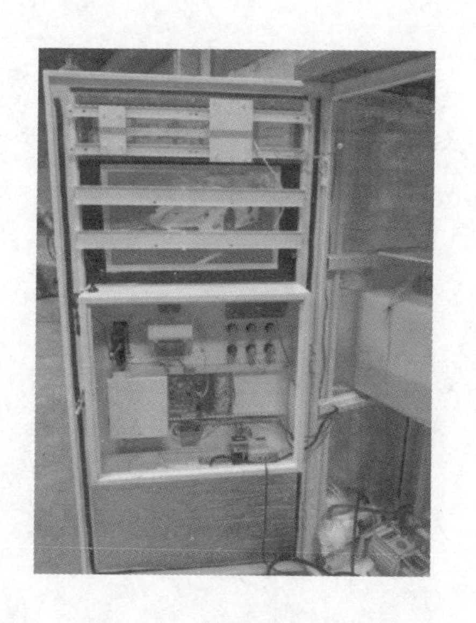

图 6.62　洗车机内部结构图

第 7 章

失败案例及应对措施

“成功”是每个工程师都想要的，而“大千世界”并不支持我们“天真”的想法，于是我们就学会了从失败中去寻找成功。把失败的案例展现出来，尽量少犯错误，提振自信心尤其重要。

7.1 现场失败案例

7.1.1 不该烧掉的接触器

接触器和它的符号如图 7.1 和图 7.2 所示。接触器里一般都有三组大的触头，其余的都要小一些，小触头一般做辅助控制用，比如互锁等。接触器和继电器的原理是一样的，都是用小电流控制大电流的装置。用单片机控制接触器，一定要考虑抗干扰设计。由于接触器控制的都是大功率设备，干扰都会很严重，所以必须采取相应的措施，避免单片机受干扰而出现异常。

接触器的电流都不会小，看看图 7.3，能发现什么情况？最右边发黑是什么原因？有经验的一看就知道，左边两个螺钉和右边那个明显不同，是螺钉没有拧紧，导致接触不良而烧坏的。记住了，大电流的地方一定要把螺钉拧紧。

图 7.1 接触器

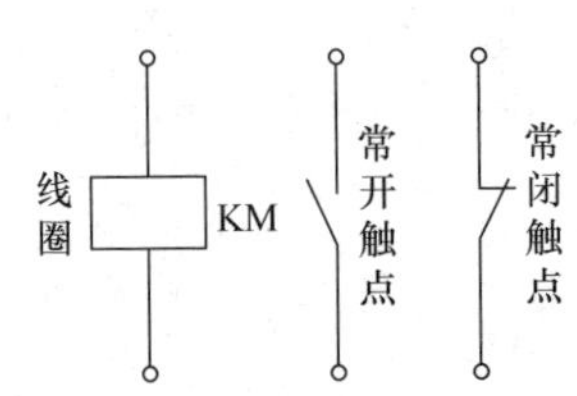

图 7.2 接触器电路符号

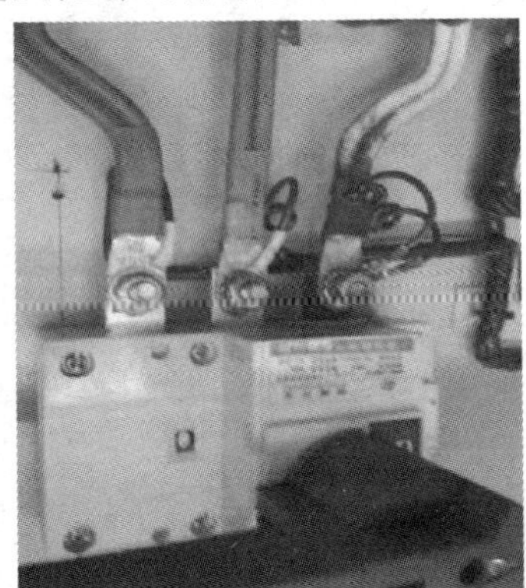

图 7.3 接触器

7.1.2 冒烟的 TVS

一个控制交流电动机的电路板，采用 220V 交流用变压器降压、整流、稳压为单片机供电，但在控制电动机时，单片机偶尔会重启，特别是电动机停止时，每次都会出现重启现象。这可认为是干扰所致。

在驱动接触器的输出端接 0.01μF/630V 电容，还在输入电源两端并联 330V 的双向 TVS，问题得到解决，如图 7.4 所示。选用 330V 双向 TVS，继电器 J1 控制接触器 KM1，KM1 控制电动机的起停。

安装完成后，工作很正常，但第二天到现场看，断路器（空气开关）已跳闸，电路板下面已经烧黑，自仔细观察，是并在电源两端的 TVS 烧掉了。那么安上的时候为何没烧呢？检测分析发现是因为夜间电压高导致的，按理 220V 交流峰值为 220V × 1.14=311V，是不会有问题的，但夜间电压高达 AC 252V，那么峰值就是 252V×1.414=356V，要是不烧那就奇怪了，后来改用 440V 的 TVS 再无此现象。

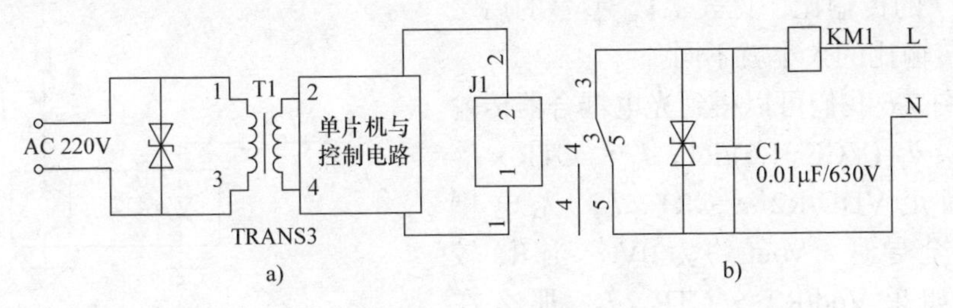

图 7.4　TVS 保护

开关电源输入端一般都会接压敏电阻作为过电压保护、防雷、抑制浪涌、高压灭弧等，使用的压敏电阻都是 470V 的，如 7D471K，前面的“7”是指压敏电阻的直径，471 就是 470V，471 末尾的“1”是 1 个零的意思，如 472，就是指 4700，这种标法在电阻上面也用到。

7.1.3　更换光电耦合器惹来的麻烦

使用光电耦合器好多年了，都没有仔细研究过光电耦合器的一些参数，都是参考早期的电路，直接来个复制加粘贴的方法用到电路里，也没有发现有什么问题。但更换一块其他电路板上的光电耦合器时遇到了麻烦，电路的局部如图 7.5 所示。出现的状况是，将光电耦合器 PL817C 更换为 PC817A 就没法工作了，K 为高电平时测得 IC2 的 3 脚为 5V 高电平，这个没有问题。将 K 置为低电平时，IC2 的 3 脚并不是低电平。由于单片机不能检测到低电平，也就不能正常工作了，你说这是为什么?

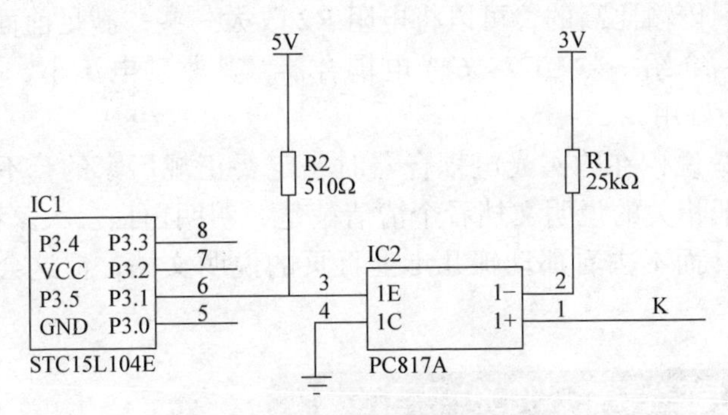

图 7.5　光电耦合器检测电路

遇到上面所说的情况，才来仔细研究光电耦合器，查阅资料后才知道光电耦合器还有个传输比的问题。

由图 7.6 可以得到光电耦合器的传输比 CTR，CTR=$I_o/I_f\times100\%$。光电耦合器的传输比是在制造时就决定了的参数，比如 EL817 的传输比，见表 7.1，型号的后缀不同，传输比的大小就不同。

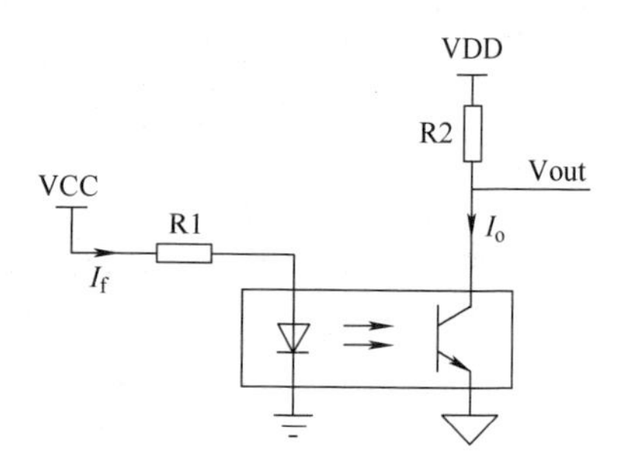

图 7.6　光耦合器电路图

由图 7.6 我们可以得到光电耦合器传输的关系，I_f=(VCC−1.5)/R1，$I_o\leqslant$ CTR×I_f。当 R2 满足 VDD/R2 ＜ CRT×I_f，光电耦合器完全导通，Vout 约为 0V；当 R2 较小时，如果 Vdd/R2 ＞ CTR×I_f，那么在 I_o=CRT×I_f时，输入 VCC 与输出 Vout 呈线性关系，这时如果用在数字电路上将得不到所要的高、低电平。要用作数字电路，就得满足 VDD/R2 ＜ CRT×I_f 才能正常工作，看得出光电耦合器的特性与晶体管有雷同之处。当然，不管怎样设计，I_f、I_o 的取值，都应该在规定的范围。

表 7.1　EL817 参数表

型号	CTR（%）
EL817	50~600
EL817L	50~100
EL817A	80~160
EL817B	130~260
EL817C	200~400
EL817D	300~600

这下总算明白了，更换图 7.5 中的光电耦合器不能正常工作，是因为 PC817A 和 EL817C 的传输比相差太大，PC1817A 传输比较小，不能使光电耦合器完全导通。如果找不到传输比高的，可以将电阻 R2 改大一些，满足前面所说的关系就可以了。另外，介绍一款 LTV816 光电耦合器，其驱动电流小、高速、还便宜，在数字电路里很好用。

这里得说一说，在购买光电耦合器时一定要正规厂家的，不然会影响到你的设计，然后把相关的说明文档看个清清楚楚、明明白白。大家都会为赶工期，要尽快完成设计而不去看那动辄几十上百页的说明文档，但这会造成一知半解的后果。

7.1.4　从经济角度看高杆灯的供电电路设计

在一个高速公路的服务区休息的时候，看到有几个电工在修理坏了的高杆灯，很好奇，就去一旁观看，电工发现熔丝烧了，想换一个试试。可是在那个荒山野岭的地方，就没有熔丝，于是就有个电工提议，弄一节导线接通试试。接通后，就有旅客说高杆灯顶上冒烟了，一看果然有一股浓烟飘在空中，赶紧关电，灯彻底不亮了。几十米高的灯杆，只有联系吊车了，费用高不说，人家还没空。现场真实场景如图 7.7 所示（当时拍的）。

仔细分析，由于高杆灯是用两根线拉到顶端再分别接到各个灯上的，一旦线路故障，就可能全部不亮。高杆灯大多数连接都是这样的，如图 7.8 所示。如果将线路改为图 7.9 所示的连接方式，也就是每盏灯都有单独的电源线，那就好多了。即使有一盏灯不亮，其他几盏也是正常的，不会影响照明，这样还可节约很多费用。计算一下，请一次吊车的费用，足可以买单独接线的费用，何乐不为?

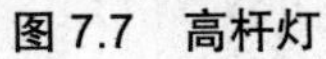

图 7.7　高杆灯

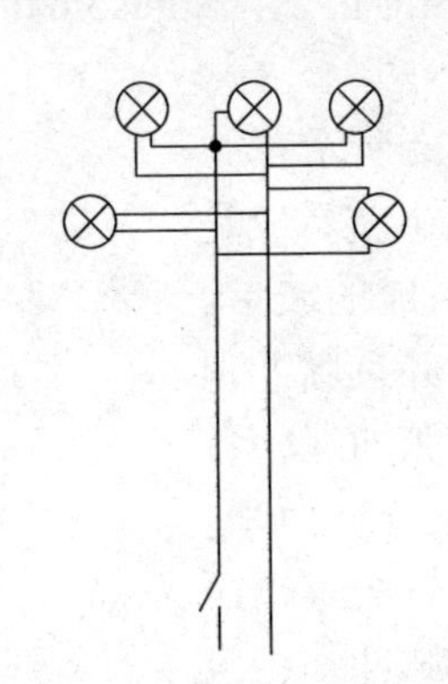

图 7.8　高杆灯电路图

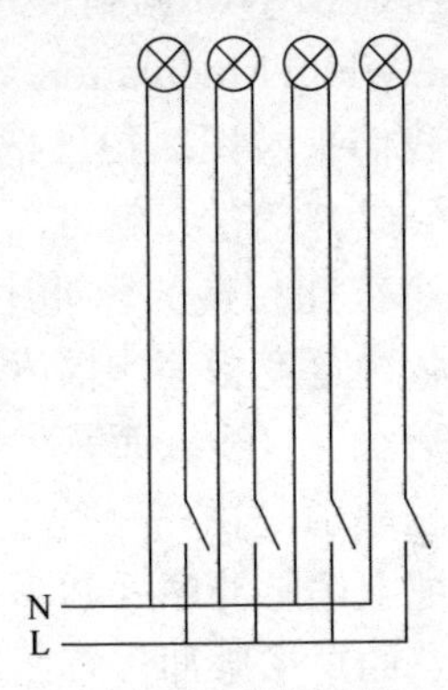

图 7.9　高杆灯电路图

7.2 设计失败案例

7.2.1 发烫的工频逆变器

在一个路灯电缆防盗产品中，要用到把直流 12V 变成交流 12V 的设备，于是就开始查找资料，最后决定采用 EG8010 芯片，制作出一款 SPWM 纯正弦波逆变器。可是，做成后 MOS 管发烫。

还是先把收集到的一些资料整理出来，明确一些基本概念，再说发烫的问题。

一般说来，我们都是将正弦交流电通过变压器后，整流滤波后变成直流，反过来，将直流变成纯正弦或修正正弦或方波时为逆变的过程。

逆变器常使用的有如图 7.10~ 图 7.12 所示的三种输出波形。方波适合给开关电源供电，因为开关电源会将电源整流后滤波，这种波形没有任何不良影响，但其不适合感性负载，如变压器、电机等。修正正弦波是在方波的基础上，控制输出使其接近正弦波的波形，除了可以为开关电源供电外，也可以给变压器供电，但由于变压器的特性所决定，会造成损耗增加、发热、产生噪声等。最理想的应该是纯正正弦波，它可以给任何负载供电，但要产生纯正正弦波相对来说要复杂得多。

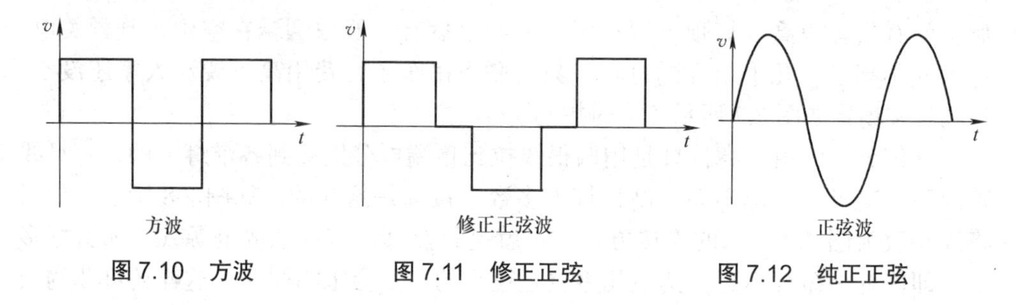

图 7.10 方波　　图 7.11 修正正弦　　图 7.12 纯正正弦

所谓 SPWM 调制，其中的 S 即正弦（Sinusoidal）的意思，PWM 即脉宽调制（Pulse Width Modulation）。

我们来看图 7.13，把图 7.13a 所示正弦半波分成 N 等份，就可以把正弦半波看成是由 N 个彼此相连的脉冲序列所组成的波形。这些脉冲宽度相等，幅值不同，并且脉冲顶部不是水平直线，而是一小段正弦曲线，各脉冲的幅值是由一个完整正弦波分化而来。如果把上述脉冲序列利用相同数量的等幅而不等宽的矩形脉冲代替，使矩形脉冲和相应正弦波部分的中点重合，且使矩形脉冲和相应的正弦波部分面积相等，就得到图 7.13b 所示的脉冲序列，这就是 PWM 波形。因为提供产生 PWM 的电压不变，所以各个脉冲的幅度是相等的，且宽度与对应的正弦波高度相关，其实质是按正弦波规律变化的。这样做的结果，就是 PWM 波形和正弦半波产生了同样的效果。正弦波的负半周，也可以用同样的方法得到 PWM 波形。这种脉冲的宽度按正弦规律变化而和正弦波等效的 PWM 波形，这就是“传说”中的 SPWM 波形。

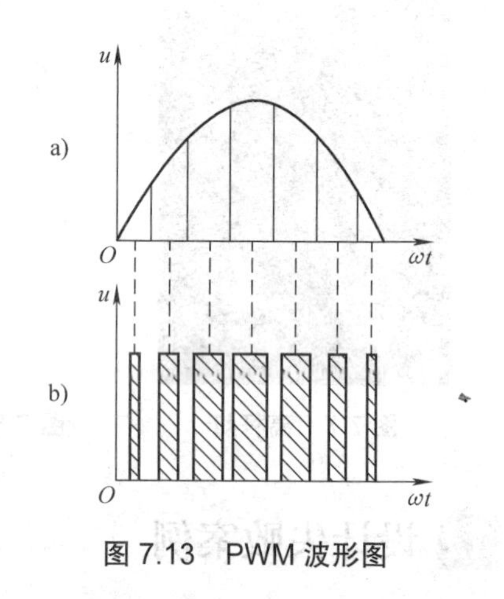

图 7.13 PWM 波形图

通过对脉冲个数、宽度的改变，可以得到所需幅值和频率的 SPWM 波形，要实现脉冲个数和宽度的改变，可用半导体器件来完成，它们都是工作在开关的状态。

单极性与双极性 PWM 调制的区别如下：

1）产生单极性 PWM 模式的基本原理如图 7.14 所示。同极性的三角波载波信号 u_t。调制信号 u_r，如图 7.14a 所示，产生单极性的 PWM 脉冲如图 7.14b 所示；然后将单极性的 PWM 脉冲信号与图 7.14c 所示的倒相信号 u_I 相乘，从而得到正负半波对称的 PWM 脉冲信号 u_d，如图 7.14d 所示。说到底，产生正弦波是一样的，只是靠功率管改变了电流的方向，也就是图 7.14b 的 180°~360° 改变了方向，和普通的 H 桥有相同之处，只不过这里加载了 SPWM 的控制而已。

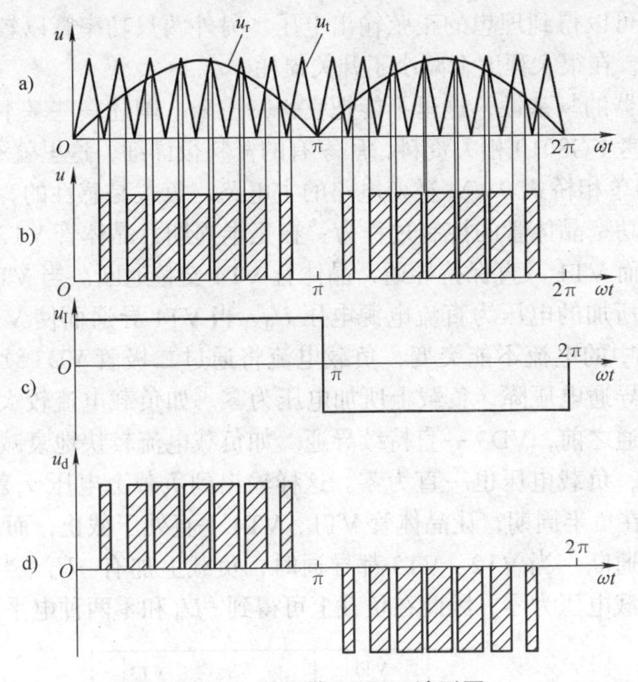

图 7.14　单极性 SPWM 波形图

2）双极性 PWM 控制模式采用的是正负交变的双极性三角载波 u_t 与调制波 u_r，如图 7.15 所示，可通过 u_t 与 u_r 的比较直接得到双极性的 PWM 脉冲，而不需要倒相电路。

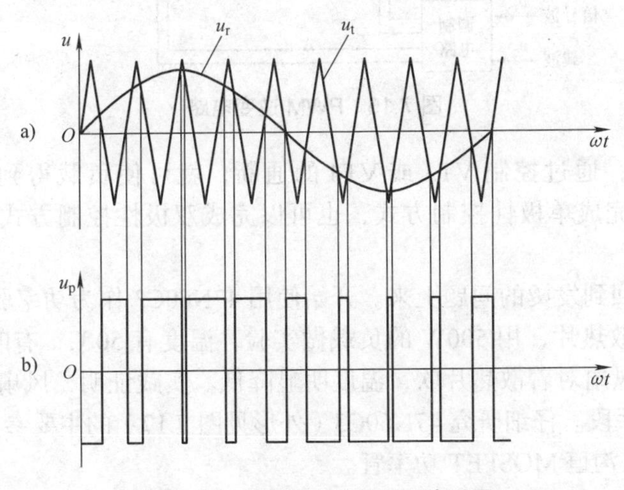

图 7.15　双单极性 SPWM 波形图

单极性调制方式的特点是在一个开关周期内两只功率管以较高的开关频率互

补开关，从而可以得到理想的正弦输出电压。另外两只功率管以较低的输出电压基波频率工作，在很大程度上减小了开关损耗。

由于逆变器的复杂性，这里不能把它一一道来，阐述一些基本的概念，具体的制作可以参考 EG8010 相关资料，厂家有的资料很详细，这里就不再重复了。

图 7.16 为单相桥式 PWM 逆变电路的主电路，负载是感性的，功率晶体管作为开关器件。功率晶体管的控制过程为：在正半周期，晶体管 VT2、VT3 一直处于截止状态，而 VT1 一直保持导通，晶体管 VT4 交替通断。当 VT1 和 VT4 都导通时，负载上所加的电压为直流电源电压 U_d。当 VT1 导通而使 VT4 关断时，由于电感性负载中的电流不能突变，负载电流将通过二极管 VD3 续流，忽略晶体管和二极管的导通电压降，负载上所加电压为零。如负载电流较大，那么直到使 VT4 再一次导通之前，VD3 一直持续导通。如负载电流较快地衰减到零，在 VT4 再次导通之前，负载电压也一直为零。这样输出到负载上电压 u_o 就有零和 U_d 两种电平。同样在负半周期，让晶体管 VT1、VT4 一直处于截止，而让 VT2 保持导通，VT3 交替通断。当 VT2、VT3 都导通时，负载上加有 $-U_d$，当 VT3 关断时，VD4 续流，负载电压为零。因此在负载上可得到 $-U_d$ 和零两种电平。

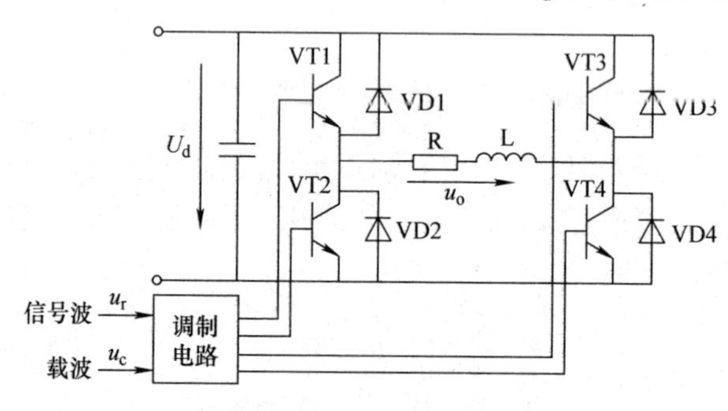

图 7.16　PWM 逆变电路

可以看到，通过控制 VT3 或 VT4 的通断，就可使负载得到 SPWM 波形，这个桥既可以完成单极性控制方式，也可以完成双极性控制方式，只是控制的方式不同。

我们还是回到发烫的问题上来。开始使用 47N60C3 作为功率驱动管，一共 8 只，偌大一个散热片，用 500W 的负载做实验，温度有 50℃，有时手都不敢摸，于是又加上个风扇对着散热片吹，温度明显降低。实践证明，风扇加散热片散热是一个有效的手段。仔细研究 47N60C3（外形见图 7.17）的主要参数如下：

1）它是 N 沟道 MOSFET 功率管。

2）开态 Rds（最大）@ I_d，V_{gs} @ 25°，C：70mΩ @ 30A，10V。

3）漏极至源极电压（V_{dss}）：650V，I_d 时的 $V_{gs(th)}$（最大）：3.9V @ 2.7mA。

4）最大功率：415W，封装：TO-247。

它的耐压、电流都能满足需要，其中有个重要的参数是导通电阻——70mΩ。看起来这么小个电阻没多大关系，但它在大电流时就不可忽视，正是由于它的存在，才导致发热严重。

后来只有重新选其他型号的功率管，最后决定用图 7.18 所示的 IRFP4568，它的主要参数如下：

1）它是 N 沟道 MOSFET 功率管。

2）开态 Rds（最大）@ I_d，V_{gs} @ 25°，C：5.9mΩ @ 10.3A，10V。

3）漏极至源极电压（V_{dss}）：150V，I_d 时的 $V_{gs(th)}$（最大）：3.9V @ 2.7mA。

4）最大功率：517W，封装：TO-247AC。

图 7.17　MOS 管外形图（一）

图 7.18　MOS 管外形图（二）

我们可以看到它的导通电阻是 5.9mΩ，这和 47N60C3 相差 10 多倍，IRFP4568 的价格是 47N50C3 也差不多 10 倍。可是 IRFP4568 的耐压比 47N60C3 低多了，而 MOS 管耐压高内阻就会大一些，由于这里输出是 12V 的交流，用 IRF4568 正好。所以 IRF4568 用于工频模式没有问题，但用于高频模式，耐压就成了问题。

用 IRFP4568 后，即使只用散热片散热，温度也只有 30℃。由此，千万不要有用晶体管控制来调节幅度的天真想法，那将会使控制晶体管烫到可以用来烧开水。

这里失败在于元器件的选型，把 220V 交流逆变使用的元器件照搬过来，有点东施效颦的感觉。

7.2.2　一个失败的设计

推销安全起爆器的业务员告诉我，客户不需要起爆器，能不能设计一个爆破检测器。这个检测器的作用是检测爆破是否成功，我说听声音不就知道是否成功了吗？为什么还要检测呢？他说，勘探爆破每一次不是单一的爆破点，而是好几个同时起爆，用电子雷管引爆，几个爆破点是同时响的，万一有一个爆破失败，单凭声音无法判断，加之爆炸在地下 20~30m 发生，地面并未破坏，凭肉眼也看不出来，如果有没有引爆的，就等于埋下一个炸弹。如果今后在这里施工，那后果不堪设想，而且就一个爆破队一年都有上万个爆破点。于是我觉得这个项目很好，就开始设计了。

出于对成本的考虑，想用简单的方法来完成。起初，想用玻璃外壳制成的熔丝管，在爆破发生时，熔丝管会炸断，通过两根引线引到地面，接到主机上，就可以实现检测了。但是，实验证明，虽然爆破的威力很大，但是未必一定能将这个小小的玻璃熔丝管给炸断，这个想法很快就给推翻了。

想来想去，决定弄个数字罗盘作为传感器来实现。在爆炸发生前，记下罗盘的每个角度，爆炸发生后，罗盘发生改变，角度发生了变化可以检测到。地面供DC12V到地下，地下电路部分电路如图7.19所示。先用D1~D4组成的全桥作极性保护，在现场接线时就可以不分正负了，并将12V稳压为3.3V供其他电路使用。单片机与三轴数字罗盘HMC5883L电路如图7.20所示。采用STC15L104E单片机，其电压正好和三轴数字罗盘HMC5883L电压（2.16~3.6V）吻合。爆破成功后，罗盘角度变化后，如果连接线并未炸断，这时就使VT1、VT2导通，使电路电流有一个明显的增加，这个增加的电流可以用地面检测器检测到；如果没有发生角度的变化（实际是没有较大的变化）VT1、VT2不导通，就没有较大的电流，说明没有爆破成功。地面主机处理时，通过图7.21所示的电路，在爆破安装好后，上电时先读出地下电路（A-D转换）正常电流，然后在爆破结束后，看电流的变化，完全没有电流时，说明线路已被炸断（爆破成功），电流比安装时有较大的增加，也说明爆破成功，如果电流没有变化，说明爆破失败。如图7.21所示，J1与地下检测器连接，一方面为地下检测器供电，另一方面通过电阻R1上的电流判断是否爆破成功。这个方法在现场实际使用效果较好，但由于地下的检测器不可重复使用，成本较高，这个方案很快又给推翻了。

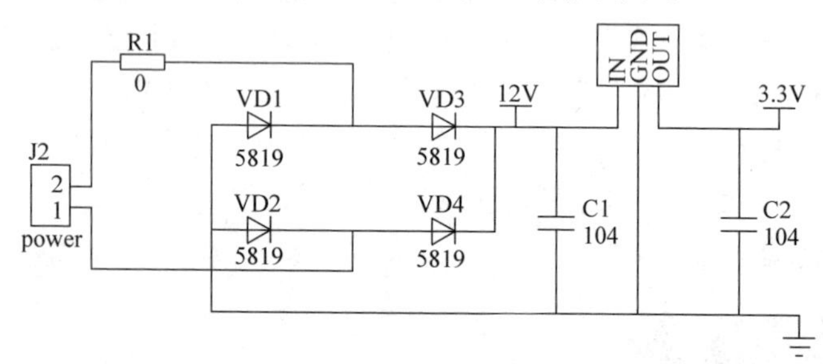

图7.19　电源电路

在客户不能接受价格的情况下，又开始重新设计，考虑到爆破会产生热量，就在地下放一个热敏电阻，先记下安装好后的温度值，爆破结束后温度升高了或线被炸断了，就说明爆破成功了，其电路如图7.22所示。图中R2就是热敏电阻，将图7.22组成的电路放到地下就可以了，多简单啊！于是就将这个方案完善，除了地下检测电路外，还“巧夺天工”地做了图7.23所示的地面检测装置，以及

图 7.24 的数据采集器，有点成就感。

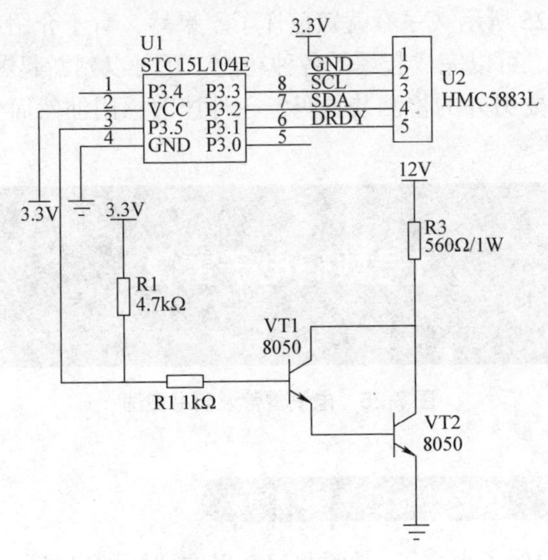

图 7.20　检测器电路图

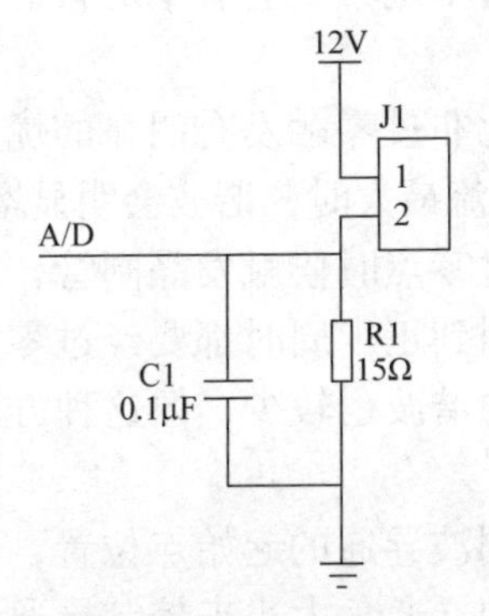

图 7.21　AD 转换电路

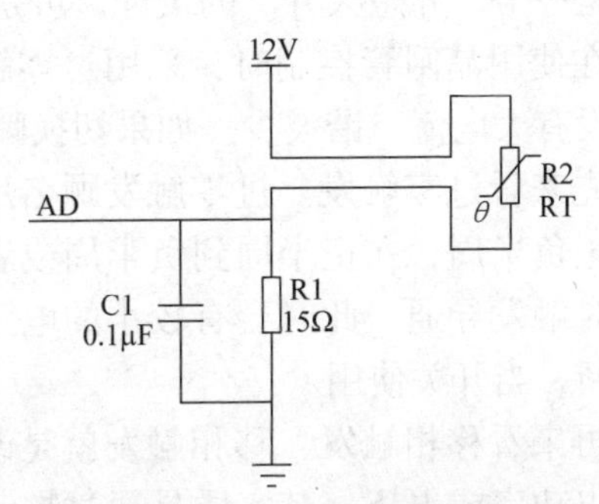

图 7.22　热敏电阻电路

图 7.23　检测器外观

图 7.24　数据采集器外观

说失败，不是上面所说的电路有错误，而是客户给我发来的一份资料，这个资料的标题如图 7.25 所示。一看就知道坏了。果然，看了介绍后得知电子雷管里面已经有通信功能，可以完成起爆的各种功能，还可以判断起爆是否成功，请问，用这种雷管，还需要另外的检测装置吗？一种挫败感油然而生，两三个月的时间就这样溜走了。

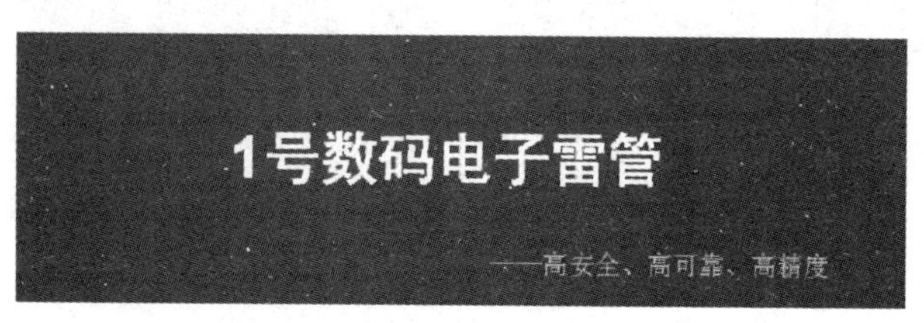

图 7.25　电子雷管说明书截图

7.2.3 “异想天开”的接触器过零切换方法

“异想天开”的例子太多了，《西游记》里的“妖魔鬼怪”，嫦娥奔月的故事，有的还真的就实现了。我总是暗示自己，瞎想指不定哪天会有个厉害的发明。下面就是一个“异想天开”的设计，可是失败了。

在使用晶闸管控制时，采用过零触发，相比非过零触发有明显的优点，切换瞬间没有大电流，谐波少。如果切换瞬间是在电流最大时，谐波会明显增多。

先来看过零触发。过零触发顾名思义就是过零点时候触发晶闸管，交流电因为有正负半周，在正半周到负半周或者由负半周到正半周时都要经过零点，在过零点时触发导通，此时会有较小的电流，产生的谐波也较少，但这种方法主要用于通断，当开关使用。

再来看移相触发：移相触发就是改变每个周波导通的起始点位置，从而调节其输出功率或电压。其实质是通过控制晶闸管的导通角大小来控制导通量。它的优点是可以调功，缺点是会产生谐波，对电网和电子设备都“有害无益”。

晶闸管的触发电路与波形如图 7.26 和图 7.27 所示。

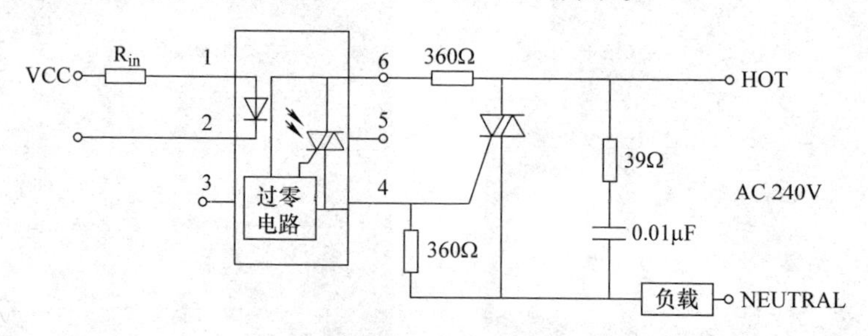

图 7.26　晶闸管触发电路

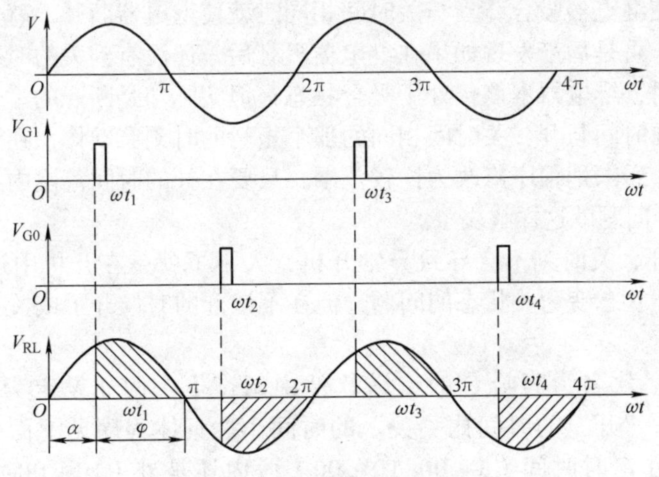

图 7.27　晶闸管触发波形

由于晶闸管过零触发的优点，想到接触器的通、断，如果在电压为零时闭合，在电流为零时断开，那么优点就显现出来了。首先是对触点的冲击会减小，减少火花的产生，避免氧化，其次就是产生的谐波也少了，想想能有效减少触点的火花，再不需要对触头镀金什么的，确实很诱惑人，小心情着实有点激动。

于是，开始了我“超越梦想”的实验，做好电压过零、电流过零检测电路，与单片机连接，在检测到过零后，做适当延时，将接触器动作的时间和过零来个配合，使得触点闭合瞬间刚好落在过零点上，岂不妙哉！但是，在一番折腾下来，并没有“心想事成”，偶尔会出现较小的火花，以为是时间配合不好，反复调试，也没有成功。在一种挫败感中陷入了思考，然后再对接触器进行研究，发现接触器动作时间无法确定，动作时间与电压有关，与制造差异有关，同一厂商的同一型号的接触器，在相同的电压下动作时间都不一样！接触器动作时间几百毫秒，一个正弦波的周期仅 20ms，要非常精确的配合，是很难企及的，这个“异想天开”的实验在“一片哀鸿”中落下了帷幕。

7.2.4　失控的定时器

采用 DS1302 时钟芯片，51 单片机制作一款定时器，用来控制驱蚊器的定时开、关。本来设定的是晚上 10 点开，次日早上 7 点关，可是到第二天下午还是闻到驱蚊片发出的味道，驱蚊器居然是开的，吃惊不小。仔细研究定时器的程序才发现有问题。

为了编写程序方便，把定时时间、当前时间都变成“分钟”，这样会使得比较时间的大小更加方便，如 5 : 12，变成 5 × 60+12=312。

最开始的想法是，程序随时对当前时间与设定开、关时间做比较，当与开时间相同时就使继电器吸合，当与关时间相同时就使继电器断开，就这样来看也算“合情合理”。可是后来发现如果在继电器吸合后，还没有到关的时间，当电源断开后再通电时，继电器本该仍处于吸合状态，但实际却是断开的。究其原因，是开关只在当前时间与开、关时间相同的那个短暂的时刻有动作，在开时间内没有其他判断了。后来把程序修改为比较范围，只要在开的时间范围内，都会使继电器吸合，这个问题就这样解决了。

只比较开、关时刻不会导致异常开机，大不了就是在开机中途断电后再上电，会导致开状态变为关状态的问题。但在不该开的时候开了或关了的“紊乱”，却是别的问题。

我们在一款名为啊哈 C 的编译软件中调试下。假如设定为 3：00 开机，10：00 关机，“开”的时间比“关”的时间小。具体程序见下面程序段 1，无论当前时间在定时时间（3：00~10：00）段内还是外（10：00~3：00）都能正常工作。

```
程序段 1：
//------------------------------
#include <stdio.h>
#include <stdlib.h>
int main()
{
   int S,T;        // T 当前时间，S 开关状态，假定 1 为开，0 为关
if((T>3)&&(T<10))     //(T>3) 为"真"，(T<10) 为"真"，相"与"为"真"，
否者为"假"
   {
    S = 1 ;       //开
   }
   else
   {
    S= 0;         //关
   }
    printf("S=%d\n", S);
    system("pause");
    return 0;
}
//----------------------------------------
```

按照前面的思路，设定当开时间为 10：00，关时间为 3：00 时，看看程序段能不能正常工作。看程序段 2。假定当前时间为 11：00，语句 if((T>10)&&(T<3))，T>10 为“真”，T<3 为“假”，(T>10)&&(T<3) 为“假”，S=0(关)，但这时应该为

S=1（开）才对。这是因为，“开”的时间比“关”的时间大造成的。当 T=11 : 00 时，if((T>10)&&(T<3)) 中 T>10 与 T<3 是矛盾的。

```
程序段 2：
//--------------------------
#include <stdio.h>
#include <stdlib.h>
int main()
{
  int S,T;
  if((T>10)&&(T<3))          //(T>10) 为“真”,(T<3) 为“真”,相“或”为“真”,
否者为“假”
    {
     S = 1;          //开
    }
    else
    {
     S= 0;           //关
    }
     printf("S=%d\n", S);
    system("pause");
    return 0;
}
//------------------------------------------
```

程序段 2 是不能正常工作的，但我们把 if((T>10)&&(T<3)) 改为 if((T>10)||(T<3))，T>10 和 T<3 相“与”，变为相“或”，即程序段 3。同样假定当前时间为 T=11 : 00，此时，T>10 为“真”，T<3 为“假”，相“或”为真，S=1（开），这样就对了。

```
程序段 3：
//--------------------------
#include <stdio.h>
#include <stdlib.h>
int main()
{
  int S,T;
  if((T>10)||(T<3))        //(T>10) 为“真”，(T<3) 为“真”，相“或”为“真”，
否者为“假”
    {
     S = 1;          //开
    }
    else
    {
     S= 0;           //关
```

```
    }
     printf("S=%d\n", S);
    system("pause");
    return 0;
}
//----------------------------------------
```

那么，能不能用程序段 3 来完成前面说的“关”时间大于“开”时间的功能呢，如果可以就可以用程序段 3 来完成程序段 2 的功能。我们用程序段 4 来说明，还是假定“开”为 3:00，关为 10:00。当前时间为 T=4:00 应为“开”, S=1（开），当前时间为 T2=2:00 应为“关”,S=1（开）。由此看来，不能用程序段 3 完成“关”时间大于“开”时间了。

```
程序段 4
//-------------------------
#include <stdio.h>
#include <stdlib.h>
int main()
{
   int S,T;
if((T>3)||(T<10))
   {
    S = 1;         //开
   }
   else
   {
    S= 0;          //关
   }
    printf("S=%d\n", S);
   system("pause");
   return 0;
}
//----------------------------------------
```

这个看似不起眼的定时程序，还“十麻九作怪”。一个较为简单的做法是，在程序段 2 上想办法。首先，判断“开”和“关”的时间哪个大，如果“关”的时间比“开”的时间大，就用程序段 2，如果“关”的间比“开”的时间小，就先将设定的开、关时间互换，按照程序段 2 的方法找到“关”的时间范围，只要在这种情况下将输出继电器状态取反即可。实现开、关机的实用程序见程序段 5。将时间先化为“分”H × 60+M，计算会变得简单。

```
程序段 5
#include <stdio.h>
#include <stdlib.h>
void main(void)
{
    unsigned int        Time;
    unsigned int        T_Start, T_End, T_Now;
    unsigned char       Flag=0;                                    // 清标志
    unsigned char       S=0;

    if(Set_End  > Set_Start)
    {
     Flag=0;     // 结束时间大于开始时间标记
     }
     else
    {
    Time = Set_End;                        // 开关时间交换
    Set_End = Set_Start;
    Set_Start = Time;
    Flag=1;
    }
 if((Set_End > Set_Now) && (Set_Now >= Set_Start))
  {
     if(Flag==0)
     {
     S = 1; // 开启，关时间 > 开时间

     }
     if(Flag==1)
     {
     S = 0; // 关闭，开时间 > 关时间

     }
  }
  else
  {
   if(Flag==0) S = 0;  // 关闭，关时间 > 开时间
   if(Flag==1) S = 1;  // 开启，开时间 > 关时间
   }
    printf("S=%d\n", S);
   system("pause");
   return 0;
}
```

7.3 失败的应对措施

1. 从方案入手

拿到一个项目，第一件要做的事情是查新，看是不是已经有相关的产品了，如果没有进行调查，盲目行动，等成品开发出来，发现早就有了或者已经过时了就会比较棘手。如果有一个好的创意，也没有人在做，那更应该小心谨慎了，这可能是一个不可能完成的或与政策相违背的项目，这里面或许暗藏杀机。对项目要进行市场调查，要开发用户想要的成品，而不是你个人喜欢的东西，大多数人都不喜欢的产品，那你开发出来把它卖给谁？有没有销售渠道，也很重要，一些产品可能是因为老板有特殊关系才开发的，人家能卖掉，即使你价格很低，也可能“失之交臂”。当然要开发市面上完全没有的新产品，那是相当的困难，这就像哥德巴赫猜想，为此一生“百事无成”的数学家，连名字都没有留下的也不在少数。创新不是普通人能企及的，要靠经验和灵感。开发同样的产品必须要有特色，否则就没有竞争力。

2. 从硬件和软件设计入手

开发产品要尽量减少失败，特别是项目催得很急的时候，为了稳定和可靠，就要尽量使用熟悉的电路，用没有问题的电路，切忌看到有人在用新东西，赶紧跟风。软件和硬件都要同等重视，不要厚此薄彼。现在大多数电子工程师都偏“软”，一些培训机构也主要是以软件为主，把软件做得很完善，轻视硬件，而硬件是软件的基础，硬件不稳定，程序注定“不得安宁”，要学会“软硬兼施”。

3. 从制作与调试入手

一个产品研发出来，要经过反复调试，电路板做好，能跑程序往往才是开始，硬件需要老化、高低温实验，焊接、连接线的处理都很重要。即便是通过国标检验的产品也未必就完美无瑕，要把一个产品做得没有瑕疵，相当困难。

4. 从材料入手

不知道你有没有发现有些“老革命”总喜欢在正品旧板上拆元器件使用，因为使用过的元器件老化得差不多了，加之正规产品元器件质量有保障，用起来更放心。不管你的硬件和软件设计得有多好，元器件质量不好，你可能会“吃不了兜着走”，用户三天两头给你打电话，你可能才发现自己成了垃圾元器件的替罪羊。元器件要到正规厂家购买，不要听那些“天花乱坠”的产品介绍，要用事实来证明，眼见为实，耳听为虚。

第 8 章

实用荟萃

实用是本书的最大的特点，本章内容都来源于实际设计案例或有代表性的电路。同样，除了具体电路，本章也会讲到一些相关的实用基础知识，还有“脑洞大开”的趣味电路，如果喜欢请“点赞”。

8.1 实用电路

8.1.1 极简光照度检测设计

在电子电路设计中，经常会用到光照度检测电路。由于光敏电阻的非线性、离散性，以及大照度饱和等问题，限制了它的使用范围。这里介绍一款在智能农业项目中使用过的利用可见光照度传感器ON9658做的光照度传感器。ON9658具有暗电流小，低照度响应灵敏度高，电流随光照度增强呈线性变化，且内置双敏感元件，自动衰减近红外光，谱响应接近人眼函数曲线，内置微信号CMOS放大器，高精度电压源和修正电路，输出电流大，工作电压范围宽，温度稳定性好，可选光学纳米材料封装，可见光透过，紫外线截止、近红外相对衰减，增强了光学滤波效果，体积小便于安装等特点，它的外形和5mm的平头发光二极管一模一样，如此小的麻雀，可五脏一应俱全。它可用于背光调节、照度检测、报警等电子电路中。

ON9658的特性曲线如图8.1所示，这个曲线已经是相当不错的了，虽然看上去不是特别的直，但在模拟器件中完全能让人“喜出望外”了。

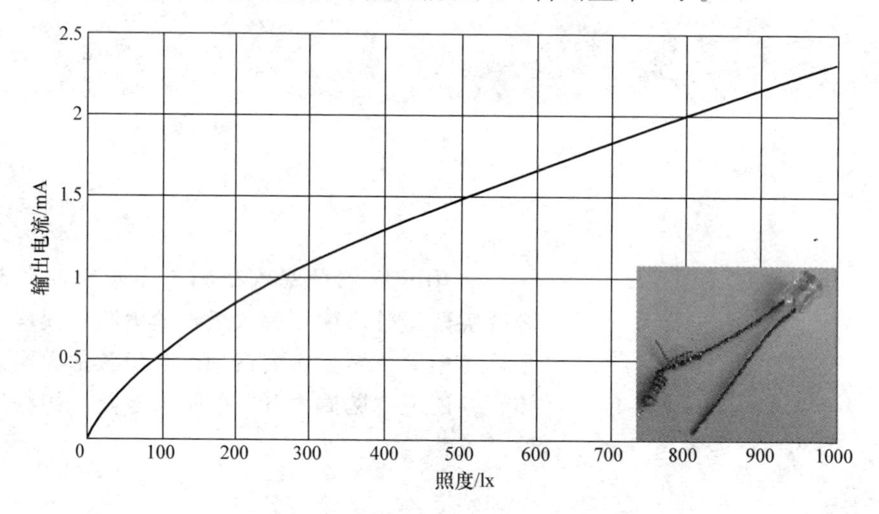

图8.1 ON9658照度电流特性曲线

图8.2是ON9658使用时的典型接法。图8.3是照度大时控制LED关闭的电路，当光照度变大后ON9658电流增加，R1上电压降随之增加，ON9658两端电压降低，晶体管VT1关闭，LED熄灭。图8.4是光照度增加LED点亮电路，与图8.3同理，光照度增加ON9658电流增加，R1电流增加，电压降也增加，ON9658两端电压下降，晶体管VT1的B极电压升高，VT1导通，LED点亮。图8.5为可以用于与

单片机连接的电路，ADC 端供单片机转换用，这种用法可以做出较准确的照度检测器。

笔者在智能照明设备上使用过 0~2000lx 和 0~50000lx 两种，效果不错。当然阳光直射时需要作衰减处理，不然数以万计的光照度（lx）会使数据爆表（超限）。

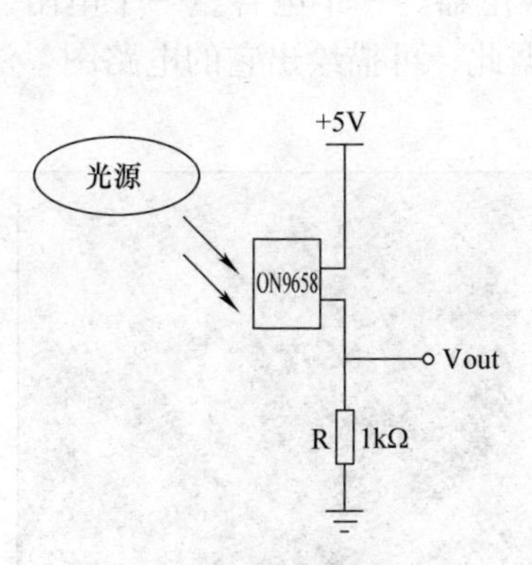

图 8.2　照度传感器电路

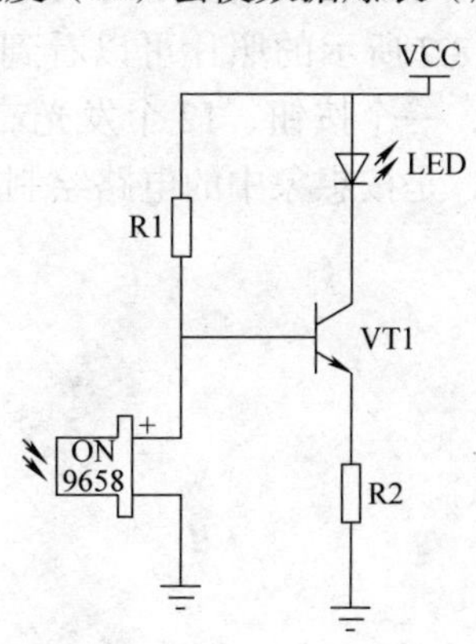

图 8.3　照度控制 LED 电路

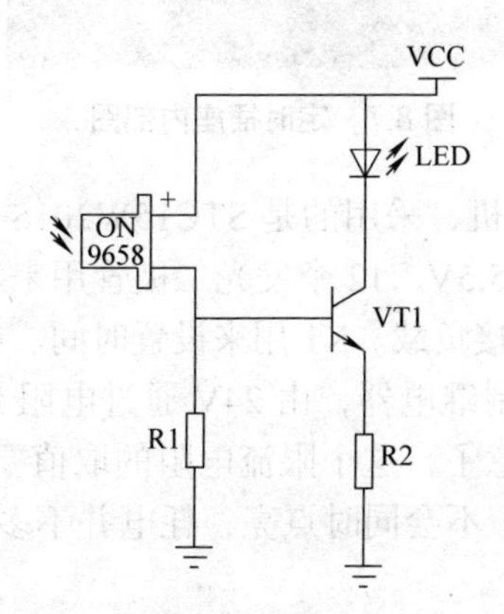

图 8.4　照度控制 LED 电路

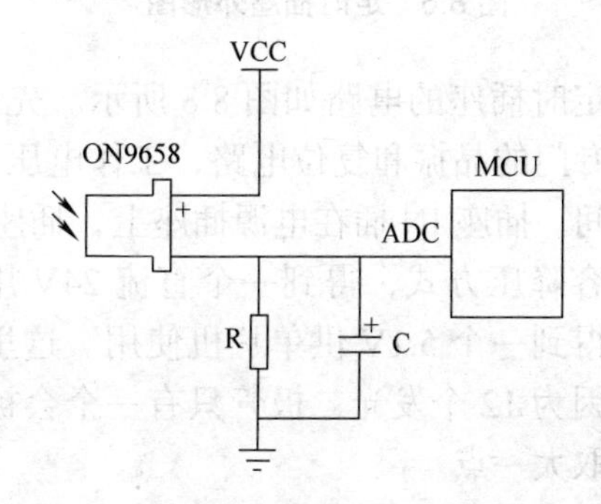

图 8.5　照度传感器与单片机连接电路

8.1.2 “庖丁”解剖定时插座

在“五花八门”的定时插座里，选购了一款体积小、使用简单的定时插座。定时插座的销量不错，我们还是来个庖丁解牛，看看里面的电路，满足一下好奇心。

看上去定时插座像一个转接插座，只不过加上了定时功能，当达到所设定的时间后，就会把电断掉如图 8.6 所示。从上面印的字可以看到有 0.5、1、2、3、4、5、6、7、8、10、12、24 小时，各对应一个指示灯，定时时间可以通过旁边的一个按钮设置，每按一次，时间就会增加一档，同时点亮对应的指示灯，这样依次增加，增加到最后一档后，又会回到第一档（关闭）。定时时间设定好后，随着时间的推移，指示灯会依次往回显示，直到定时结束将电断掉。下次使用时，按一下就是前一次的设定值（一直插上才是这样），如有改变，就像前面说的一样，反复按键就可以设置为所需定时时间。

从图 8.7 所示的照片可以看到，里面有继电器、一个电容、一个电阻、有稳压二极管，一个按钮、12 个发光二极管等，据此，可描绘出它的电路图。注意这不是原图，是按想象中的电路绘制的。

图 8.6　定时插座外形图

图 8.7　定时插座内部图

定时插座的电路如图 8.8 所示。先看单片机，采用的是 STC15W201S，它不需要专门的晶振和复位电路，工作电压为 2.4~5.5V，12 个发光二极管用来显示定时时间。插座 IN 插在电源插座上，插座 OUT 接负载。K1 用来设置时间。电源采用阻容降压方式，得到一个直流 24V 用于控制继电器，由 24V 通过电阻 R17 限流后得到一个 5.1V 供单片机使用。这里要注意了，这个限流电阻的取值要考究，这里因为 12 个发光二极管只有一个会被点亮，不会同时点亮，耗电并不多，R17 可以取大一点。

电路其实很简单。我们看这个电路的设计，采用的都是便宜的元器件和简易的电路。单片机不用复位，不用晶体振荡器，而且单片机的每个引脚都派上了用场，也没有多余的元器件。这些都是为了节约成本，靠销量的产品不得不考虑成本的问题，也许能赚的就是那一点省下来的成本。当然，节约成本并不等于粗制滥造！

8.1.3　简单又实用的限电器负载检测方法

所谓限电器，就是对负载的功率进行限制，当超过规定的功率时，就切断负载。这种装置常用在学生宿舍、工地等公共场合。在网上看到这个产品销量可观，特意买了一个回来研究，经过实际使用，发现并不如意。

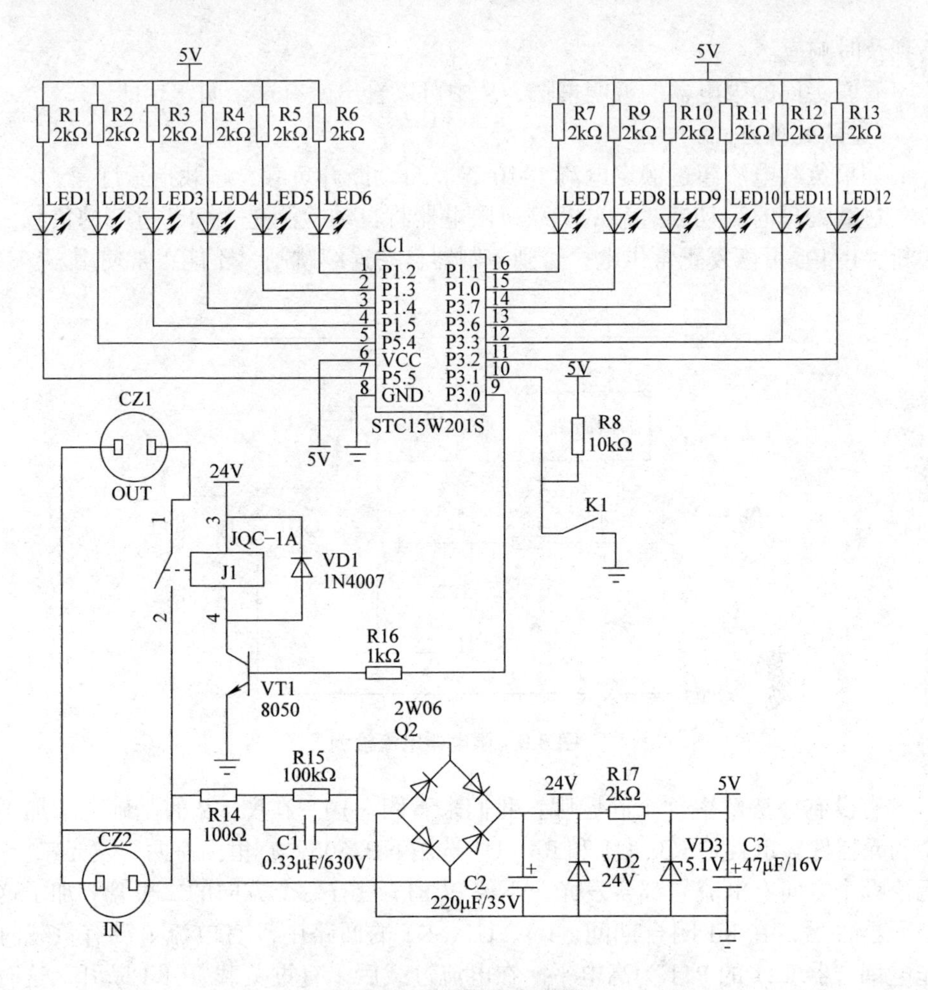

图 8.8　定时插座电路图

按照限电的要求，在图 8.9 中 CZ 是接负载的电源插座，CT 是电流互感器，K1 是切断负载的继电器触点，RL 是负载。当负载 RL 插在插座 CZ 上时，继电器触点 K1 闭合，通过互感器 CT 检测电流的大小，当电流超过额的电流时，就将 K1 断开，原理就这么简单。

接下来的问题是，在过载断电后，K1 会断开，但断开后 K1 又该“何去何从”呢？断开后，单片机检测到电流为 0，既然为 0 了，K1 就该闭合，于是就将 K1 闭合，如果 RL 还存在的话，在闭合后还是超负荷，又将其断开，断开后电流又为 0，又闭合。这就会造成反复“折腾”的问题，反复“探测”负载是不是已经降下来了，这样 K1 反复断开与闭合，会造成继电器触点的氧化，以至于接触不良，同时对负载也有不良影响。也许有人会说，在电流为 0 后，不立即闭合 K1，隔一定时间再闭合，就可以减少断开、闭合的次数，可是当负载去掉后，可能得不到及时响应。

看看买回的限电器的说明书吧，从中可以看出就有这个问题，即

“过载处理方法：

如果负载电流超过额定电流 1~10s，将自动断开负载，过载指示灯亮。

过载处理时，切断过载的负载，限电器将自动检测是否切断过载的负载，如切断，1~40s 可恢复正常供电，否则控制器自动连续跳闸，不能正常使用。”

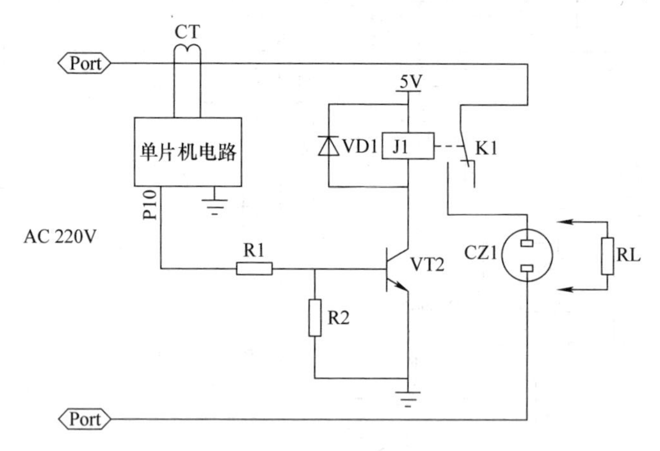

图 8.9　限电器电流检测

有没有办法解决这个问题呢？我们来看图 8.10。在图 8.9 的基础上增加了三个的元器件，也就是 R3、U1 和 R4、U1 选用 NE2505，它里面有两个发光二极管，无论哪个方向有电流它都会发光，不像 PC817 只有一个方向的二极管。加了这三个元器件后，在 K1 闭合期间，R3、U1、K1 的回路中没有电流（没有负载时），光电耦合器 U11 的 P11 为高电平。在电流过载后（有重负载），K1 断开，这时如果负载 RL 还存在，由 R3、U1、RL 组成的回路与 AC220V 相连，光电耦合器 U1 的 P11 就为低电平，表示负载还存在，单片机不必控制 K1 闭合，去试探负载是否存在。如果此时将负载 CZ 去掉，光电耦合器 U1 的回路就没有电流了，U1 的 P11 处就变为高电平，单片机检测到这个电平说明负载撤除，这时单片机就可以立即将 K1 闭合，为下一个负载供电。当然如果有人恶意反复将大功率负载接入，单片机还可以发出“警告”提示，或长时间不输出等。

这个电路很普通，就不在这里唠叨了，只是说明一下电阻 R3 的取值问题。光电耦合器的发光二极管端电流一般在 20mA 以内，为了稳当起见，220/R3<20mA 就可以了，当然，R3 的电流还受负载 RL 的影响，但 RL 一般远比 R3 小，R3 取值在 51kΩ 是没有问题的。实际使用中为了降低 R3 的发热，取 100kΩ 也不算大。R3 取得大时，R4 也要取大些，因为要考虑光电耦合器的传输比问题。

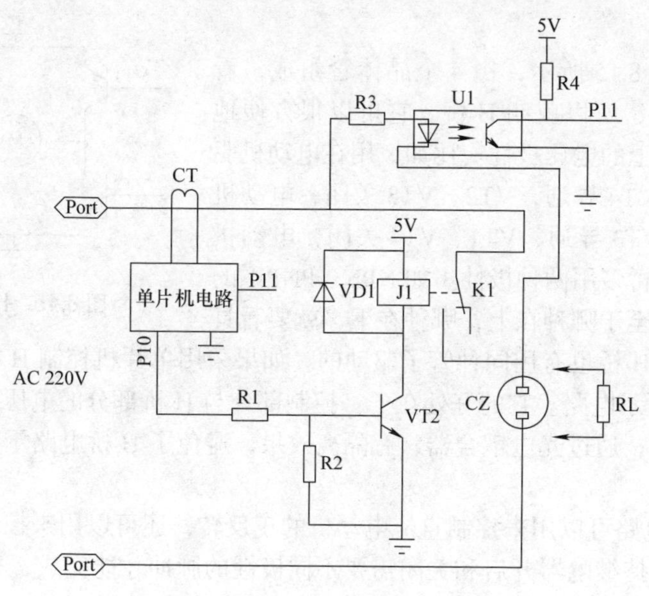

图 8.10　限电器负载检测电路

8.2 趣味杂谈

8.2.1 电路里的各种“桥”

1. 整流桥

图 8.11 所示为全桥，是将 4 个二极管封装在一起构成的，适合用于图 8.13 所示电路。图 8.12 所示为半桥，是把 2 个二极管封装在一起构成的，适合用于图 8.14 所示电路。

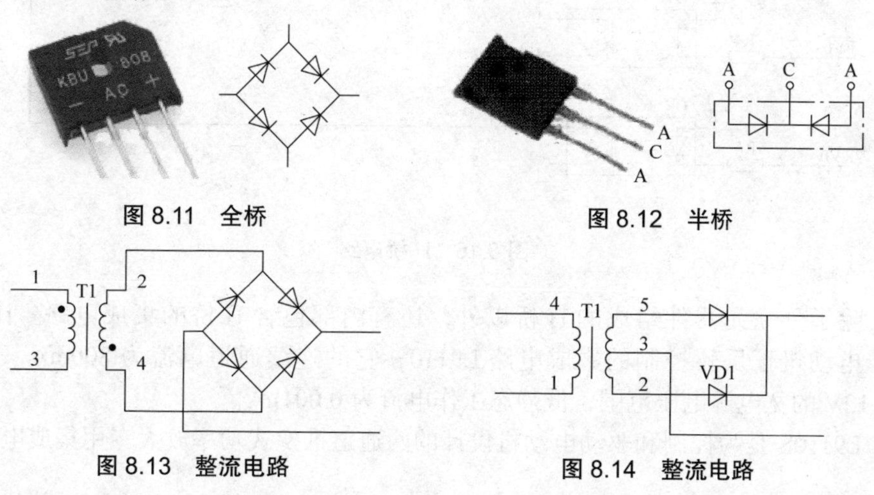

图 8.11　全桥

图 8.12　半桥

图 8.13　整流电路

图 8.14　整流电路

2. H 桥

H 桥如图 8.15 所示，由 4 个晶体管组成，看上去像字母 H，所以就叫 H 桥。它可以很方便地改变加在负载上的电压极性。比如，用在电动机驱动上，VT1、VT4 导通，VT2、VT3 关闭，电动机正转；VT2、VT3 导通，VT1、VT4 关闭，电动机就会反转。H 桥多用两种极性（如 NPN、PNP）的晶体管构建，至于哪种在上，哪种在下，就要看具体的设计了，H 桥也有用同种管子驱动的。如果采用单片机控制 H 桥电路，可以使用图 8.16 所示电路。它的好处在于：控制部分与 H 桥部分的电压可以不同，而且还可以独立；通过光电耦合器，有隔离效果，避免了 H 桥电路干扰单片机，且结构简单。

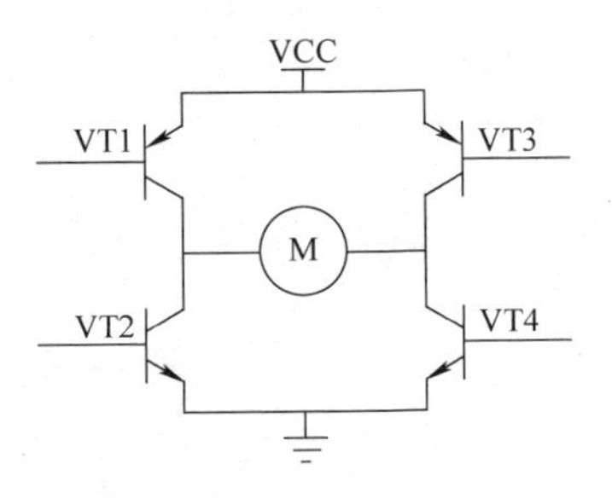

图 8.15　H 桥电路

图 8.16 电路可以用来控制直流电动机的正反转，还可以用来控制磁保持继电器。由于磁保持继电器开启和关闭需要不同极性的脉冲才能完成，采用这个 H 桥就可以轻松实现。

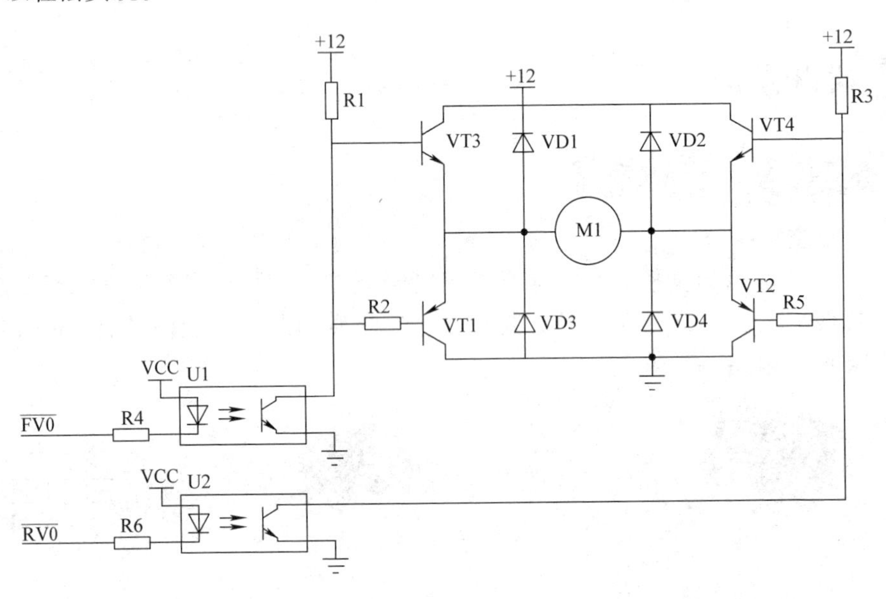

图 8.16　H 桥电路

除了分立元器件组成的 H 桥以外，还有内部包含 H 桥的集成电路。比如，用于电动机正反转控制的集成电路 L9110，它的连续通道电流为 800mA，具有 2.5~12V 的宽电源电压范围，低静态工作电流为 0.001μA。

L9110S 是为控制和驱动电动机设计的两通道推挽式功率放大专用集成电路器

件。该芯片有两个 TTL/CMOS 兼容电平的输入，具有良好的抗干扰性；两个输出端能直接驱动电动机的正反向转动，它具有较大的电流驱动能力，每通道能通过 800mA 的持续电流，峰值电流能力可达 1.5A；同时它具有较低的输出饱和电压降；内置的钳位二极管能释放感性负载的反向冲击电流，使它在驱动继电器、直流电动机、步进电动机或开关功率管的使用上安全可靠。

图 8.17 是 L9110S 的电路连接图，P10、P11 与单片机连接，其控制真值表见表 8.1。按照真值表的值可控制电动机的正反转、停机、调速等。图 8.18 是 L9110S 的内部结构。从图中可以看到，在 L9110S 内部包含了一个 H 桥电路以及其他控制电路，采用芯片控制会使问题变得简单。除了 L9110S 外，还有诸如 L298N、LMD18200、TA7257P、SN754410、MC33886 等驱动集成电路。

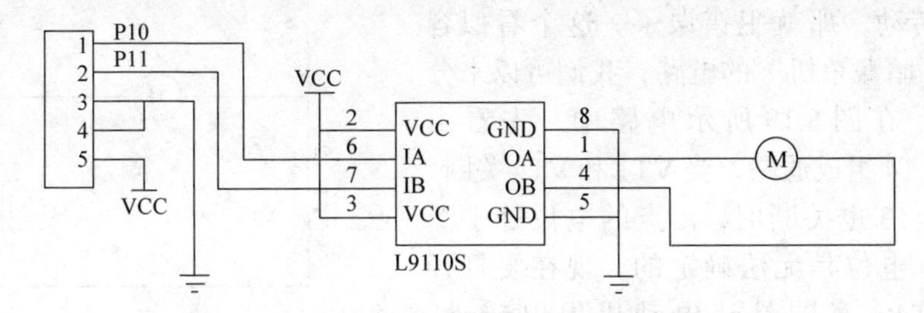

图 8.17　L9110S 电动机控制图

表 8.1　L9110S 真值表

IA	IB	OA	OB
H	L	H	L
L	H	L	H
L	L	L 停	L 停
H	H	Z 高阻	Z 高阻

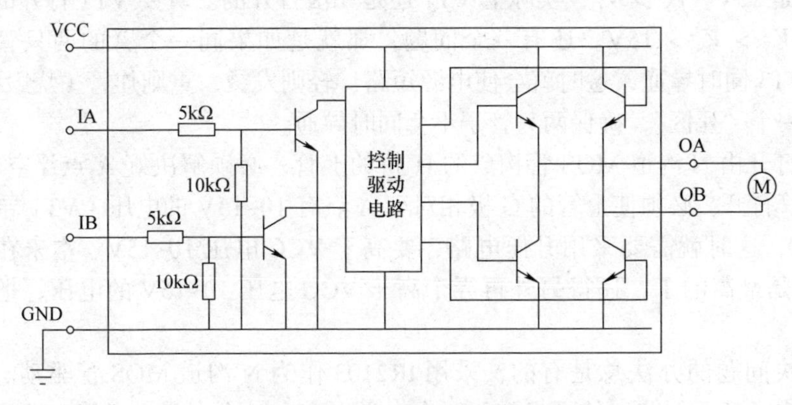

图 8.18　L9110S 内部功能图

前面说到的H桥驱动电路一般采用两种不同型号的管子，比如NPN型和PNP型。如果用N沟道和P沟道MOS管实现，在大电流时，相同工艺做出的PMOS管要比NMOS管的工作电流小，但PMOS管的成本高，而且用PMOS管和NMOS管做上管与下管，电路的对称性不好，驱动设计也比较麻烦。据此，在搭建H桥时，只用NMOS管作为功率开关器件就成了“无奈”的选择。用NMOS管搭建的H桥如图8.19所示。假定VCC=24V，这个电路里采用的是4个N沟道MOS管，它的驱动就和前面所述区别就大了，如果简单地认为，VT1、VT4加高电平VCC时就能使其导通，VT2、VT3加低电平0V即可使其关断，这样可以控制电动机转动，那就犯错误了。这个看似容易，却“暗藏杀机”的电路，我们可以来分析一下。在图8.19所示电路中，先看由VT1和VT4组成通路，当VT1和VT4关断、VT2和VT3也关断时，A点的电位处于浮空状态，电位是无法确定的。现在要打开VT1、VT4，意图是让电动机得电转动，VT1、VT4同时给高电平，总有一个先打开，这是由于管子的特性不可能一模一样所致。

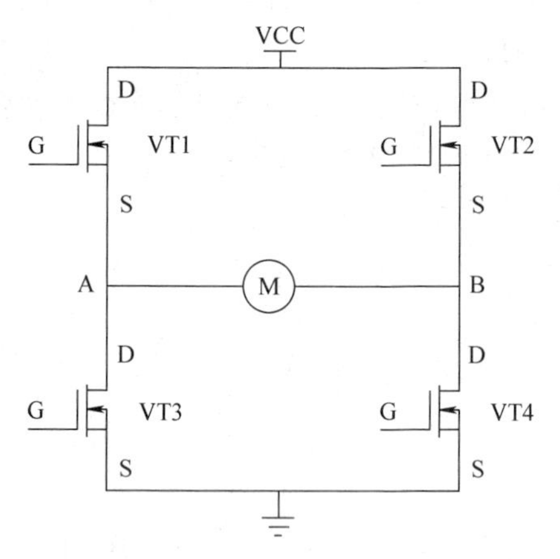

图8.19　H桥电路图

假定VT1先打开,VT4还来不及打开，给VT1的G极加15V(开通电压)的电压，由于A点是浮空状态，这时可能导致VT1无法打开，如果先打开VT4，在打开VT4之后，再打开VT1时，A点的通路经VT4和电动机M到地，A点实际是被拉为低电平的，因为M和VT4上没有电流，VT1没有打开也就没有电压降。这时给VT1的G极加15V电压，VT1假定导通，VT1导通后S极电压等于24V，而G极是15V，$V_S > V_G$，实际上VT1还是无法打开的。真要VT1打开的话，必须满足$V_G > V_S > 15V$。还有一个问题，那就是如果同一个臂的两只管子，如VT1、VT3同时导通，这时就会使电源短路！轻则发烫，重则炸管（烧毁），这时就要加一个“死区”，确保两只管子不会同时导通。

要打开由N沟道MOS管构成的H桥的上管，必须解决好A点浮空的问题。要使上管打开，必须使上管的G极相对于A点有10~15V的电压（VT1导通A点为24V），这时就需要采用升压电路，要高于VCC电压10~15V。本来在电路里VCC就是最高的了，还得另外再弄个高于VCC电压10~15V的电压，把问题弄复杂了。

解决问题的办法总是有的，采用IR2103作为N沟道MOS管驱动。IR2103内部集成了升压电路，外围只需要一个自举电容和一个自举二极管，即可完成自举升压，是不是有“柳暗花明”的感觉呢？IR2103内部还集成了“死区”生成器，可以在每次状态转换时插入“死区”，同时可以保证上下两管的状态相反，想同时导通都不给机会。IR2103和NMOS组成的H桥半桥电路如图8.20所示。这是半桥驱动，再加一个半桥就可构成全桥。在图8.20中，由于使用了IR2103，就可以轻松推动上管VT1，避免了VT1、VT2同时导通的问题。它总是在一个管子关闭后，不立即打开另一个管子，而是要等一下，等完全关好后，另一个再开通，就像是在“错车”，这个错开的时间就是“死区”。具体的一些计算可参考有关专著。

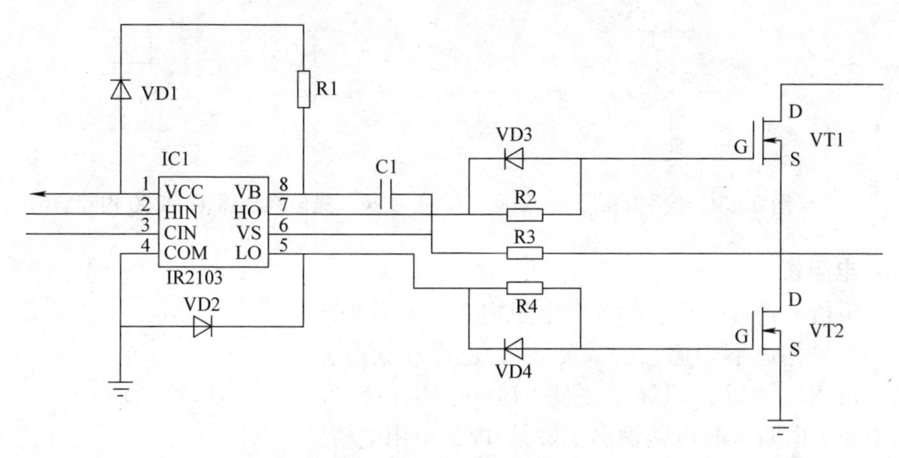

图8.20 IR2103半桥驱动

上面这个H桥，绕来绕去，把头都绕晕了，来个轻松一点的吧。实现H桥功能的还可以用非门电路，如图8.21所示。用P10,P11控制LED1和LED2的亮灭，就可以看出电流方向的改变，当然用这个电路驱动电动机会出现驱动不足。但用它来驱动图8.22所示的计数器，那是没有问题的。图8.22是一个电子驱动的机械计数器，是用H桥驱动计数的，极性反转一次，计一个数，其中转动部分由磁铁和线圈构成，与石英钟机芯的工作原理相同。

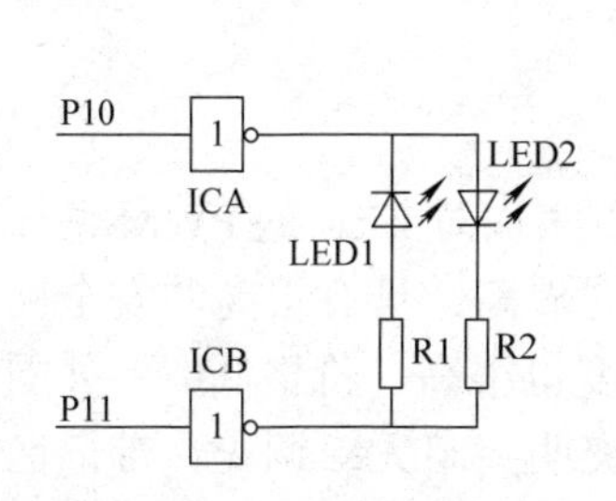

图8.21 非门LED控制电路

图8.22 计数器

3. H半桥

H半桥就是H桥的一半，故称H半桥，如图8.23所示。这个电路也叫图腾柱，也叫推挽输出，它可以增加驱动能力。

图8.24是一个带半桥输出的光电耦合器，输出电流为1.5A，隔离电压为2500Vrms。

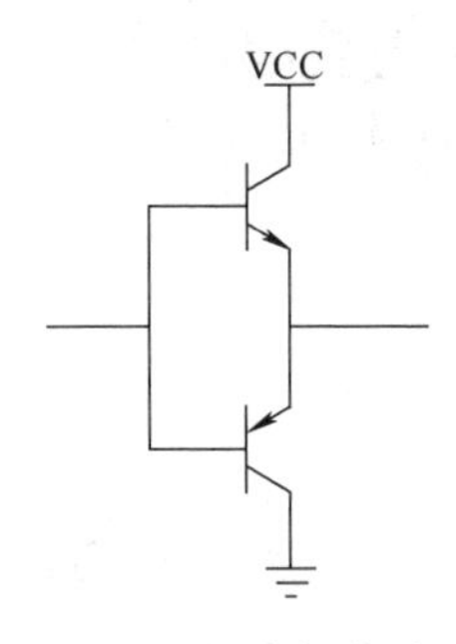

图8.23　半桥电路

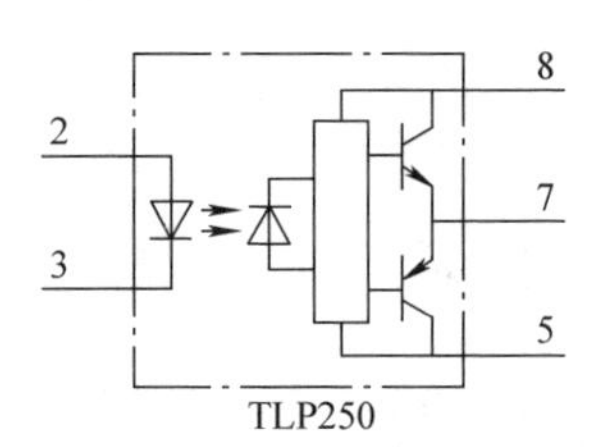

图8.24　光电耦合器TLP250内部结构

4. 电阻桥

电阻桥，常称电桥，由4个电阻构成，如图8.25所示。如果你还不知道它的“奥妙”，也许不觉得它有何“可贵”之处，但如果要使PT100温度电阻在0℃（100Ω电阻）时电路输出正好是0V，不用电桥，可能就比较麻烦了。

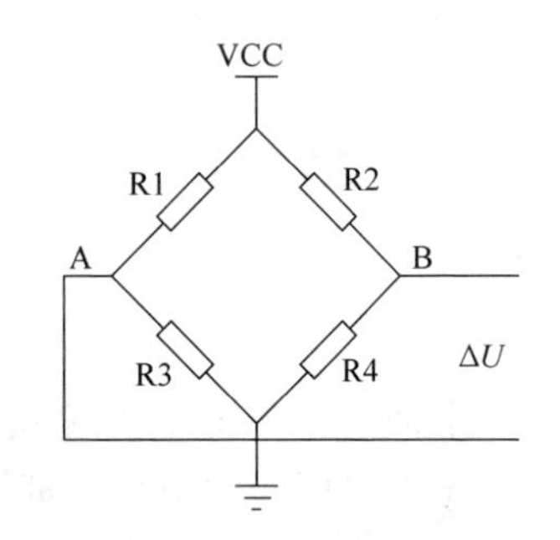

图8.25　电桥电路

先来看看这个电路的一些特点。假设R1~R4都是100Ω，由分压可得A点和B点都是$\frac{1}{2}$VCC，ΔU=0V，也许这个时候你已经知道如何解决上面所说的PT100在0℃时输出为0V的问题了。

如果我们把图8.25中的某个电阻换成PT100，比如R2换成PT100，使VCC=5V，当温度变化后，假定PT100为80Ω时，同样由分压得到B点电压为2.2V，而A点电压为2.5V，输出电压ΔU=0.3V。

8.2.2　触摸调光芯片的另类用法

SGL8022W是一款经典的调光芯片。它可以实现对LED的PWM调光，人体感应信号可以通过亚克力、玻璃、陶瓷等材料的隔离，具有很高的安全性。其具有2.5~5.5V的宽电压范围、抗干扰性好、灵敏度也很高、价格低廉、外围电路简单。此外，其还有多种应用模式：不带记忆的突明突暗无级调光、带记忆的渐亮渐暗的无级调光、三档触摸调光等。

SGL8022W 典型应用电路如图 8.26 所示。R3、R4、R6、R7（R3、R6；R4、R7 不可同时接通，按官方说明为准）用于模式设置，由此可以组合出突明突暗无级调光，渐亮渐暗的无级调光，三档触摸调光等模式，有记忆功能。R1 为振荡电阻，阻值与调节时变化速度有关，C3 灵敏度调节电容，根据触摸片的大小与隔离材料的厚度进行调节，SGL8022 可穿过 6~10mm 的亚克力板。C1、C2 是滤波电容，TOUCH 为触摸金属片，R5 为驱动输出电阻，VT1 驱动晶体管，R8 为 LED 限流电阻，具体参数在厂商提供的 PDF 里有详细介绍。

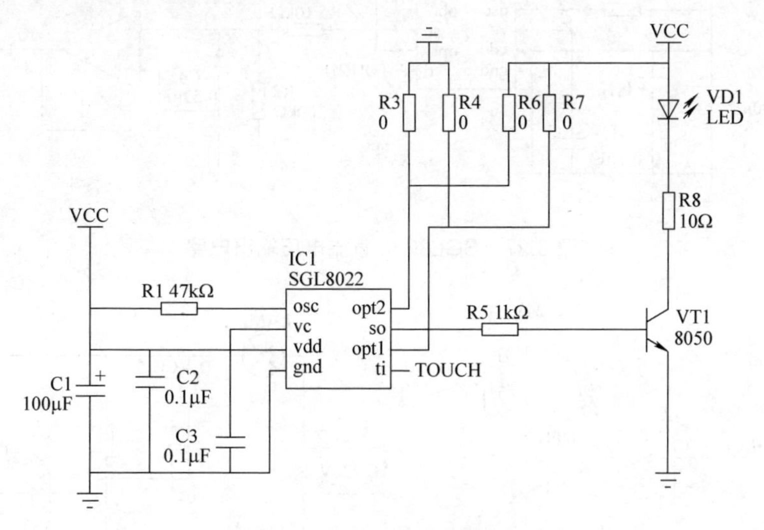

图 8.26　SGL8022 调光电路

上面所述的是 SGL8022W 的基本用途，除此以外，可以做一些变通的应用。由 SGL8022W 的输出我们知道它是采用 PWM 方式对亮度的调节，这个 PWM 可以用来调节直流电动机的转速。为了抗干扰，必要时还要用光电耦合器隔离等。如果将 SGL8022 输出的 PWM 信号通过 RC 电路对其积分，那么就会得到一个直流电压，通过对触摸芯片的操作，就可以改变输出电压的高低，这就可以用在其他一些场合，比如通过调节电阻的大小控制音量，控制晶闸管实现调压等。

图 8.27 是在图 8.26 的基础上增加了 C4 和 IC2。由 R5 与 C4 组成积分电路，再通过 IC2 组成的跟随器电路提高驱动能力，同时也起到隔离作用。这个积分电路将 PWM 信号平滑成稳定的直流电压，由 IC 的 Vout 输出，这个电压可以作为控制其他器件时使用。

图 8.27 中的 Vout 与图 8.28 的 Vout 连接，可以实现对恒流输出的调节。与图 8.29 的 Vout 连接，就可以实现对灯泡 LAMP 进行调光，也可以用于对风扇进行调速等。通过图 8.27 我们知道了一个事实就是，可以通过 SGL8022W 来改变电压，并且可以选择记忆、非记忆、分段控制功能，利用它可以设计出“花样百出”的电路。

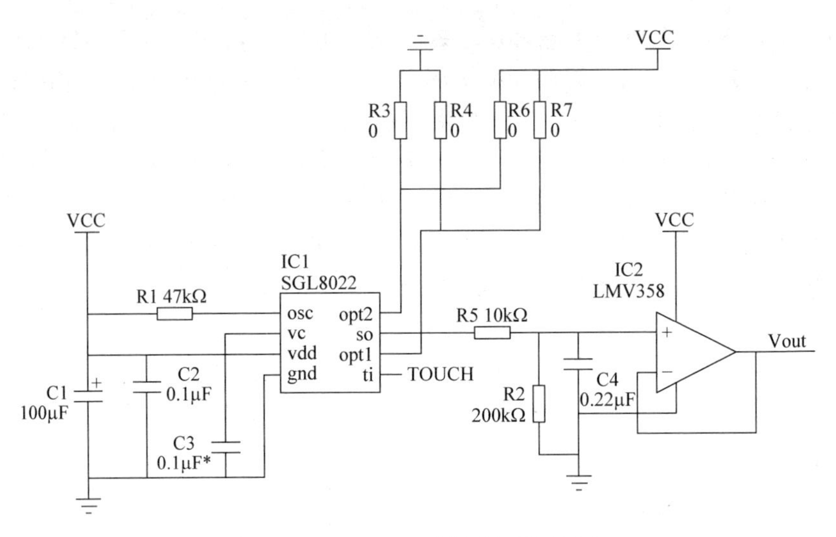

图 8.27　SGL8022 直流电压输出电路

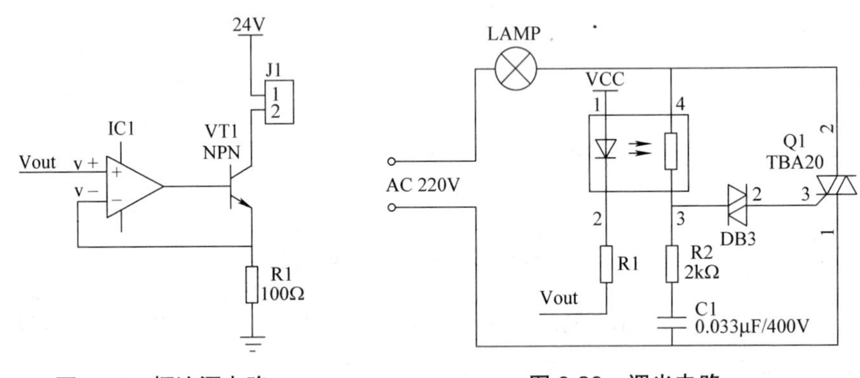

图 8.28　恒流源电路

图 8.29　调光电路

8.2.3　红外线测距传感器的奥妙

想必你一定见过红外线感应水龙头，不知道你有没有注意到，红外线感应水龙头的感应距离都比较短，往往都需要将手尽量靠近水龙头才行，不然可能因为感应不到而出不了水，这是为什么呢？能不能把距离做得远一点呢？告诉你，这很难！难在哪里呢？首先，我们要知道，红外线感应水龙头是靠红外线反射来检测的，当手将红外线反射回去，检测到这个反射，就将水龙头的电磁阀打开出水，当手离开后，没有反射物，就接收不到反射的红外线，电磁阀就关闭。我们观察一下水龙头的安装位置，一般都是在水池的上面，水池一般都是反光的陶瓷。相对来说，陶瓷比人手反光要强得多。如果红外线发射功率加强，那么就会被水池的陶瓷材料反射回去，引起误动作，如果红外线发射没有对着陶瓷，那也会造成人体或其他的物体反射。还需要注意的是，反射材料不同，反射信号强弱也不同，比如镜面和不锈钢材料的反射能力就比较强，人手等反射能力相对就弱。我们没有办法用检测反射信号强弱的方法来测量距离，玻璃镜面在 1m 外反射信号的强度比人手 10cm 都强。靠反射信号的强弱只能做到一定范围的检测，定性而不能定量。用来做一些简单控制的设备，如水龙头，红外线接近开关等还是会“花有别样红”的。

有没有办法利用红外线来测距离呢？回答这个问题之前，我们来看图 8.30。GP2D×× 是一款红外线测距传感器。先来看看 GP2D×× 的测距原理，将一束红外线以一定的角度发射出去，遇到物体后反射回来，反射回来的红外线经过滤光的透镜后，落在 CCD 检测传感器上。在 CCD 检测传感器上的反射红外线距中心的位置为 *L*。这个 CCD 器件是有一定长度的，反射回来的红外线根据反射距离的不同，会落在不同的位置。这个位置所在的距离是可以被计算出来的。那么，物体的距离会改变反射到 CCD 上的位置。由三角形的关系可见，发射与接收的距离为 *Y*，由红外线在 CCD 上的位置，就可以得出入射角的大小，由此很容易计算出物体的距离 *D*。从检测原理可以看出，物体的距离与入射与反射的角度有关，而与红外线的强度无关，这就避免了由物体的材质不同造成的反射强度的不同引起的偏差。

图 8.31 是 GP2D12 传感器的输出电压与距离的关系图。从图中可以看到，从 10cm 开始，随着距离的增加，输出电压就减小，根据电压的值，就可以求得距离。但是，为何在 10cm 以内，距离越远，电压越高呢？由图 8.30 可以看到，物体距离太近，反射回来的红外线会落到 CCD 检测传感器外。

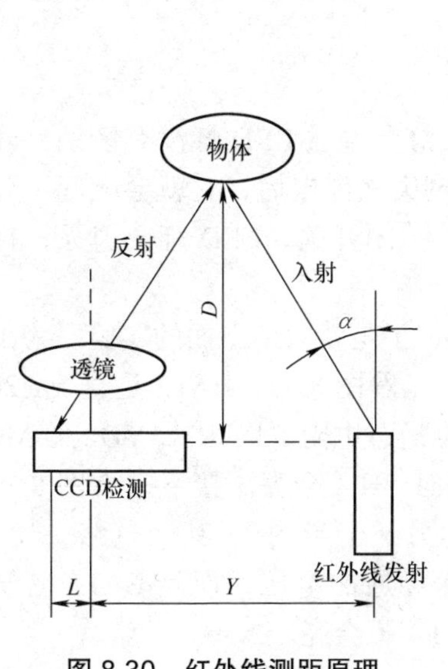

图 8.30　红外线测距原理

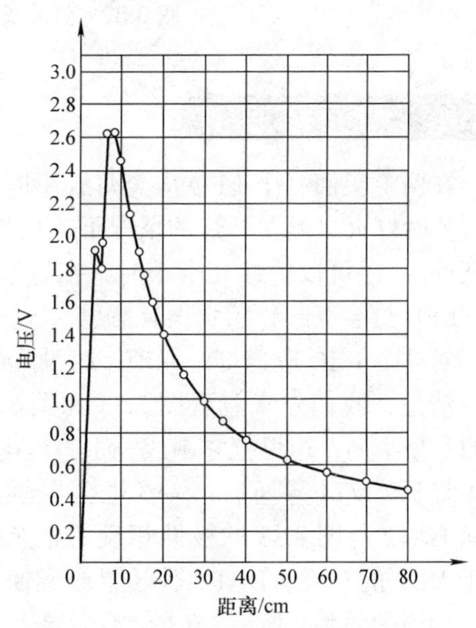

图 8.31　红外线距离与输出电压关系图

在使用这款传感器时，选用的型号不同，距离与输出会有不同，最好是针对所使用的型号，作一个图 8.31 一样的关系图，确保它的准确性。

GP2D×× 有下面常见的型号如下：

1）GP2D02，串口输出，探测距离为 10~80cm。

2）GP2D05，数字输出，探测距离为固定的 24cm。

3）GP2D12，模拟输出，探测距离为 10~80cm。

4）GP2D120，模拟输出，探测距离为 4~30cm。

5）GP2Y0A02YK，数字输出，探测距离为 20~150cm。

数字输出型（如 GP2Y0A02YK）只能检测在距离范围内是否有物体，是不能提供距离的具体值的。

图 8.32 是实物连接图。GP2D×× 红外线测距传感器可以用于机器人、工业控制等场合。

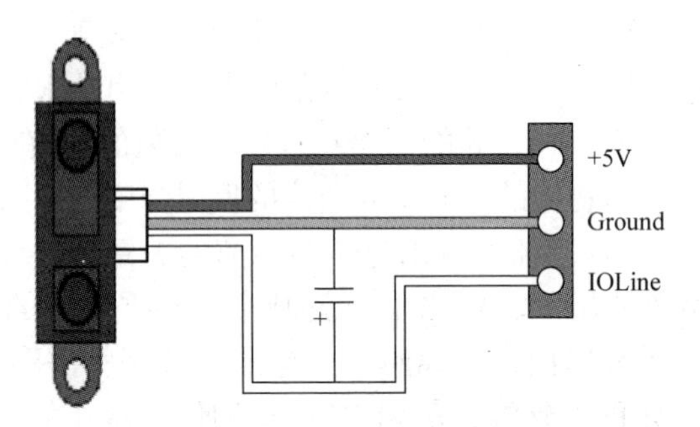

图 8.32　红外线测距实物连接图

8.2.4　一个有趣的实验

在网上买回一个 LED 应急灯，平时开关灯和普通 LED 灯没有区别，开时灯亮，关时灯灭。但在开灯的情况下，如果电网突然停电后，它就会亮起（开关是打开的），还可以持续几个小时，在这期间，关闭开关，LED 灯会熄灭，打开开关，LED 灯会亮起，感觉很有意思。

对这个 LED 应急灯的原理一时没弄明白，于是就做了下面的实验。为了把问题说清楚，我们先来看看图 8.33 和图 8.34。先看图 8.33，BAT2 是直流 220V 电压的一个半周，这里把它画成一个直流电池，通过电阻 R1、R3、VD2 使 MOS 管 VT1 导通，VT1 导通后，VT3 也会导通，这时灯 L1 会亮。接下来看图 8.34，图中除 BAT2 与图 8.33 的极性相反（正弦波的另一个半周），其余电路一模一样。由于 VD2 的存在，BAT2 不可能形成使 VT1 导通的电压，而且 BAT1 也没有使 VT1 导通的回路，所以 VT3 也不会导通，灯 L1 不会亮。

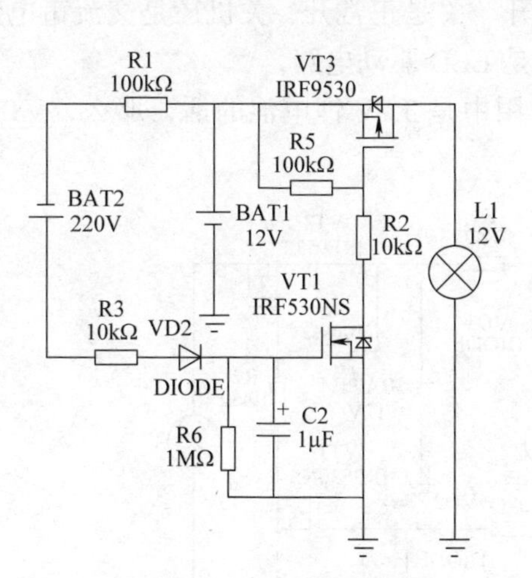

图 8.33　MOS 管驱动电路

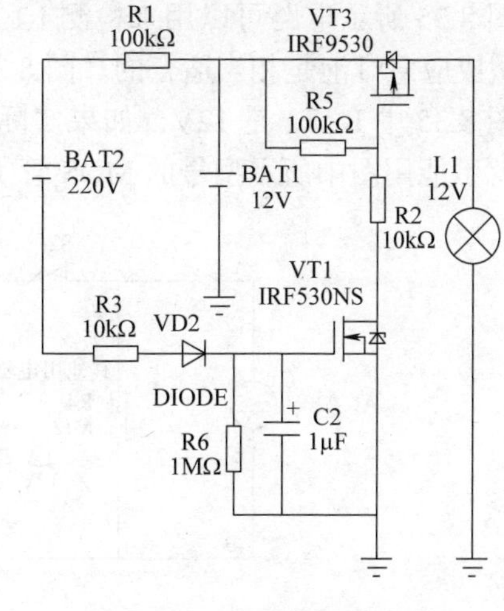

图 8.34　MOS 管驱动电路

有了对图 8.33 和图 8.34 的分析，我们来看实验电路图 8.35。先来分析这个电路的原理，将 AC 220V 市电分为正、负半周分析。正半周时，假定上正下负，即 A 点为正，B 点为负，此时，开关 S1、S2 均闭合，通过电阻 R1、VT1、VT3 等元器件，从二极管 VD2 往回流，但二极管 VD2 的方向决定了不可能有电流，VD1 也是反向连接，也不会导通，把图 8.35 简化成了图 8.34 的形式，由前面所述，L1 不会亮。接下来 AC220V 交流进入负半周，即上负下正，A 负 B 正，这时通过电阻 R3、二极管 VD2，C2 开始充电，使 MOS 管 VT1 导通，随即 VT3 导通，这时把图 8.35 简化成图 8.33 的形式可知，L1 得电点亮，L3 也得电点亮。再往后，又该正半周了，这时虽然 VD2 阻断了 AC220V。但是，刚才的负半周在 C2 上充的电并不是白充了，还会使 VT1 继续导通，VT3 也导通。也就是说，一旦开始工作，VT1、VT2 始终都会导通，L1 上都会有电，而 L3 上只在负半周有电流。在 S1 闭合的情况下，S2 断开后，C2 上的电会通过 R6 放掉，由于 VD1 的存在，BAT1 不会通过 L3 使 VT1 导通。所以，MOS 管 VT1 关闭，VT3 也关闭，L1 不亮。S2 闭合，又和前面所述一样了，说白了，就是在 S1 闭合的情况下，可以通过 S2 控制 L1。

在 S1、S2 闭合的情况下，灯 L1 点亮；S1 闭合 S2 断开，灯 L1 不亮。在 S2 闭合的情况下，如果市电断电，即 S1 断开，L1 还会亮吗？我们看电路图 8.35 里有个 R4，它不是电路里的电阻，而是存在于其他负载里，如多媒体音响里的变压器等，其只要小于 2MΩ，就可以通过 R1、K2、R4、R3、VD2 使 VT1、VT3 导通，点亮 L1，如果此时断开 S2，回路中没有 R4 存在，L1 就会熄灭，再闭合又会点亮，也就是没有市电，仍然可以用 S2 来开关 L1，这个特性不是很有趣吗？

图 8.35 所示电路可以用来检测 L1 的开、关是正常开、关机还是交流市电停电，做成应急灯泡是相当适合的。图 8.36 是 LED 驱动电路。

图 8.35 中 BAT1 是 12V，如果实际使用中是 3.7V 锂电池的话，那么，VT1、VT2 就不能用图中所示型号的 MOS 管了。

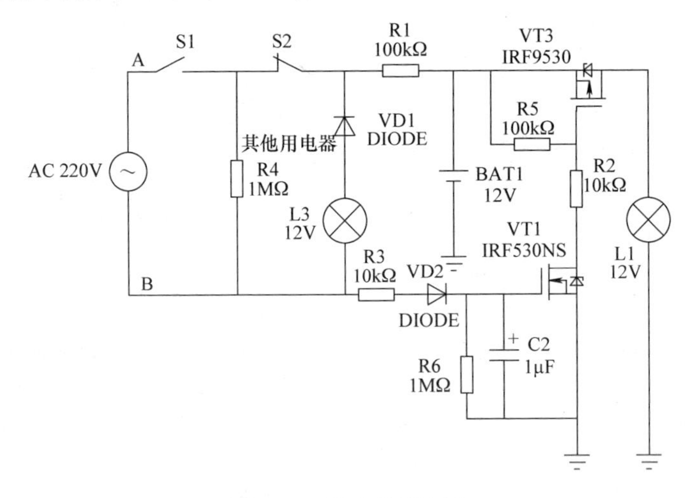

图 8.35　停电检测电路

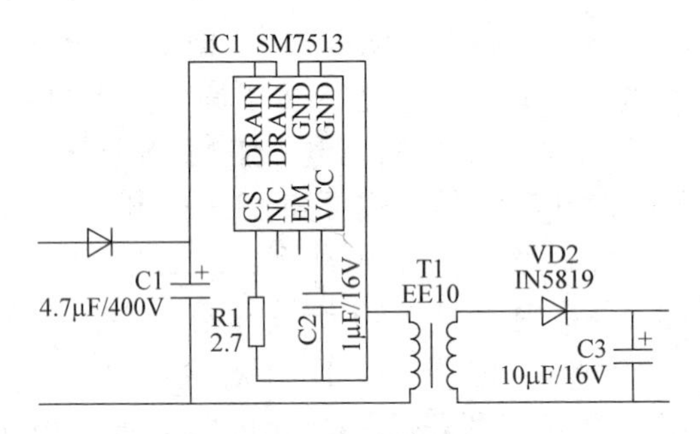

图 8.36　LED 驱动电路

8.2.5 “不惜代价”的电路

1. LED 小夜灯

图 8.37 是一个小夜灯电路。这个电路采用的是电容降压方式，由于白天光敏电阻 R2 阻值较小，晶体管 B 极电压较高，晶体管导通，晶体管 C-E 间电压变低，这个电压不足以点亮后面的 LED。晚上光敏电阻 R2 阻值变大，B 极电压降低，晶体管截止，LED 点亮。

晚上 LED 亮，电能消耗在 LED 上面，但白天电能消耗在晶体管上。白天和晚上耗了同样多的电。因为电容降压有恒流的特性，电的利用率仅$\frac{1}{3}$，其余的都为恒流而付出代价。这个电路只能这样设计，还真没别的更好的设计方法。市面上小夜灯电路原理都“如出一辙”。

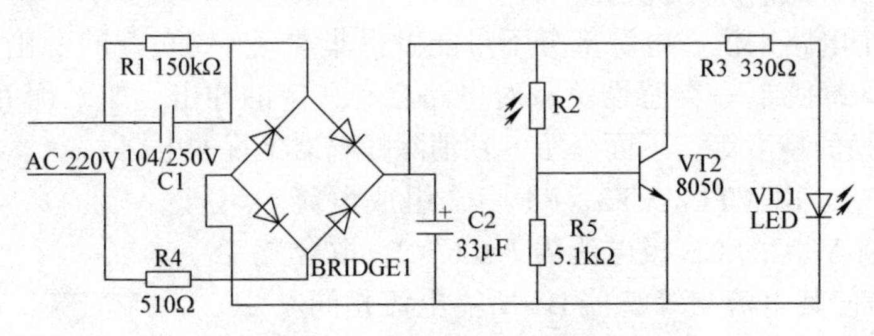

图 8.37　电容降压小夜灯电路

2. 线性并联稳压电路

图 8.38 是晶体管并联稳压电源，其中 VT1 是调整管、DW 是基准稳压管，R1 是 DW 的限流电阻，R2 是限流电阻，R3 是负载。这个稳压电路的输出电压约等于稳压管 DW 的稳压值，实际上要加上 VT1 发射结电压，一般锗管取 0.3V，硅管取 0.7V。这是由于电源在工作时，VT1 发射结导通，发射极电压与基极电压保持一致，而基极电压被 DW 稳定在一个固定值。这个电路可以看作 VT1 将 DW 的稳压作用放大了β倍，相当于接入一个稳压效果为β倍 DW 稳压效果的稳压管。

电路稳压原理如下：

$U_I\uparrow\rightarrow U_{DW}\uparrow\rightarrow$ VT1 的 $U_{EC}\uparrow\rightarrow$ VT1 的 $I_{EC}\uparrow\rightarrow I_{R2}\uparrow\rightarrow U_{R2}\uparrow\rightarrow$ VT1 的 $U_{EC}\downarrow\rightarrow U_O\downarrow$

$U_I\downarrow\rightarrow U_{DW}\downarrow\rightarrow$ VT1 的 $U_{EC}\downarrow\rightarrow$ VT1 的 $I_{EC}\downarrow\rightarrow I_{R2}\downarrow\rightarrow U_{R2}\downarrow\rightarrow$ VT1 的 $U_{EC}\uparrow\rightarrow U_O\downarrow$

为了达到更好的稳压效果，常使用复合调整管的并联稳压电源如图 8.39 所示。其特点是将调整管改为复合管结构，这样既可以得到较大的β值，又能够有较大的晶体管最大集电极电流。

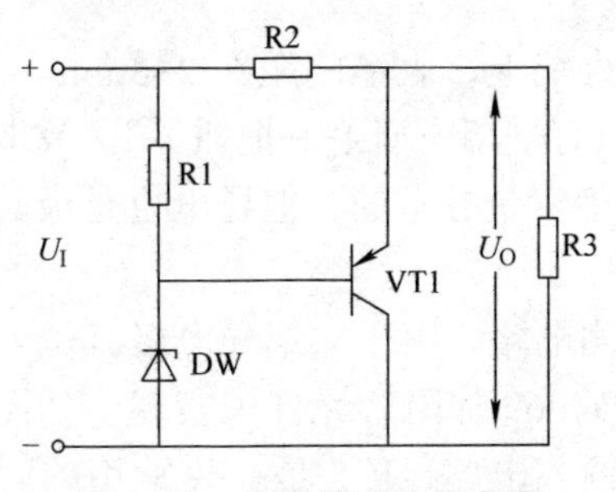

图 8.38　线性并联稳压电路

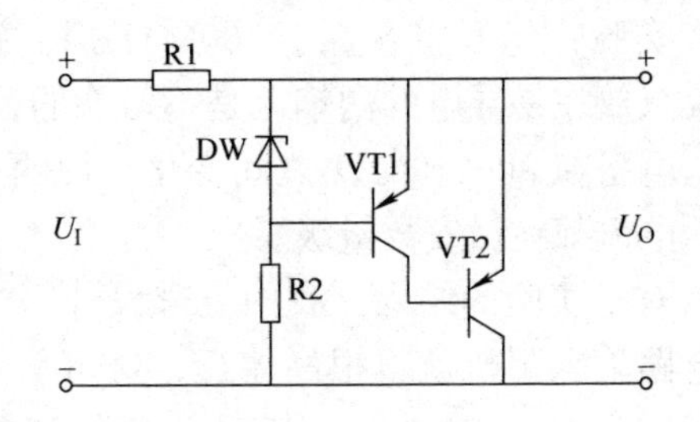

图 8.39　复合管并联稳压电路

并联稳压电路并不常见，主要是因为效率低，特别是轻负载时，电能几乎全部消耗在限流电阻和调整管上，而且输出电压调节范围很小。但它对瞬时变化的响应很好，过载保护能力强，所以在一些音响前级电路里被使用。

3. 此消彼长的消除干扰电路

对于一个电路来说，电源部分不可能做得非常完美，负载的变化等都会对其产生影响。像蜂鸣器一类感性负载对电路会有一定的冲击，如干扰单片机工作，影响 A-D 转换的精度等。下面介绍一款消除蜂鸣器干扰的电路。

图 8.40 中，由 VT1、VT2、R1、R2 组成恒流电路，晶体管 VT1 的 CE 极电流为 I=0.6/R2，取合适的 R2 值，使其电流与蜂鸣器 B1 所需电流相同。R4 的取值要远小于蜂鸣器 B1 的阻值。

当 P10 为高电平时，晶体管 VT2 导通，电流全部从 R4、VT2 的 CE 极流过，蜂鸣器两端电压很低，不足以使其发声。但要注意 R4 一定要小，否则 R4 上的电压降太大，同样会是蜂鸣器 B1 发出声音。当 P10 为低电平时，晶体管 VT2 截止，电流全部流入蜂鸣器，使蜂鸣器发声。这样就形成了两条通路，一条是蜂鸣器 B1，一条是 R4、VT2，恒流电流总是存在，只不过消耗在不同的负载上而已，没有发声时，电能就白白地浪费了，但整个电路的电流始终是恒流源的电流，不易产生干扰。

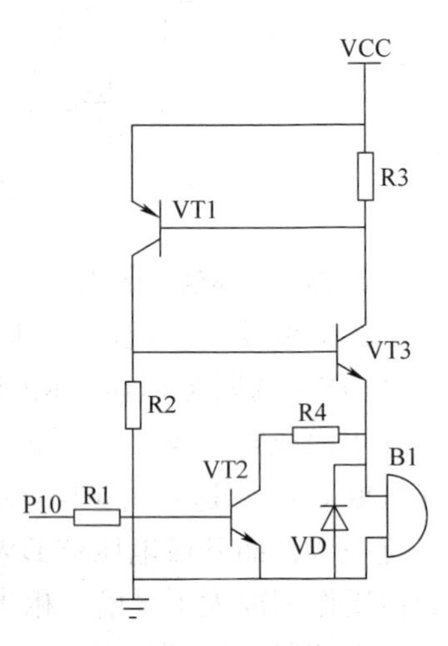

图 8.40 能消除干扰的蜂鸣器驱动电路

8.2.6 火焰导电实验

火焰分三个部分，内焰、外焰和焰心。由于物质的形态不同，导电性也不同，焰心是气态，不导电，外焰是燃烧后的反应产物，导电性很差，而内焰是离子态导电性较好。利用这个特性在火焰的内焰位置放置电极，可以监控火焰燃烧的情况。

实验：将万用表置于 200MΩ 档，放在火焰上，表笔间距在 2~3mm。当然，要说只放在易导电的内焰上是不可能的，就只有“胡子眉毛一把抓了”。放上后观察，电阻在 80~110MΩ 之间变化，说明火焰确实是导电的，但导电也是极其微弱的，电流都在微安数量级。

有了实验的结果，我们就来设计一个检测电路。由于火焰导电极其微弱，那么电路输入阻抗就得很高才行，这可采用 CD4069 加阻容元件来实现，如图 8.41 所示。由 C1、R2、R1、IC1、IC2 组成检测输入电路，IC3 是一片常用的时基电路 NE555，由 NE555 组成施密特触发电路，当 2、6 脚输入电压大于$\frac{2}{3}\times 12V$，3 脚就输出低电平，要再次降低于$\frac{1}{3}\times 12V$，3 脚才会变回高电平。3 脚的输出为 OUT，用于与单片机等其他电路连接，实现想要的控制。

火焰检测可用于火灾监控，其好处是，不需要耐高温的温度传感器，电路简单，成本低。

火焰检测也可以采用施加交流等方法进行测量。

除了火焰导电，玻璃加热也会导电等，也可以做相关导电实验。

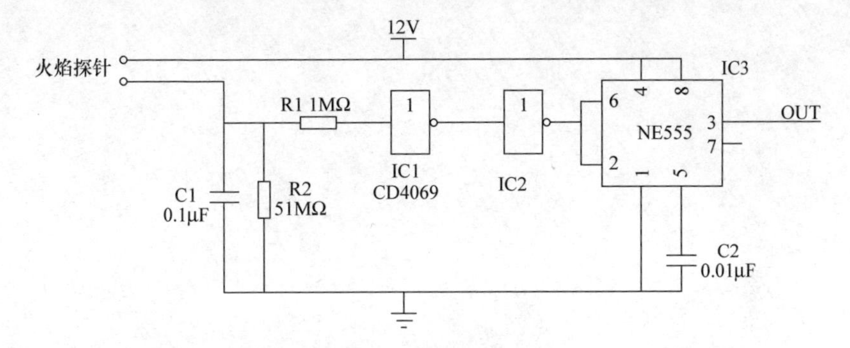

图 8.41　火焰探测电路

第 9 章

动手制作实现蜕变

“兴趣是最好的老师”这个理论没有异议，有天赋的人，也许没有兴趣也能做好，但如果再加上兴趣，那可能会更好。学习电子技术，理论与实践相结合，是最有效的途径，这也是很多人的共识。要真正掌握电子技术，要善于动脑，还要善于动手“折腾”。一个好的工程师，不是看书看出来的，是“折腾”出来的。不看书的“折腾”，一不小心就会陷入瞎“折腾”的尴尬局面，所以就出现了没有具备任何知识的人造飞机总是不被看好的缘故。而有些文化的人又是“君子动口不动手”的“贵人”，拿个烙铁手都在发抖，其实也好不到哪里去，如果再去笑话贸然造飞机的人，也就是“五十步笑百步”罢了。

9.1 实用制作

9.1.1 简单好用还便宜的函数发生器

每个电子工程师都希望有一套好的工具，可那些好工具是要付出银两的，“囊中羞涩”的时候，自制一些工具也是个不错的选择。

这里给大家介绍一款函数发生器，它可以产生正弦波、三角波(注意与锯齿波是不同的)、方波，性能不错，价格还便宜。

我们采用的芯片为AD9833。AD9833是ADI公司的一款低功耗器件，能够输出正弦波、三角波、方波。AD9833无须外接元器件，输出频率和相位可通过软件编程设置，易于调节。其频率寄存器为28bit，主频时钟为25MHz时，精度为0.1Hz；主频时钟为1MHz时，精度可达0.004Hz。

其应用电路如图9.1所示，这里画出了电路的主要部分，如果需要液晶屏显示等可以再添加。

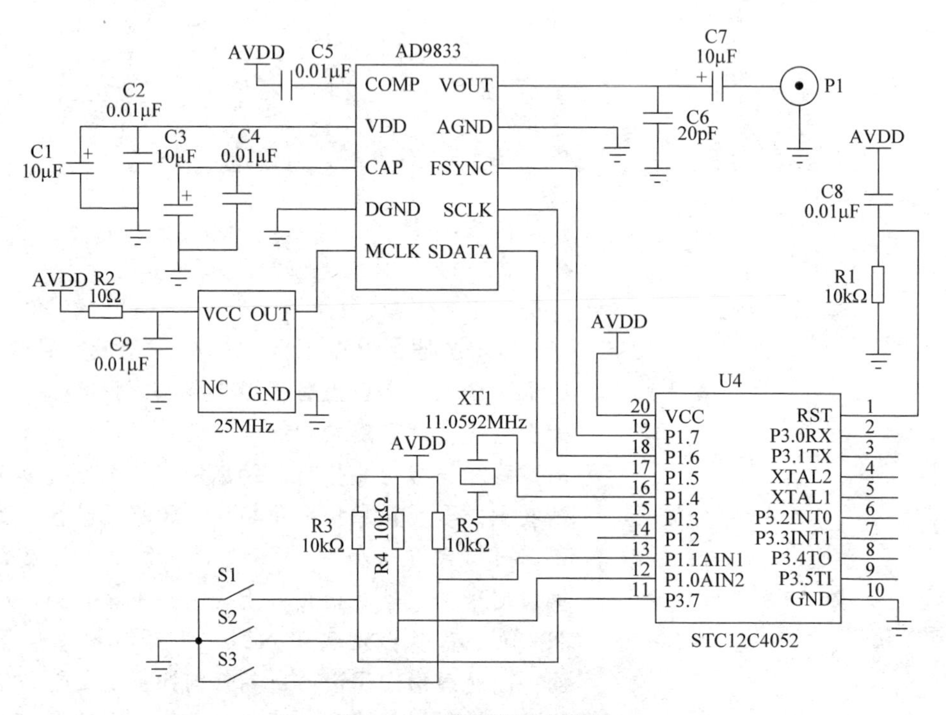

图9.1　函数发生器电路图

对于程序设计，这里只给出主要部分，包括设置与读出，不包括显示与处理，这样更能清晰地看出流程，方便用于自己的具体设计中。

具体程序如下：

```
//-----------------------------
// 波形发生器程序
// 晶振频率：11.0592MHz
//-----------------------------
#include <reg51.h>
#include<stdio.h>
#define   TRI_W   0             //输出三角波
#define   SIN_W   1             //输出正弦波
#define   SQU_W   2             //输出方波
//-----------------------------
// 端口定义
//-----------------------------
sbit FSYNC  =  P1^2;
sbit CLK    =  P1^3;
sbit DAT    =  P1^4;
sbit CS     =  P1^5;
//----------------------------
//延时
//---------------------------
void Delay(void)
{
    unsigned int i;
    for (i = 0; i < 1; i++);
}
//--------------------------
void Dms(unsigned int count)
{
    unsigned int  i, j;
    for(i=0;i<count;i++)
      for(j=0;j<200;j++)
       {
       ;
       }
}
//---------------------------
//   写入AD9833
//---------------------------
void AD9833_Write(unsigned int TxData)
{
    unsigned char i;
    CLK=1;
    FSYNC=1;
    FSYNC=0;
```

```
    for(i = 0; i < 16; i++)
    {
        if(TxData&0x8000)
           DAT=1;
        else
           DAT=0;
           Delay();
        CLK=0;
        Delay();
        CLK=1;
        TxData <<= 1;
    }
    FSYNC=1;
}
//---------------------------
// 幅度设置
//---------------------------
void AD9833_AmpSet(unsigned char amp)
{
    unsigned char i;
    unsigned int temp;
    CS=0;
    temp =0x1100|amp;
    for(i=0;i<16;i++)
    {
         CLK=0;
       if(temp&0x8000)
        DAT=1;
       else
        DAT=0;
        temp<<=1;
        CLK=1;
        Delay();
    }

    CS=1;
}
//---------------------------
//  波形设置
//---------------------------
void AD9833_WaveSeting(double Freq, unsigned int Freq_SFR, unsigned
int Wave Mode, unsigned int Phase )
{
          int frequence_LSB, frequence_MSB, Phs_data;
          double   frequence_mid, frequence_DATA;
```

```
        long int frequence_hex;
        //---------------------------
        //    计算频率的 16 进制值
        //---------------------------
        frequence_mid=268435456/25;// 适合 25MHz 晶振
        frequence_DATA=Freq;
        frequence_DATA=frequence_DATA/1000000;
        frequence_DATA=frequence_DATA*frequence_mid;
        frequence_hex=frequence_DATA;
        frequence_LSB=frequence_hex;
        frequence_LSB=frequence_LSB&0x3fff;
        frequence_MSB=frequence_hex>>14;
        frequence_MSB=frequence_MSB&0x3fff;
        Phs_data=Phase|0xC000;      // 相位值
        AD9833_Write(0x0100);       // 复位 AD9833，即 RESET 位为 1
        AD9833_Write(0x2100);       // 选择数据一次写入，B28 位和 RESET
                                       位为 1

        if(Freq_SFR==0)                    // 把数据设置到设置频率寄存器 0
        {
            frequence_LSB=frequence_LSB|0x4000;
            frequence_MSB=frequence_MSB|0x4000;
             // 使用频率寄存器 0 输出波形
            AD9833_Write(frequence_LSB); // 频率寄存器 0 的低 14 位数据输入
            AD9833_Write(frequence_MSB); // 频率寄存器的高 14 位数据输入
            AD9833_Write(Phs_data); // 设置相位
            //AD9833_Write(0x2000);
    }
    if(Freq_SFR==1)                    // 把数据设置到设置频率寄存器 1
        {
            frequence_LSB=frequence_LSB|0x8000;
            frequence_MSB=frequence_MSB|0x8000;
            // 使用频率寄存器 1 输出波形
            AD9833_Write(frequence_LSB);//L14，选择频率寄存器 1 的低
                                          14 位输入
            AD9833_Write(frequence_MSB);//H14 频率寄存器 1 为
            AD9833_Write(Phs_data);      // 设置相位
            //AD9833_Write(0x2800);
        }

        if(WaveMode==TRI_W)  // 三角波波
            AD9833_Write(0x2002);
        if(WaveMode==SQU_W)  // 方波波
            AD9833_Write(0x2028);
        if(WaveMode==SIN_W)  // 正弦波
```

```
            AD9833_Write(0x2000);
 }
//-----------------------
void main()
{
//-----------------------
// 1.2345kHz，频率寄存器 0，三角波输出，初相位 0*
//------------------------
   AD9833_WaveSeting(1234.5, 0, TRI_W, 0);
//-----------------------
// 2kHz，频率寄存器 0，方波输出，初相位 90
//-------------------------
   AD9833_WaveSeting(2000, 0, SQU_W, 90);
//--------------------------
// 1kHz，频率寄存器 0，正弦波输出，初相位 0
//---------------------------
   AD9833_WaveSeting(1000.0, 0, SIN_W, 0);
//-----------------------------
// 1kHz，频率寄存器 0，正弦波输出，初相位 0
//------------------------------
   AD9833_AmpSet(200);
   while(1)
     {
       Dms(100);
     }
}
```

9.1.2 学习型服药提示器

之前买过一个服药提示器，有各种功能，可以设定定时提醒时间，提醒次数，还有一个小小的 LED 留言板，但需连接一个 DC 5V 的电源。在实际使用时发现设定时间很麻烦，特别是对老人来说，眼神不好，记忆不好，要完成设定总是“力不从心”。此外，还要接电源线，觉得太复杂，后来也就没有使用了。

其实，我们可以做一个操作非常简单的服药提示器，只用一个按键，用干电池供电，蜂鸣器提示，并让它具有学习的功能。

先来看电路图，如图 9.2 所示。IC1 为 MSP430F1232，它可以工作在非常低的功耗模式下；IC2 为 DS1302 时钟芯片，由于它内部已有 6pF 的电容，晶体振荡器的外部电容再加 6pF 就可以了，为了确保时间的准确，当然晶体振荡器也要用高精度的。DS1302 的耗电也是很少的，电流在纳安级，符合干电池的供电方式。J1 是单片机的程序下载接头。

要实现前面所说的学习功能，程序的编写是关键。学习功能通过按键完成。

当早上第一次服药时，按一下按钮，比如 8 : 00，那么在中午 12 : 00，下午 6 : 00 就会有蜂鸣器的提示音，提示服药时间到，如果觉得这样就可以了，那就这样使用。但实际的情况是，每个人的作息时间还不一样，比如早上 8 : 00 服药，但中午 11 : 00 就要服，晚上 9 : 00 服药，那就可以用学习功能。在第一天每次服药时按一下按键，把这个时间记下来，次日就会按这个时间依次提醒，这就是学习功能。如果要清除原有的学习时间，长按按钮即可。

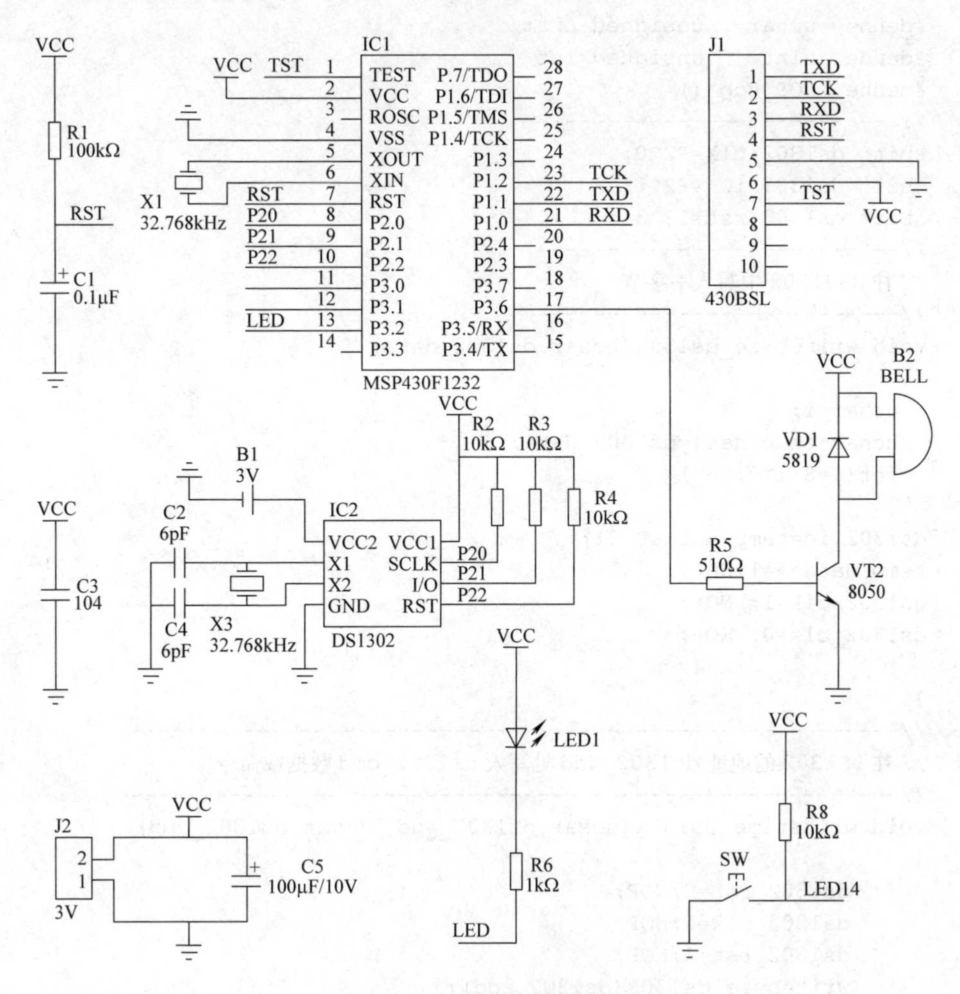

图 9.2　服药提示器电路图

也许到这个时候你有些迷糊了，这个服药提示器的时钟是如何校准的呢？接下来我们就来看看这里所采用的办法。在每次按下按键时，标准时间是多少并不重要，只要把这时 DS1302 中的时间记录下来，次日还是在这个时间提示就是了。所以不需要与标准时间一致，这样就可以减少设定时钟的麻烦。每次按键时，就将当前时间并保存到DS1302里面，只要不换电池，数据是不会丢失的。时钟的供电采用3V的组扣电池，可以减少换电池的次数。整个电路的供电使用干电池供电，更换干电池不会影响时钟。DS1302的读写程序如下：

```
//----------------------------------------------------------
// DS1302读、写程序
//----------------------------------------------------------
#define  uchar   unsigned char
#define  uint    unsigned int
#define  NOP_nop_()
//----------------------------
sbit  ds1302_clk=P2^0;
sbit  ds1302_io =P2^1;
sbit  ds1302_rst=P2^3;
//---------------------------
//往DS31302中写入一字节
//---------------------------
void writebyte_ds1302(uchar ds1302_data)
{
  uchar i;
  uchar temp_data=ds1302_data;
  for(i=8;i>0;i--)
  {
ds1302_io=temp_data&0x01;
temp_data>>=1;NOP;
ds1302_clk=1; NOP;
ds1302_clk=0; NOP;
  }
}
//----------------------------------------------------------
//往DS1302的地址ds1302_add处写入ds1302_cmd数据或命令
//----------------------------------------------------------
void writetime_ds1302(uchar ds1302_add, uchar ds1302_cmd)
{
      ds1302_rst=0;NOP;
      ds1302_clk=0;NOP;
      ds1302_rst=1;NOP;
      writebyte_ds1302(ds1302_add);
      writebyte_ds1302(ds1302_cmd);
      ds1302_clk=1;NOP;
      ds1302_rst=0;NOP;
}
//-----------------------------------------------
//设置预置时间到DS1302当中，时间先放在time[]中。
//-----------------------------------------------
```

```
void settime_ds1302()
{
  uchar i;
  writetime_ds1302(0x8e, 0x00);  //write enable
  for(i=0;i<7;i++) //set time--second, munite, hour, day, month, week, year
  {
    writetime_ds1302(0x80+i*2, time[i]);
  }
  writetime_ds1302(0x8e, 0x80);   //write protect
}
//-------------------------------------------
//  从 DS1302 的地址 DS1302_ADD 处读出时间值
//-------------------------------------------
uchar readtime_ds1302(uchar ds1302_add)
{
  uchar temp_data;
  ds1302_rst=1;  NOP;
  writebyte_ds1302(ds1302_add);
  temp_data=readbyte_ds1302();
  ds1302_rst=0;   NOP;
  return temp_data;
}
//---------------------------------------
void gettime_ds1302()
{
  uchar i;
  for(i=0;i<7;i++)    //get time--second, munite, hour, day（日）,
                        month（月）, week（星期）, year（年）
   {
    time[i]=readtime_ds1302(0x81+i*2);
   }
}
//-----------------------------------------
// DS1302-RAM 写  ADD 起始地址，NUM 读字节数
//  ！！！！每次限读 6 字节
//-----------------------------------------
void DSRAMW(uchar ADD, uchar NUM)
{
     uchar i;
     if(NUM>8) {NUM=8;}                       //MAX=6
     writetime_ds1302(0x8e, 0x00);            //write enable ds1302 读写
      for(i=0;i<NUM;i++)
      {
       writetime_ds1302(ADD+i*2, DSRAMX[i]); //write enable
      }
```

```
    writetime_ds1302(0x8e, 0x80);    //write protect(保护)
}
//----------------------------------------
// DS1302-RAM 读 ADD起始地址，NUM读字节数
// ！！！！每次限写6字节
//----------------------------------------
void DSRAMR(uchar ADD, uchar NUM)
{
    uchar i;
    if(NUM>8) {NUM=8;}                   //MAX=6
    for(i=0;i<NUM;i++)
     {
      DSRAMD[i]=readtime_ds1302(ADD+i*2);
     }
}
//----------------------------------------
//时间相关DS1302
//----------------------------------------
void   read_timer(void)
{
            gettime_ds1302();              //读取时间BCD码！！！
            TMD1=0X02;
            SMG1[0]=(time[2]&0xF0)>>4;     //时
            SMG1[1]=time[2]&0x0F;
            SMG1[2]=(time[1]&0xF0)>>4;     //分
            SMG1[3]=time[1]&0x0F;
            SMG2[0]=26;
            SMG2[1]=(time[0]&0xF0)>>4;
            SMG2[2]=time[0]&0x0F;          //秒
            SMG2[3]=26;
}
```

9.2 趣味制作

9.2.1 触摸芯片TTP223B用于滴灌水位报警

在家里阳台上种些花花草草，但经常忘记浇水，看到那些植物枯萎了，就产生“落寞惆怅”的感觉，太有必要提示定时给植物浇水了。

这里介绍一个用触摸芯片检测塑料管里是否有水的方法。

先来看看TTP223B触摸芯片的一些特性：

1）2.5~5V宽电压工作范围，3~5μA超低工作电流。

2）SOT23-6 封装，体积小，设计方便。

3）外围只需一个 Cs 电容，设计简单。

4）感测距离在 5cm 以上，可通过改变 Cs 电容参数调整感测距离。

5）多种输出方式任其选择。

6）成本低廉。

7）抗干扰能力强，不会误触发。

其应用电路如图 9.3 所示。由选择引脚（TOG 引脚）提供直接模式（点动）、触发模式（自锁）的选择。点动就是有感应就有输出，没有感应就无输出。自锁就是感应一次，状态就会改变（输出电平变化，变高或低），再感应再改变（输出电平改变，变低或高）。输出电平和感应方式通过 S1、S2 设置。AHLB：输出高电平或者低电平有效选择信号，为“1”时低电平有效；为“0”时高电平有效。Cs 电容可进行进感应灵敏度调节，不接时最高，电容容量越大，灵敏度越低。

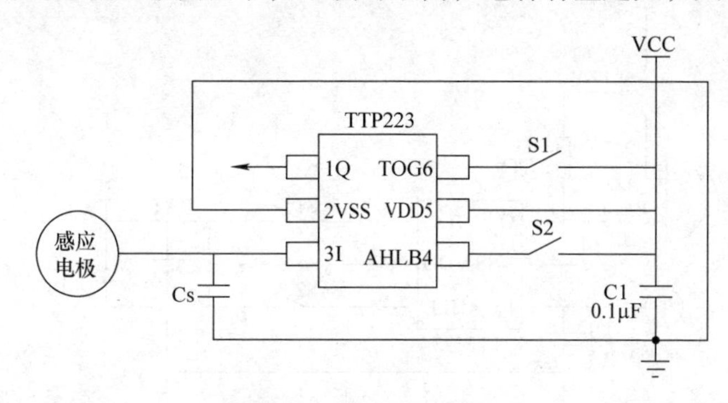

图 9.3　TTP223 触摸电路

图 9.4 是滴灌用的渗水器，将它插在土里，上面有很多小孔，水会慢慢渗出来，在尾端连接一根软管与盛水容器相连，盛水容器里的水用完时，就需要提示加水。

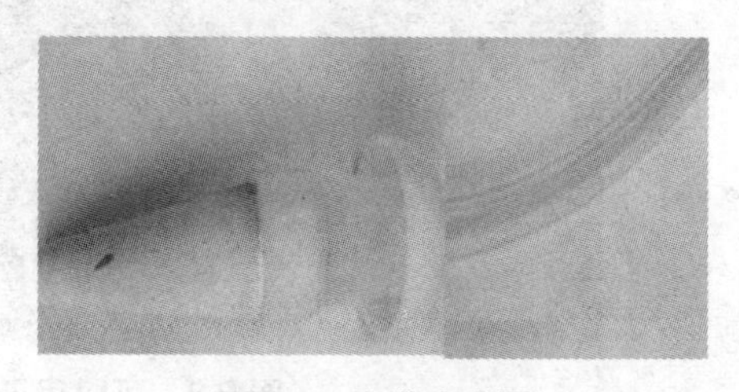

图 9.4　滴灌渗水器

将图 9.3 所示电路做成一个电路板，如图 9.5 和图 9.6 所示。从图中看到，水管里没有水，LED 不亮；水管里有水时 LED 灯亮了。根据这些实验，我们就可以很容易设计出一个缺水报警器。

其电路如图 9.7 所示。这个原理图很简单，有水的时候，IC1 的 Q 脚输出高电平，晶体管 VT2 截止，蜂鸣器 BZ1 不响；当水位降低，塑料管内没水时，IC1 的 Q 脚输出低电平，蜂鸣器响。加水后，蜂鸣器 BZ1 不响。做成图 9.8 的形式，可以用来测量塑料瓶的液位。

图 9.5　无水实验图

图 9.6　有水实验图

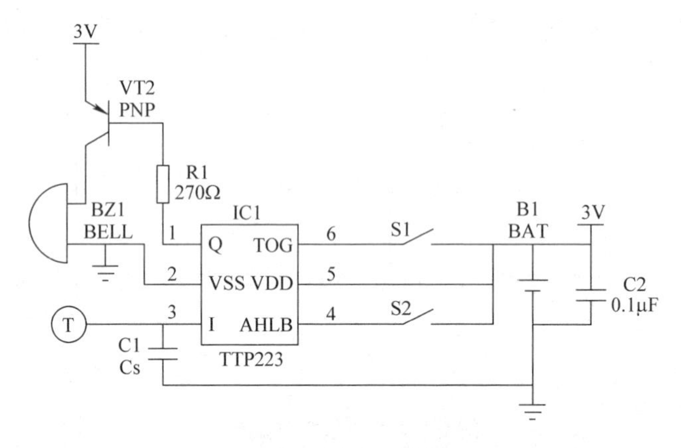

图 9.7　缺水报警器

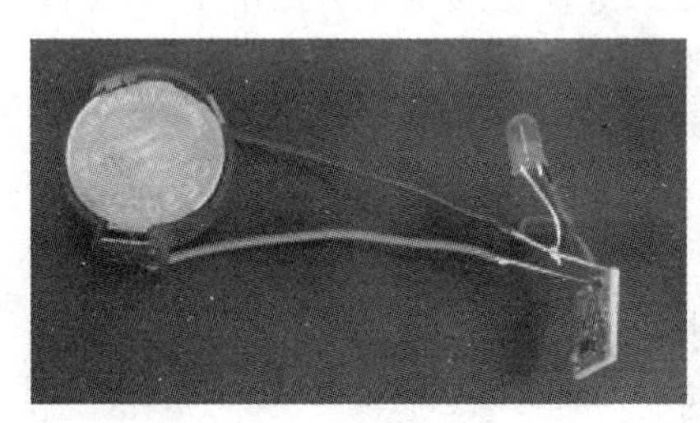
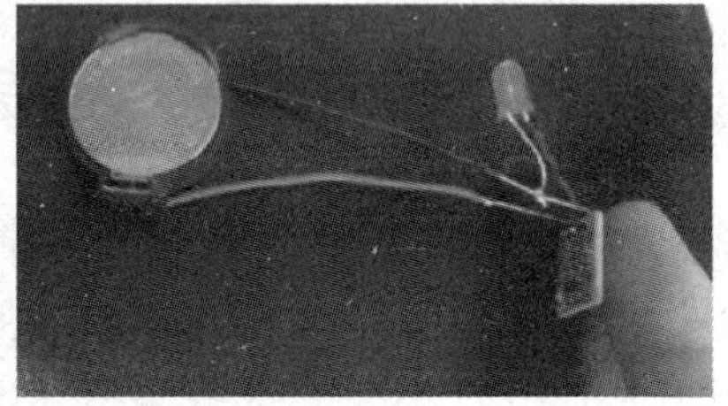
图 9.8　可以用于测不透明塑料瓶内液位

图 9.7 所示电路一看就明白，只要知道有这么个芯片，一查便知。但要知道它能用来检测水位，就要自己“悟”了，芯片说明里可没有告诉你可以这样用或那样用。

最后来说重点，就是触摸片的问题，千万不要以为弄个感应金属片安上去就可以了。实验证明，如果塑料水管距离感应片太近，空管也有可能感应到信号，这时就要将感应金属片离得远一些。感应金属片的大小也会影响到灵敏度，甚至走线都会有影响。没有哪本书上会给你一个万能的方法，需要摸索。除此之外，还可以通过调节电容 Cs 的值改变灵敏度，每个环节都不得小觑。

9.2.2 杯体自发热的无线电磁感应智能黑砂杯

先从喝茶说起，喝茶很有讲究，茶文化历史悠久，茶道的一招一式，看到都是一种享受。研究表明，泡茶的最佳温度不是 100℃，而是 80℃左右，所以饮水机的温度都是 80℃。理论上讲 80℃还不能杀死所有的细菌，但饮水机的水已经是处理过的，不加热都可以直接饮用，这个不用担心。但未经处理的水，还是要加热到 100℃再饮用比较放心。饮水时的水温在 40~50℃比较合适。

智能水杯的设计灵感，来自杯子放在笔记本电脑散热孔旁，一段时间发现杯子好烫，水半天不冷。后来杯子有点凉的时候，就干脆把杯子放在笔记本电脑散热孔旁，居然起到了保温的效果，于是就想做个能保温的水杯。

不锈钢真空杯保温效果很好，但是散热太慢，有时一两个小时温度都还很高，无法饮用，长时间高温也破坏了茶的香味，其适合长途旅行使用。陶瓷杯是茶客的最爱，但陶瓷杯散热快，水很快就凉了，开始温度太高，后面温度太低，适合饮用的时间就中间的 20min 左右。于是很想有个散热稍快，在温度降到一定程度时，能够保持水的温度在适合饮用的温度。在网上查了一番，有保温杯垫，价格不低，它采用 PTC 或电热丝发热的原理，将杯垫的温度传给杯子实现保温。由于底座发热会烫手，传热慢，效率低，也没有智能的优势。于是就想设计一款底座不发热，而是杯体发热的恒温智能杯，有定时提醒、温度提示，以及学习功能等。

就加热的方式而言，有电阻丝发热的方式、PTC 加热的方式、电磁炉加热的方式。电磁炉加热方式的频率为 20~30kHz，距离短，必须靠近，且电路复杂，成本较高。电阻丝和 PTC 采用 220V 电压直接加热，有安全隐患，且杯体自身的热量来自杯垫底座，效率不高、传热慢、烫手等。

采用无线供电的另类用法，无线供电频率在 0~5MHz，距离为毫米级，如 10mm 等，可以很好地解决上述的问题。底座不发热，不烫手，杯体发热，传热快，效率高，加上智能控制功能，可以提示温度，定时喝水，还具有学习功能，根据使用者的习惯提醒等。

先来看看无线供电的基本知识。无线供电系统主要利用电磁感应原理。电磁感应类似变压器原理，通过一次和二次线圈的电磁感应来实现电能的传输。无线电能传输系统主要由两部分组成，即能量发送、能量接收。当发送线圈中通以交变电流时，该电流在周围介质中形成一个交变磁场，接收线圈中产生的感应电动势可给接收端供电，接收到的交变电流经处理后就可以使用了。

从无线电能传输的原理上看，电能、磁能随着电场与磁场的周期变化以电磁波的形式向空间传播，要产生电磁波，首先要有电磁振荡，电磁波的频率越高，其向空间辐射的能力越强，电磁振荡的频率至少不低于100kHz，才有足够的电磁辐射。

无线供电模块的基本组成如图9.9所示，它由电源电路、高频振荡电路、高频功率放大电路、发射与接收线圈，高频整流滤波电路等部分组成。

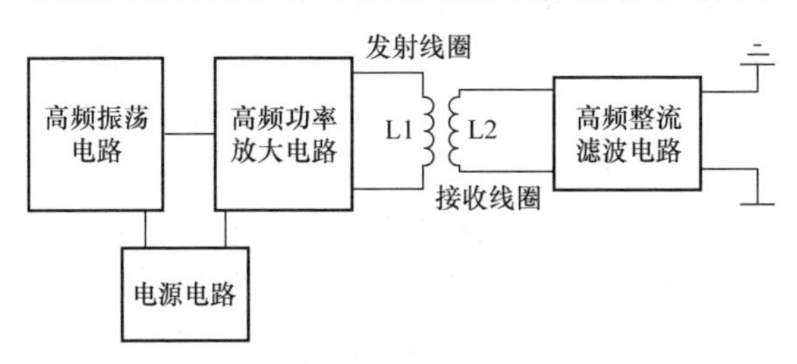

图9.9　无线供电模块的基本组成

无线供电功率放大是一个重要环节。功率放大电路如图9.10所示。由于场效应晶体管具有高输入阻抗、良好的热稳定性、导通电阻小的特点，用于功率放大当之无愧。图9.10所示功率场效应晶体管电路中，其漏极D接LC振荡电路，其谐振频率和驱动前级的高频振荡频率相同。

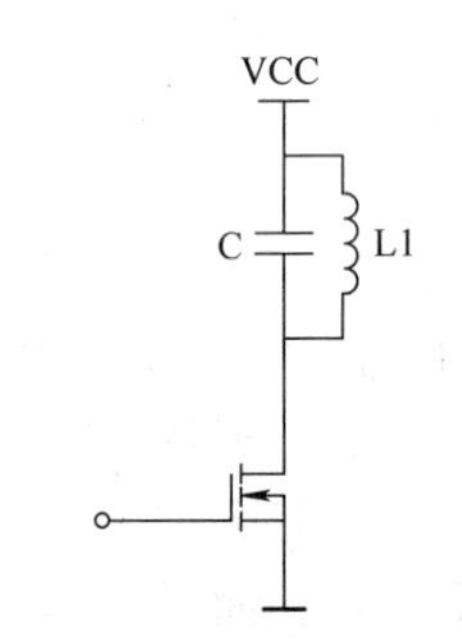

图9.10　无线供电驱动电路

无线供电模块的整体结构如图9.11所示。

接收电路图9.12所示，将接收线圈接收到的电磁信号整流滤波以及稳压后，供其他电路使用。

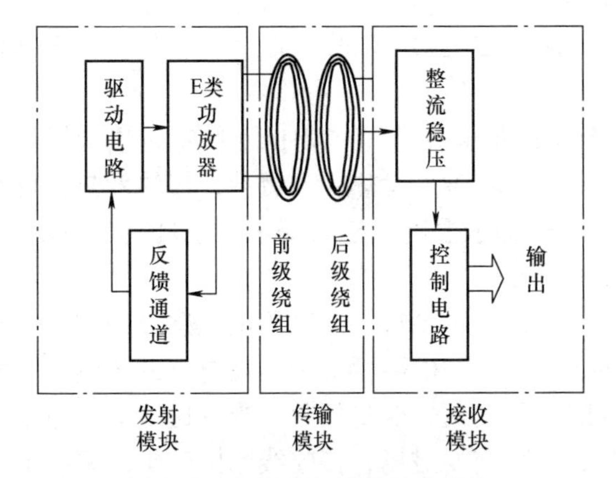

图9.11　无线供电模块整体结构

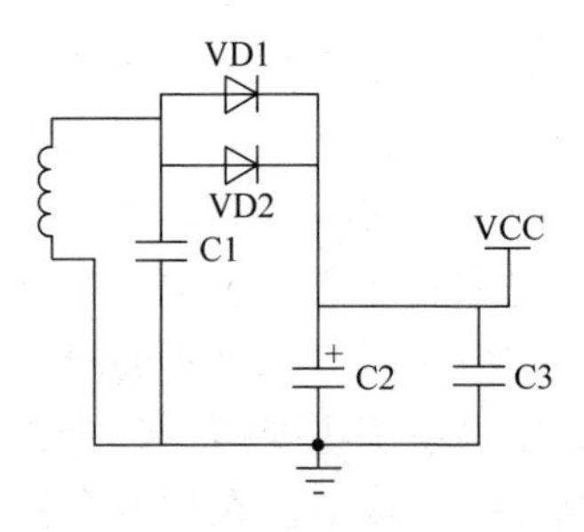

图9.12　无线供电接收电路

发射模块的作用是将直流能量高效率地转换为射频功率信号，以便接收电路能够充分利用能量。接收模块是在接收到前级的能量后对其进行处理的模块。一个实用的无线发射电路如图 9.13 所示。图中 J1 为直流 24V 电压输入端，R1、C1、D1、VT1 组成 12V 稳压电路，C2 为滤波电容，在 C2 上得到 12V 直流电压，这个电压为 U1(XKT801) 发射芯片供电，U1 的第 6 脚输出 0~5MHz 的频率，频率由 R2、R3、C4 调节，由 VT2 专用功率驱动管 XKT1511 可以轻松实现 20W 的输出功率，通过 L1、C3 将电磁信号发射出去，C5 为电源滤波电容。

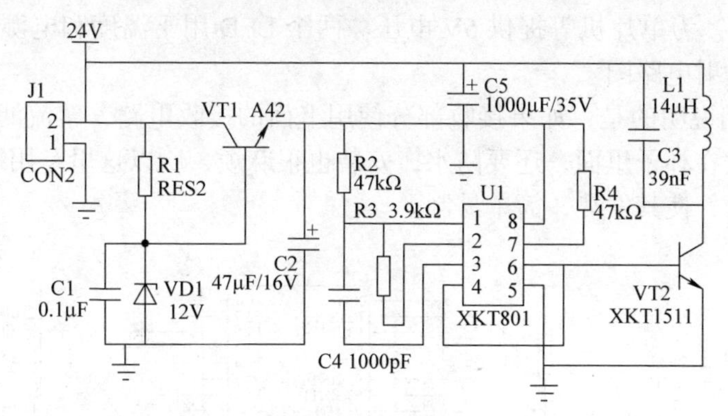

图 9.13　发射电路

为了满足实际应用的需求，需要将接收到的射频信号进行整流、滤波、降压以及稳压处理，处理之后的直流电压方可供其他负载使用。接收模块主要包括整流电路以及降压电路，图 9.14 为接收电路，L1 为电磁感应线圈，VD1、VD2 为整流二极管，C2 为滤波电容，IC1(XKT630)、L2、R1、R2、C5、C6 等组成 DC/DC 电路，在 VCC 处输出所需电压。

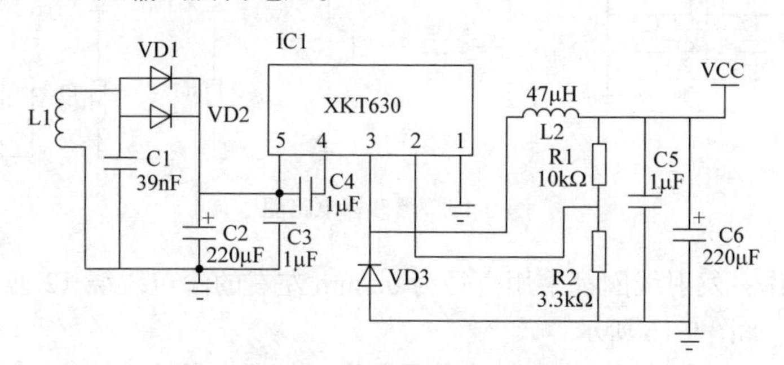

图 9.14　无线供电接收电路

这里采用四川荥经黑砂材料做成的黑砂杯。荥经黑砂杯的主要原料是黏土，俗称白善泥，呈黄白色，土质细腻，黏性极强。其化学成分为 Al_2O_3、Fe_2O_3、CaO、MgO 等，无污染，无有毒有害元素，具有生态性。黑砂有良好的透气性，茶不易变质，能长时间保持茶的风味。由于特殊的材料和特殊的烧制工艺，制作都为纯手工，所以产量比较低。

黑砂杯电路如图 9.15 所示。单片机采用有 A-D 转换的 AT89C2051AD，杯垫上有 3 个光敏电阻 R2、R3、R4，用于杯子是否放在杯垫的判断，当 3 个光敏电阻同时被挡住时，在需要加热时才输出加热，这就避免了金属异物放在杯垫上造成的误加热。NTP 热敏电阻 R1 用于温度检测。蜂鸣器 BZ2 定时提醒饮水，每次杯子离开，光敏电阻检测到后，在杯子再放回杯垫时开始计时，定时提醒饮水。U2 为稳压 IC，为单片机等提供 5V 电压。两个 LED 用于温度和电源指示。MOS 管用于控制发射电路图。

需要特别说明的是，如果接收部分使用上面的接收电路，整流滤波、稳压等部件要将其放在杯子里面，还要防水，安装也很麻烦，所以这里是用螺旋形铁片，利用涡流原理，使其发热，简单易制。

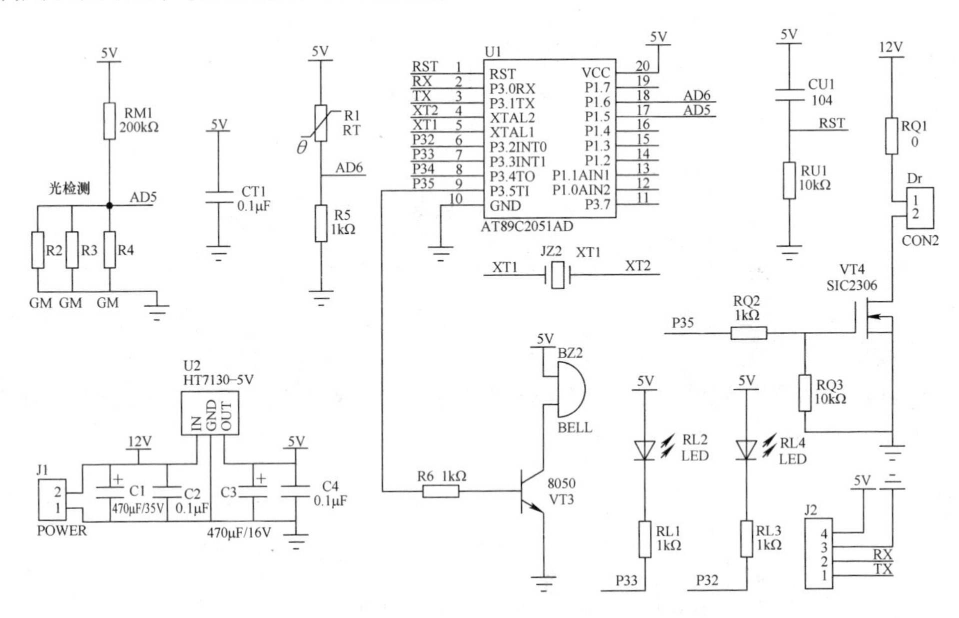

图 9.15　黑砂杯电路图

实际制作：发射线圈都采用直径为 0.5mm 左右的漆包线绕 12 匝，线圈直径约为 80mm，如图 9.16 所示。

无线供电的功率为 10~15W，为普通陶瓷杯保温已足够。铁片的熔点 1500℃，陶瓷烧制温度为 1300℃左右，将螺旋铁片嵌入杯底。为了解决热涨系数不同导致陶瓷杯体在烧制时开裂，可采用加纸片的方法，将纸片与螺旋铁片重叠，嵌入杯底部。

若采用接收线圈作为发热元件，由于烧制温度高达上千摄氏度，那将会使线圈发热部件烧毁。所以采用螺旋形铁片，其短路产生热量，同时形成涡流也可以产生热量，实验表明效果不错。预埋螺旋形铁片使其在内部发热，可以充分利用产生的热能。铁片为直径 60mm，厚 1mm，制成螺旋状。螺旋形铁片完全可以承受 1300℃的烧制温度，利用它产生电磁感应，同时可以产生涡流，两种方式同时加热。

杯体采用黑砂材料，具有透气性，含铁等微量元素，无重金属污染。黑砂散热快，其中的水容易凉，很快就可以饮用，可以饮用的时间不足 30min，之后要即时加热，弥补散掉的热量。温度低于 50℃时，就可以开始加热，弥补散热。这个杯子在室温为 20℃的情况下，可以使水杯温度保持在 40℃以上。做成的底座样品如图 9.17 所示。使用方式如图 9.18 所示。杯底如图 9.19 所示。实验铁片安装如图 9.20 所示（实际是嵌入杯底的）。

图 9.16　发射线圈

图 9.17　底座

图 9.18　杯子与底座

图 9.19　杯底

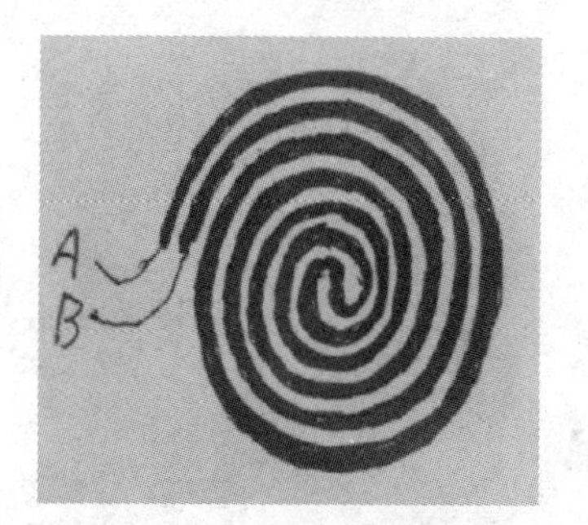

图 9.20　螺旋铁片形状

参 考 文 献

[1] 周步祥，杨安勇 . 电子技术实战必读 [M]. 北京：北京航空航天大学出版社，2018.

[2] 郭宝，张阳，顾安，等 . 万物互联 NB-IoT 关键技术与应用实践 [M]. 北京：机械工业出版社，2017.

[3] 远坂俊昭 . 测量电子电路设计：模拟篇 [M]. 彭军，译 . 北京：科学出版社，2006.

[4] 牛跃听，周立功，方丹，等 . CAN 总线嵌入式开发——从入门到实战 [M]. 北京：北京航空航天大学出版社，2012.

[5] 来清民 . 手把手教你学 CAN 总线 [M]. 北京：北京航空航天大学出版社，2010.

[6] 周润景，张文霞，赵小宇 . 基于 PROTEUS 的电路及单片机设计与仿真 [M]. 3 版 . 北京：北京航空航天大学出版社，2016.

[7] 谭晖 . Nordic 中短距离无线应用入门与实践 [M]. 北京：北京航空航天大学出版社，2009.

[8] 林福昌，李化 . 电磁兼容原理及应用 [M]. 北京：机械工业出版社，2009.